Wirkungsweise der Motorzähler und Meßwandler

Für Betriebsleiter von Elektrizitätswerken
Zählertechniker und Studierende

Von

Dr.-Ing. J. A. Möllinger

Direktor in der Abteilung Zählerbau der Siemens-Schuckertwerke

Mit 87 Textfiguren

Berlin
Verlag von Julius Springer
1917

ISBN-13: 978-3-642-98393-1   e-ISBN-13: 978-3-642-99205-6
DOI: 10.1007/978-3-642-99205-6

Vorwort.

Bei der großen Verbreitung, die die Motorzähler und Meßwandler in den letzten Jahren erlangten, haben Viele das Be-
dürfnis, sich mit deren Wirkungsweise vertraut zu machen.
Dabei fehlte, wie mir oft geklagt wurde, ein dazu geeignetes
Werkchen. So entschloß ich mich, die Unterlagen, welche ich
gesammelt hatte, um sie im Nürnberger Werk der S S W bei
der Ausbildung von Zähler-Ingenieuren zu verwerten, in erwei-
terter Form zu veröffentlichen.

Das Buch stellt sich die Aufgabe, die Wirkungsweise der
Motorzähler und Meßwandler möglichst einfach und physikalisch-
anschaulich darzustellen. Es ist hauptsächlich für Betriebsleiter
von Elektrizitätswerken, Zähler-Ingenieure und -Techniker bestimmt, sowie überhaupt für alle, welche in der Praxis mit Zählern
oder Meßwandlern zu tun haben und sich über das Wesen und
die Eigenschaften derselben unterrichten wollen; es dürfte aber
auch für Studierende geeignet sein.

Abschnitt V (Grundlagen der Wechselstromtechnik) wird vielen
Lesern überflüssig erscheinen und von ihnen überschlagen werden:
er wurde aufgenommen um Solchen, die sich noch wenig mit
Wechselstrom beschäftigt haben, das Studium der folgenden Ab-
schnitte VI bis X zu erleichtern.

Zur Anordnung des Stoffes sei bemerkt: den dynamometrischen
Zähler habe ich zuerst und verhältnismäßig breit behandelt, denn
ich wollte an ihm die Grundbegriffe und diejenigen Erscheinungen, welche allen Zählern gemeinsam sind, eingehender er-
örtern, um mich darüber in den folgenden Abschnitten kurz
fassen zu können.

Herrn Dipl.-Ing. W. v. Krukowski, welcher das ganze
Manuskript einer sorgfältigen Durchsicht unterzog, sei dafür an
dieser Stelle gedankt.

Nürnberg, September 1916.

Möllinger.

Inhaltsverzeichnis.

Inhaltsverzeichnis. **V**

Berichtigungen.

Seite 29, Zeile 1 der Anmerkung lies: „dem 20 A-Zähler" anstatt „dem Zähler".

„ 34, Z. 21 v. o. lies: „$n_\Re$" anstatt „$N_\Re$".

„ 80, Z. 6 v. o. lies: „Φ_J^2" anstatt „Φ_J".

„ 98, Z. 9 v. o.: Der Gedankenstrich von Zeile 9 ist an den Schluß von Zeile 7, also nach „G-Zähler" zu setzen.

„ 98, Z. 19 v. o. lies: „$\cos\varphi$ konstant und ändern v" anstatt „$\cos\varphi$ konstant".

„ 116, Z. 2 der Anmerkung lies: „$\lambda = 2$, $r_b = 2\,r_a$)" anstatt „$\lambda = 2$), $r_b = 2\,r_a$,".

„ 125, Z. 6 v. o. lies: „Fall β" anstatt „Fall 2".

„ 125, Z. 7 v. o. lies: „α_3" anstatt „α_1".

„ 160, Z. 14 v. o. lies: „$O_0\,O_1\,c$" anstatt „$O_0\,O_4\,c$".

I. Zeichen und Bezeichnungen.

1. Zeichen.

$\times$ (gefiedertes Ende eines eindringenden Pfeiles), Richtung senkrecht in die Papierebene hinein (S. 75).

$\cdot$ (Spitze eines herausdringenden Pfeiles), Richtung senkrecht aus der Papierebene heraus.

$\mathcal{W}$ induktionsloser Widerstand (z. B. R_1 in Fig. 80).

$\sim$ proportional.

$\approx$ annähernd gleich.

$\div$ bis.

$\sphericalangle\,K\,|\,\Phi$ oder $K\,|\,\Phi$ Phasenverschiebungswinkel zwischen K und Φ. Wenn Winkel in den Figuren als Rechte besonders gekennzeichnet werden sollen, ist ein Gradbogen ohne Bezeichnung eingezeichnet (z. B. Fig. 20).

$[\;\;]$ deutet an, daß die Addition geometrisch (vektoriell) erfolgen soll (S. 58).

2. Deutsche und lateinische Buchstaben.

A Ampere oder Arbeit.

Ah Amperestunde.

As Amperesekunde.

AW Amperewindungen.

a Umdrehungszahl pro Kilowattsekunde bzw. pro Amperesekunde (siehe S. 16 und 35).

a_s deren Sollwert.

$\mathfrak{B}$ Induktion in Gauß [1]).

b Bremsfaktor (III, 3); in VIII Dämpfungskonstante.

---

[1]) Bei Wechselstrom bedeuten in den Formeln und Vektordiagrammen: J, E, K Effektivwerte, $\bar{J}$, $\bar{E}$, $\bar{K}$ Scheitelwerte, $\mathfrak{H}$, $\mathfrak{B}$, Φ Scheitelwerte; N, D bedeuten Mittelwerte der Leistung bzw. des Drehmomentes während einer Periode. Momentanwerte im Zeitmoment t sind durch den Index t gekennzeichnet, welcher dem einzelnen Buchstaben oder einem ganzen Ausdruck angehängt wird (siehe V).

B Bremsmoment, Dämpfungsmoment (III, 3).

C Kapazität in Farad (V, 6).

C_μ Kapazität in Mikrofarad.

C, c mit Indizes .... Proportionalitätskonstanten. Die Numerierung der Indizes beginnt öfters von neuem.

C' Korrektionsfaktor (siehe III, 5).

C'_U Korrektionsfaktor bei Meßwandlern (Anm. 1, S. 153).

d Drehmomentsfaktor (S. 10).

D Drehmoment (s. S. 1, Anm. 1).

$\bar{D}$ größter Wert desselben.

$D_\mathfrak{N}$ Drehmoment bei Nennlast.

E Elektromotorische Kraft (EMK) (s. S. 1, Anm. 1).

E_1 EMK in der primären $\Big\}$ Wicklung beim Transformator.
E_2 EMK in der sekundären

$e = 2{,}718\ldots$ Basis der natürlichen Logarithmen.

$\mathfrak{F}$ Magnetomotorische Kraft (MMK) $\mathfrak{F} = \dfrac{4\,\pi}{10}\, s\, J$ (S. 56).

F Fläche oder Farad.

$\mathfrak{H}$ Feldstärke (in Gauß), siehe S. 1, Anm. 1.

H Henry.

h Hilfsdrehmoment (S. 21) oder Stunde.

J Stromstärke (s. S. 1, Anm. 1).

$J_\mathfrak{N}$ deren Nennwert.

J_1 Primärstrom
J_2 Sekundärstrom $\Big\}$ bei Wandlern.
J_0 Leerlaufstrom

J' Strom im Spannungskreis des Zählers.

J_m Magnetisierungsstrom.

J_w Wattstrom.

J_M vom Bremsmagnet herrührende Bremsströme $\Big\}$ in der
J_K vom Spannungstriebfluß herrührende Triebströme Scheibe
J_J vom Stromtriebfluß herrührende Triebströme

$K.$ Trägheitsmoment im Abschnitt VIII, sonst

K Klemmenspannung, Potentialdifferenz (s. S. 1, Anm. 1).

$K_\mathfrak{N}$ deren Nennwert.

K_J Spannung an der Stromwicklung (Fig. 14).

K_L Spannung an den Stromverbrauchern, z. B. Lampen (Fig. 14).

K_1 primäre $\Big\}$ Klemmenspannung beim Transformator.
K_2 sekundäre

kW   Kilowatt.

kWh Kilowattstunde.

kWs Kilowattsekunde.

L Koeffizient der Selbstinduktion oder in den Schaltbildern Stromverbraucher (Fig. 1).

$\mathfrak{l}$ Länge des magnetischen Pfades (S. 56, Anm. 2).

M Koeffizient der gegenseitigen Induktion (IX, 8 C).

m Minute.

mA Milliampere.

N Leistung, Effekt in W oder kW (s. S. 1, Anm. 1).

(N) scheinbare Leistung in VA (S. 66).

N_J von der Stromwicklung aufgenommener Effekt.

N_{J_0} Effektverlust im Stromeisen und durch die Scheibenströme J_J.

N' von der Spannungsspule aufgenommener Effekt.

N_0' Effektverlust im Spannungseisen und durch die Scheibenströme J_K.

N_0 Effektverlust im Eisenkern beim Transformator (V, 8).

$N_{\mathfrak{N}}$ Nennlast des Zählers (S. 10).

$\mathfrak{N}$ als Index bedeutet Nennwert der betreffenden Größe.

n Drehzahl (Umdrehungszahl pro Minute).

$n_{\mathfrak{S}}$ Sollwert derselben.

$n_{\mathfrak{N}}$ Drehzahl bei Nennlast.

P Kraft oder Potential.

Q Elektrizitätsmenge oder

Q Wicklungsquerschnitt $\Big\}$ (Fig. 10).
q Drahtquerschnitt

$\mathfrak{q}$ Querschnitt des magnetischen Pfades (S. 56, Anm. 2).

$\mathfrak{R}$ magnetischer Widerstand.

$\mathfrak{R}'$ „   „   des primären Streupfades.

$\mathfrak{R}''$ „   „   des sekundären Streupfades.

R elektrischer Widerstand.

R' Widerstand des Spannungskreises.

R_J Widerstand der Stromwicklung.

R_1 Widerstand der primären Wicklung $\Big\}$ bei Transformatoren.
R_2 „   „ sekundären   „

r hemmendes Moment der Reibung (S. 17) oder Radius.

rd.   rund, annähernd.

s Sekunde, spez. Gewicht oder

s Windungszahl.

s_1 Windungszahl der primären Wicklung ⎫ beim Transfor-
s_2 Windungszahl der sekundären Wicklung ⎭   mator.

s_J Windungszahl der Stromspule.

s' Windungszahl der Spannungsspule.

$\mathfrak{S}$ als Index bedeutet Sollwert der betreffenden Größe.

T Dauer einer Periode in Sekunden (S. 50).

t Zeit; als Index: Momentanwert der Größe (S. 51 und 54).

U Übersetzung beim Transformator[1]) (S. 71).

$U_\mathfrak{N}$ Nennwert derselben[1]).

u Umdrehungszahl.

V Volt.

VA Volt-Ampere.

W Watt.

Wh Wattstunde.

Ws Wattsekunde.

X Reaktanz $X = \omega L$ (S. 57).

Z Impedanz $Z = \sqrt{R^2 + \omega^2 L^2}$ (S. 59).

$\mathfrak{Z}$ Zeitachse (S. 51).

3. Griechische Buchstaben.

δ beim Meßwandler Fehlwinkel[1]) (S. 71 und IX, 5 c).

δ beim Induktionszähler Fehlverschiebung, Abweichung von
     der 90°-Verschiebung (S. 95).

$\delta^{(')}$ diese Winkel, gemessen in Minuten.

$\varDelta$ Fehler in Prozent (III, 5).

$\varDelta_U$ Übersetzungsfehler beim Wandler (IX, 5 c).

$\eta = \dfrac{N}{N_\mathfrak{N}}$ verhältnismäßige Wattbelastung (S. 10)[2]).

$\eta' = \dfrac{J}{J_\mathfrak{N}}$ verhältnismäßige Strombelastung (S. 10)[2]).

ϑ Dicke der Scheibe.

$\varkappa$ Leitfähigkeit; $\varkappa = \dfrac{l}{Rq}$; R in Ω, l in Meter, q in mm²;
     z. B. $\varkappa = 56$ bei Kupfer.

μ Permeabilität $\mu = \dfrac{\mathfrak{B}}{\mathfrak{H}}$.

---

[1]) Wo zwischen Spannungswandlern und Stromwandlern unterschieden
werden soll, erhalten die Größen den Index K bzw. J.

[2]) $100\,\eta$, $100\,\eta'$ prozentuale Watt- bzw. Strom-Belastung.

μ F   Mikrofarad $(1\,\mu\,\mathrm{F} = 10^{-6}\,\mathrm{F})$.

$\nu = \dfrac{1}{T}$ Frequenz (V, 1), Zahl der Perioden pro Sekunde.

$\sigma = \measuredangle\, \Phi_K \mid \Phi_J$ Phasenverschiebungswinkel zwischen Strom- und Spannungs-Triebfluß.

$\varphi = \measuredangle\, K \mid J$ Phasenverschiebungswinkel zwischen Klemmenspannung und Strom.

Φ magnetischer Kraftlinienfluß in absoluten Einheiten (Maxwell) (s. S. 1, Anm. 1).

Φ_J Triebfluß des Stromeisens (S. 74).

Φ_K Triebfluß des Spannungseisens (S. 74).

Φ' primärer Streufluß $\left.\vphantom{\begin{array}{c}a\\b\end{array}}\right\}$ beim Transformator.
Φ'' sekundärer Streufluß

Φ'_0 primärer Streufluß bei Leerlauf.

$\chi = \measuredangle\, K \mid \Phi_K$ Phasenverschiebungswinkel zwischen Klemmenspannung und Spannungstriebfeld.

ψ Phasenverschiebungswinkel zwischen Strom und Fluß.

$\psi_J = \measuredangle\, J \mid \Phi_J$ Phasenverschiebungswinkel zwischen Strom und Stromtriebfluß.

ω „Kreisfrequenz" $\omega = 2\,\pi\,\nu$ oder im Abschnitt VIII Winkelgeschwindigkeit $\omega = \dfrac{2\,\pi\,n}{60}$.

Ω Ohm.

II. Einleitung.

Die Elektrizitätszähler dienen dazu, die in einer Anlage verbrauchte oder von einer Erzeugungsanlage abgegebene elektrische Arbeit oder Elektrizitätsmenge zu registrieren.

Die elektrische Arbeit A ist das Produkt aus der Leistung N und der Zeit t, während der diese Leistung verbraucht oder abgegeben wird:

$$A = N\,t.$$

N wird in der Praxis in Watt oder Kilowatt, t meist in Stunden (h) gemessen, so daß die Einheit der Arbeit die Wattstunde (Wh) oder Kilowattstunde (kWh) ist.

Eine Anlage sei während der Zeit t_1 mit N_1, während der Zeit t_2 mit N_2 usw. belastet. Dann ist die gesamte verbrauchte Arbeit, die der Zähler registrieren soll:

$$A = N_1\,t_1 + N_2\,t_2 \ldots$$

Da die zu registrierende elektrische Leistung N dem Produkt aus Verbrauchsspannung K und Verbrauchsstrom J proportional ist, muß in einem „Wattstundenzähler" der Strom und die Spannung zur Wirkung gebracht werden.

Die verbrauchte Elektrizitätsmenge Q ist das Produkt aus dem Verbrauchsstrom J und der Zeit t, während der der Strom verbraucht wird:

$$Q = J\,t.$$

J wird in Ampere (A), t meist in Stunden, die verbrauchte Elektrizitätsmenge also meist in Amperestunden (Ah) gemessen.

Ist eine Anlage während der Zeit t_1 mit dem Verbrauchsstrom J_1, während der Zeit t_2 mit J_2 usw. belastet, so ist die gesamte verbrauchte Elektrizitätsmenge, die der Zähler registrieren soll,

$$Q = J_1\,t_1 + J_2\,t_2 \ldots$$

In einem „Amperestundenzähler" wird nur der Verbrauchsstrom J zur Wirkung gebracht. Ist ein Amperestundenzähler in einer Anlage mit der konstanten Verbrauchsspannung K eingeschaltet, so läßt sich aus seinen Angaben die verbrauchte elektrische Arbeit berechnen:

$$A = \frac{Q\,K}{1000} \text{ Kilowattstunden,}$$

wenn Q in Amperestunden und K in Volt ausgedrückt ist.

Um die Angabe Q des Amperestundenzählers dazu nicht jedesmal mit K multiplizieren zu müssen, richtet man in der Regel das Zählwerk so ein, daß es für ein bestimmtes K direkt Kilowattstunden zeigt.

III. Der dynamometrische Wattstundenzähler.
(*G*-Zähler.)

1. Einleitung. Die Schaltung sowie die wichtigsten Teile eines dynamometrischen Zählers in schematischer Darstellung zeigt Fig. 1; Fig. 2 zeigt einen ausgeführten Zähler[1]) (Modell G 5 der SSW.).

Die vom Verbrauchsstrom J durchflossenen Stromspulen *8* erzeugen ein Feld, welches auf die Spulen des Ankers *10* drehend wirkt.

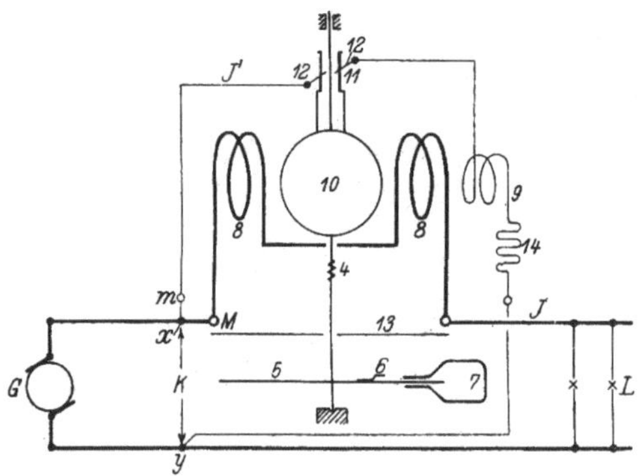

Fig. 1.
Messende Teile und Schaltbild eines *G*-Zählers.

Aus diesem Grunde nennt man diese Zähler „dynamometrische". Sie werden meist für Gleichstrom benutzt und wir wollen sie deshalb „*G*-Zähler" nennen und nur für Gleichstrom untersuchen.

Dem Anker *10* wird der Strom J' mittels Kollektor *11* und Bürsten *12* zugeführt. In Reihe mit ihm liegt ein Vorschaltwiderstand *14* sowie eine Hilfsspule *9*, auf deren Zweck wir später näher eingehen werden. Der Ankerkreis x *12* y liegt an der Verbrauchsspannung K und besteht im wesentlichen aus Kupfer und Nickel, Materialien von etwa dem gleichen Temperaturkoeffizienten, wie die Bremsscheibe (Aluminium). Der Strom J' im Ankerkreis muß sehr klein gehalten werden, damit der dauernde Effekt-

---

[1]) In dieser Figur ist, um den Anker besser sichtbar zu machen, die rechte Stromspule herausgenommen und neben den Apparat gelegt.

verbrauch ($N' = J'\,K$) und die Abnutzung von Bürsten und Kollektor gering sind; daher erhält der Ankerkreis einen hohen Widerstand (R'). Auf der Achse des Ankers sitzt ferner eine im Felde eines permanenten Magneten *7* befindliche Bremsscheibe *5* aus Aluminium.

Die Drehzahl des Ankers ist dem Effekt $N = K\,J$ in der Anlage, die Zahl seiner Umdrehungen der darin verbrauchten Arbeit

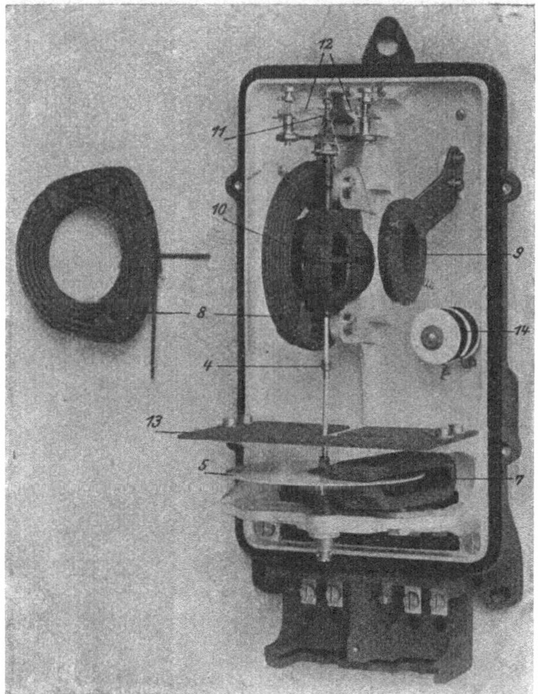

Fig. 2. *G*5 der SSW.

proportional, wie wir später sehen werden. Die Umdrehungen werden von einem von der Schnecke *4* angetriebenen Zählwerk (in Fig. 1 und 2 nicht abgebildet) registriert.

Das Produkt $K\,J$, welches den Effekt N in der Anlage darstellt, bezeichnet man als die Belastung des Zählers.

Jeder Zähler ist für eine bestimmte Spannung und für eine bestimmte Stromstärke, bis zu der er normalerweise dauernd belastet werden darf, gebaut. Diese Größen sind auf dem Schild aufgeschrieben; wir nennen sie Nennspannung und Nennstrom und bezeichnen sie mit dem Index $\mathfrak{N}$. Entsprechend ist die „Nennlast" des Zählers

$$N_{\mathfrak{N}} = K_{\mathfrak{N}} J_{\mathfrak{N}}.$$

Ist der Zähler mit N Watt belastet, so nennen wir $\dfrac{N}{N_{\mathfrak{N}}} = \eta$ die „verhältnismäßige Wattbelastung" und entsprechend $\dfrac{J}{J_{\mathfrak{N}}} = \eta'$, die „verhältnismäßige Strombelastung"; η und η' werden aber auch oft kurz als „Belastung" bezeichnet.

100 η bzw. 100 η' heißt die prozentuale Belastung.

2. Drehmoment. Von der Wirkung der Hilfsspule sehen wir zunächst ab. Der Verbrauchsstrom J erzeugt in den Stromspulen 8 ein Feld, dessen Stärke $\mathfrak{H}_J$ proportional J und der Windungszahl s_J der Spulen ist:

$$\mathfrak{H}_J = C_1 s_J J \ldots \tag{1}$$

(Mit $C_0\, C_1$ usw. sollen im folgenden Proportionalitätskonstanten bezeichnet werden.) Für einen gegebenen Zähler ist $s_J =$ konst. und wir können schreiben:

$$\mathfrak{H}_J = C_2 J \ldots \tag{2}$$

Das Feld ist nicht immer homogen. Wir wollen für diesen Fall unter $\mathfrak{H}_J$ die mittlere Feldstärke, die sich als $\mathfrak{H}_J = \dfrac{\Phi_J}{F}$ ergibt, verstehen. Dabei ist F die Fläche einer Ankerspule und Φ_J der maximal von derselben umfaßte Fluß.

In dem Stromfeld befindet sich der vom Strom

$$J' = \frac{K}{R'} \tag{3}$$

durchflossene Anker. Durch das Zusammenwirken des Stromes J' mit dem Feld $\mathfrak{H}_J$ kommt ein auf den Anker wirkendes Drehmoment D zustande.

$$D = C_3 J' \mathfrak{H}_J \tag{4}$$

oder unter Berücksichtigung der Gleichungen (2) und (3)

$$\boldsymbol{D = C_3 C_2 \frac{K}{R'} J = d \cdot K J = d \cdot N} \tag{5}$$

D ist also dem Effekt im Verbrauchskreise $x\,L\,y$ proportional; d bezeichnen wir als Drehmomentsfaktor.

Aus Gleichung (5) folgt: Wenn das Drehmoment eines Zählers bei Nennlast $N_\mathfrak{N}$ gleich $D_\mathfrak{N}$, so ist das Drehmoment bei einer Belastung N

$$D = D_\mathfrak{N} \cdot \eta\,.$$

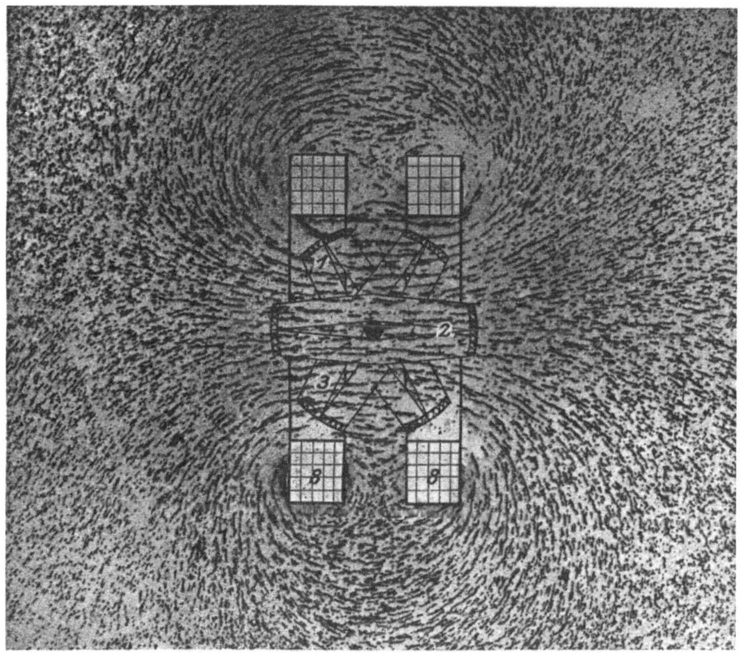

Fig. 3. Horizontalschnitt durch die Ankermitte in Fig. 2 und Kraftlinienbild.

Die Gleichung (5) ist erfüllt, solange Gleichung (2) gilt[1]) und R' konstant bleibt, für eine beliebige Anordnung des Ankers und der Hauptstromspulen. Dabei ist unter D das mittlere Drehmoment zu verstehen.

Bei unserem Zähler (Fig. 2) ist, wie Fig. 3 veranschaulicht, das Feld im Ankerbereich nahezu homogen, und man kann daher D leicht berechnen. Die Rechnung sei für den ge-

---

[1]) Gleichung (2) gilt z. B. dann nicht genau, wenn sich in den Stromspulen oder im Anker Eisen befindet.

schlossenen Dreispulenanker durchgeführt, da dieser vielfach verwendet wird. In Fig. 3 sind die drei gegeneinander um 120° versetzten Ankerspulen mit eingezeichnet.

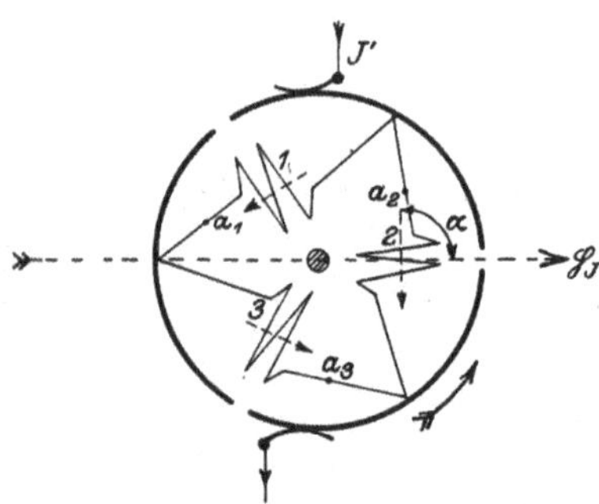

Fig. 4. Dreispulen-Anker.

Fig. 4 zeigt den Anker in schematischer Darstellung[1]).

Die gestrichelten Linien sind die Achsen der gleichsinnig gewickelten Ankerspulen *1, 2, 3*. Wenn der Strom bei den Spulenanfängen a_1, a_2, a_3 austritt, mögen bei a_1, a_2, a_3 Nordpole entstehen. In Fig. 4 haben dann die Spulen die eingezeichnete Polarität; der Anker erfährt ein Drehmoment in der Pfeilrichtung. Jede Spule wird stets dann durch die Bürste kurzgeschlossen, wenn ihre Achse mit der Feldrichtung $\mathfrak{H}_J$ zusammenfällt, sie also kein Drehmoment ergibt. Der Fluß, der die Spule durchsetzt, ist dabei ein Maximum (die in ihr induzierte EMK Null). Bei der Spule *2* hat das Drehmoment eben seinen größten Wert $\overline{D_2}$, denn ihre Achse steht senkrecht zum Feld ($\alpha = 90°$).

Es ist dann

$$\overline{D_2} = \mathfrak{H}_J \left(\frac{2}{3} J'\right) \frac{F s'}{10} \text{ cm-Dyn} = \mathfrak{H}_J \left(\frac{2}{3} J'\right) \frac{F s'}{10 \cdot 981} \text{ cmg} \,^2)$$

oder

$$\overline{D_2} = 6{,}8 \cdot 10^{-5} \, \mathfrak{H}_J \, J' \, F \, s' \text{ cmg.} \qquad (6)$$

$^2/_3 \, J'$ ist der Spulenstrom, da die in Reihe geschalteten Spulen *1* und *3* zur Spule *2* parallel geschaltet sind.

F ist die von der Spule umschlossene Fläche in cm²: s' die Windungszahl der Spule[3]).

Für den beliebigen Winkel α ist

$$D_2 = \overline{D_2} \sin \alpha . \qquad (7)$$

---

[1]) Es ist für D ohne Einfluß, ob die Ankerspulen — wie in Fig. 4 der Deutlichkeit halber gezeichnet — neben der Zählerachse liegen oder ob letztere — wie in Fig. 2 und 3 — durch die Ankerspule hindurchtritt.

[2]) Siehe Armrkung S. 44.

[3]) Bei den praktischen Zählern ist in der Regel F bei den einzelnen Ankerspulen etwas verschieden.

D_2 ändert sich von $\alpha = 60° \div 120°$ nach der Sinuslinie y (Fig. 5); von $0° \div 60°$ und von $120° \div 180°$ nach der Sinuslinie y', deren Ordinaten halb so groß sind, wie die von y, weil dabei die Spule *2* mit einer anderen in Reihe geschaltet und vom Strom $^1/_3\,J'$ durchflossen ist.

Die Drehmomente D_1 und D_3 der Spulen *1* und *3* verlaufen nach denselben Kurven wie D_2, nur sind sie dagegen um je 120° verschoben. Sie sind für $\alpha = 60° \div 120°$ auch eingezeichnet; ebenso der Verlauf des Gesamtdrehmomentes D_g des Ankers.

$$D_g = D_1 + D_2 + D_3. \qquad (8)$$

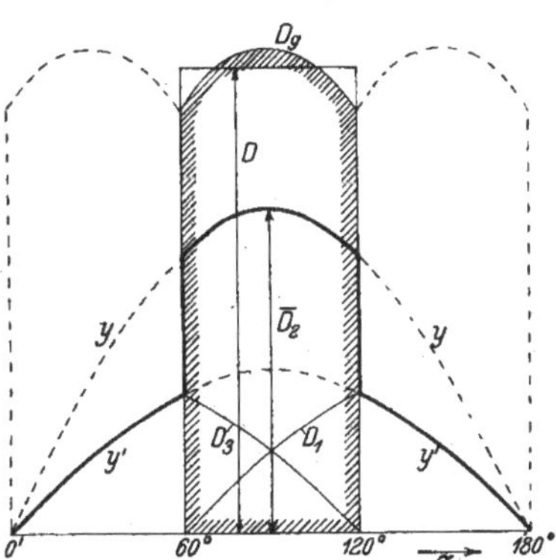

Fig. 5.
Drehmomente beim Dreispulen-Anker Fig. 4. D_1, D_2, D_3 der einzelnen Spulen, D_g Gesamtdrehmoment, D dessen Mittelwert.

D_g ist also nicht konstant, sein größter Wert ist 15% größer als sein kleinster. Mittels eines Federdynamometers kann D_g am stillstehenden Zähler bei verschiedenen Winkeln α leicht gemessen werden. Das Drehmoment ist beim rotierenden Zähler praktisch das gleiche wie beim stillstehenden, weil, wie wir später sehen werden, die Gegen-EMK des Ankers gegen K vernachlässigbar klein ist, also J' bei stillstehendem und rotierendem Zähler gleich groß ist.

Man bestimmt durch Planimetrieren oder Integrieren die schraffierte Fläche und ersetzt sie durch ein Rechteck gleichen Inhalts. Dabei findet man, daß die Höhe desselben, die das mittlere Drehmoment D gibt, im Verhältnis 1,432[1]) größer ist als $\overline{D_2}$, also

$$D = 1,432 \cdot \overline{D_2}. \qquad (9)$$

Setzt man D_2 aus Gleichung (6) ein, so ergibt sich:

$$\left.\begin{aligned} D &= 1,432 \cdot 6,8 \cdot 10^{-5}\,\mathfrak{H}_J\,J'\,F\,s'\ \text{cmg} \\ &= 9,74 \cdot 10^{-5}\,\mathfrak{H}_J\,J'\,F\,s'\ \text{cmg} \end{aligned}\right\} \qquad (10)$$

---

[1]) Die Integration ergibt $\dfrac{4,5}{\pi}$.

Beispiel: Bei einem G-Zähler für Nennstrom $J_\mathfrak{N} = 10\,A$ und Nennspannung $K_\mathfrak{N} = 120\,V$ sei $F = 18\ \mathrm{cm}^2$ $s' = 1900$ $R' = 8000\,\varOmega$.

Ferner sei bei $J_\mathfrak{N}$ die Feldstärke $\mathfrak{H}_J = 130$ Gauß.

Es ergibt sich $J' = 120 : 8000 = 0{,}015\,A$. Aus diesen Werten folgt nach Gleichung (10) die Größe des Drehmomentes bei Nennlast zu:

$$D = 9{,}74 \cdot 10^{-5} \cdot 0{,}015 \cdot 130 \cdot 18 \cdot 1900 = 6{,}50 \ \mathrm{cmg}.$$

Moderne G-Zähler weisen ähnliche Verhältnisse auf.

3. Bremsung. Wenn sich die Bremsscheibe 5 (Fig. 6) in der Pfeilrichtung dreht, werden in den Teilen, die sich in dem Flusse $\varPhi_M$ des Magneten 7 befinden, radial gerichtete EMKe induziert, welche die gezeichneten Wirbelströme J_M (Gleichströme) hervorbringen. Letztere sind der EMK, also $\varPhi_M$, und der Drehzahl n, sowie dem Leitwert der Scheibe, also ihrer Dicke ϑ und ihrer Leitfähigkeit $\varkappa$ proportional:

$$J_M = C_4 \varPhi_M \vartheta \varkappa n. \quad (11)$$

Die Kraft, mit der $\varPhi_M$ auf die in seinem Bereich verlaufenden Ströme J_M einwirkt, ist dem Produkt $J_M \varPhi_M$ proportional und wirkt bekanntlich nach dem Lenzschen Gesetz der Drehrichtung entgegengesetzt (also Bremskraft). Davon, daß die Ströme J_M von dem Fluß $\varPhi_M$ in Fig. 6 nach links geschoben werden, kann man sich auch mittels der „Korkzieher"- oder „Linke-Hand"-Regel überzeugen.

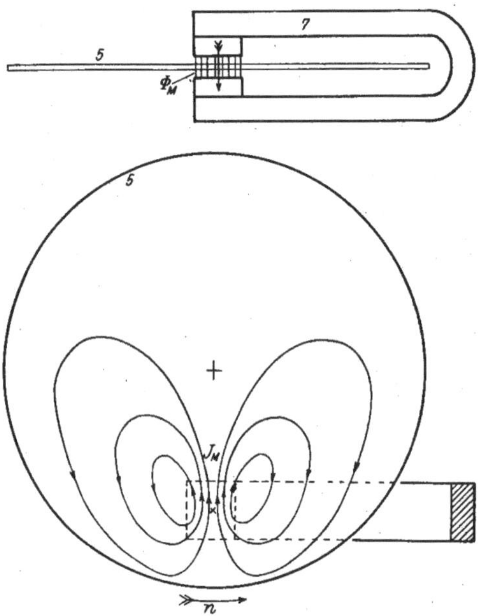

Fig. 6. Bremsmagnet und Bremsscheibe mit den Bremsströmen J_M.

Das hemmende Moment B der Bremsung ist also

$$B = C_5\, J_M\, \Phi_M,$$

oder unter Berücksichtigung der Gleichung (11)

$$\boldsymbol{B} = C_5\, C_4\, \Phi_M\, \vartheta\, \varkappa\, n\, \Phi_M = C_6\, \Phi_M^2\, \vartheta\, \varkappa\, n = \boldsymbol{b\, n}. \qquad (12)$$

Der Bremsfaktor b kann durch Verstellen des Bremsmagneten auf den gewünschten Wert gebracht werden.

4. Drehzahl. Ist der Zähler nach Fig. 1 angeschlossen und wird Verbrauchsstrom J eingeschaltet, so beginnt der Anker unter dem Einfluß des Drehmomentes D sich zu drehen, und seine Drehzahl n wächst, bis das widerstehende Moment B der Bremsung — die Reibung vernachlässigen wir zunächst — gleich D ist.

Also
$$B = D$$

oder, da nach (5) und (12)

$$D = d \cdot N$$

und
$$B = b\, n$$

ist, so ergibt sich
$$b\, n = d \cdot N.$$

Folglich ist

$$\boldsymbol{n} = \frac{d}{b}\, N = \boldsymbol{C_0\, N}. \qquad (13)$$

Die Drehzahl ist also dem Effekt N im Kreise $x\,L\,y$ proportional. (Der Effektverlust in den Stromspulen 8 wird mitgemessen.)

Hat nun z. B. ein G-Zähler die Drehzahlen $n_a = 60$ und $n_b = 6$, je nachdem die Anlage

$$\text{a) mit } N_a = 1\,\text{kW},$$
$$\text{b) mit } N_b = 0{,}1\,\text{kW}$$

belastet ist und währt jede Belastung 1 Stunde, so ist die verbrauchte Arbeit

$$A_a = 1\,\text{kWh},$$
$$A_b = 0{,}1\,\text{kWh},$$

und die Umdrehungszahl des Ankers

$$u_a = 60 \cdot 60 = 3600,$$
$$u_b = 6 \cdot 60 = 360.$$

Aus der Proportionalität zwischen n und N folgt demnach die Proportionalität zwischen u und A. Der Fortgang des Zählwerks ist also der verbrauchten elektrischen Arbeit A proportional.

Die Übersetzung zwischen der Zählerachse und den Zählwerksrollen wird im allgemeinen so gewählt, daß das Zählwerk direkt die zu messende Arbeit in kWh angibt.

Es ist üblich, auf jedem Zähler den Sollwert der Ankerumdrehungen pro kWh aufzuschreiben.

Aus diesen Werten ergibt sich durch Division mit 3600 der Sollwert a_s der Ankerumdrehungen pro kWs, den wir für die Fehlerrechnung benutzen werden. (s. III, 5 und 14).

5. Fehler und Korrektionsfaktor. Die Angaben der praktischen Zähler sind aus verschiedenen Gründen, die wir später kennenlernen werden, oft fehlerhaft. Der Fehler $\varDelta$ ist durch die Gleichung

$$\varDelta = \frac{A - A_s}{A_s} \cdot 100\,{}^0/_0 \tag{14}$$

oder

$$\varDelta = \left(\frac{A}{A_s} - 1\right) \cdot 100\% \tag{15}$$

definiert. Ist z. B. der wirkliche Verbrauch $A_s = 100\,\text{kWh}$ und zeigt der Zähler $A = 80\,\text{kWh}$ an, so ist der Fehler $\varDelta = -20\,{}^0/_0$. Da n zu n_s, u zu u_s und a zu a_s in demselben Verhältnis steht wie A zu A_s, kann man in obigen Formeln auch diese Größen für A und A_s einsetzen. Wir werden zur Fehlerbestimmung meist die Gleichung

$$\varDelta = \frac{a - a_s}{a_s} \cdot 100 = \left(\frac{a}{a_s} - 1\right) 100\,{}^0/_0 \tag{16}$$

benützen.

Die Angaben eines Zählers, der $20\,{}^0/_0$ zu wenig zeigt, muß man mit dem „Korrektionsfaktor" $C' = \dfrac{100}{80} = 1{,}25$ multiplizieren, um den wirklichen Verbrauch zu erhalten. Allgemein ist

$$C' = \frac{A_s}{A} = \frac{a_s}{a}. \tag{17}$$

„Korrektionsfaktor" C' und „Fehler" $\varDelta$ stehen zufolge Gl. (15) in dem Zusammenhang

$$\varDelta = \left(\frac{1}{C'} - 1\right) 100\,\% \tag{18}$$

Die Fehler werden oft graphisch aufgetragen (Fehlerkurven).

In Deutschland beträgt die amtliche Beglaubigungsfehler-Grenze[1]) zwischen Zehntellast ($\eta = 0{,}1$) und Nennlast ($\eta = 1$) für Gleichstromzähler

$$3 + \frac{0{,}3}{\eta}\ ^0/_0\ .$$

Ein solcher kann also nicht amtlich beglaubigt werden, wenn sein Fehler z. B. bei Zehntellast größer als $\pm\ 6\%$ oder bei Nennlast größer als $\pm\ 3{,}3\%$ ist.

6. Reibung. Die Proportionalität zwischen $N = KJ$ und n und daher zwischen A und u wird durch die Reibung gestört.

Letztere setzt sich zusammen aus der Reibung der Anker-achse in den Lagern, der Zählwerksreibung und Luftreibung.

Das hemmende Moment r der Reibung kann dabei aufgefaßt werden als eine Vergrößerung des Bremsmomentes oder, was für unsere Betrachtung bequemer ist, als eine Abnahme des wirksamen Drehmomentes.

Die Drehzahl ist nicht mehr proportional D, also auch nicht mehr der zu messenden Leistung, sondern der Differenz

$$D - r = D'.$$

Schmiedel hat r durch Auslaufsversuche bei abgenommenem Bremsmagnet bestimmt[2]); r steigt mit n. Die an einem G-Zähler

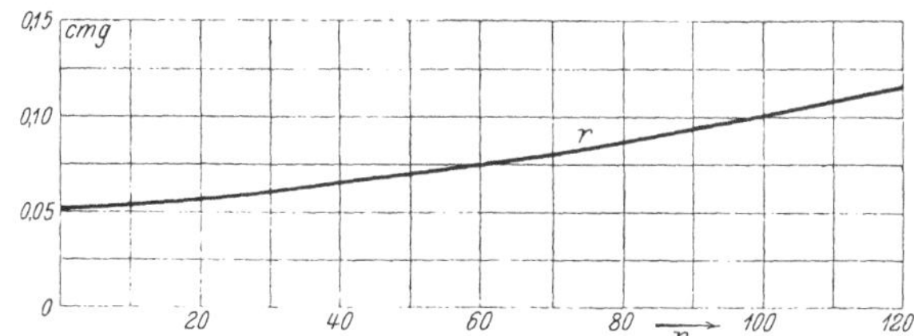

Fig. 7. Hemmendes Moment r der Reibung.

gefundenen Werte sind durch folgende Tabelle sowie durch Fig. 7 wiedergegeben.

---

[1]) **Uppenborn**, Deutscher Kalender für Elektrotechniker 1916, S. 582 § 14 und S. 579, II.
[2]) El. u. Masch. 1911, Heft 47 u. 48, S. 955 u. 978.

Drehzahl/Minute n	Reibungsmoment r cmg
120	0,116
90	0,093
60	0,0745
30	0,061
15	0,056
12	0,055
6	0,053
3	0,0523
1,5	0,0521

Für verschiedene Belastungen des Zählers ergibt sich D' zu

$$D' = D - r = D_{\mathfrak{N}}\, \eta - r$$

(siehe S. 11).

Nehmen wir an, daß der Zähler, wenn er keine Reibung hätte, richtig zeigen würde ($\varDelta = 0$)[1]), so ist der Fehler des mit Reibung behafteten Zählers gegenüber dem reibungsfreien:

$$\varDelta = \frac{D' - D}{D} \cdot 100 = \frac{D - r - D}{D} \cdot 100 = -\frac{r}{D} \cdot 100\,\%. \quad (19)$$

Wir betrachten einen G-Zähler für die Nennspannung $K_{\mathfrak{N}} = 120\,V$ und den Nennstrom $J_{\mathfrak{N}} = 10\,A$, also Nennlast $N_{\mathfrak{N}} = 1,2$ kW mit einem Drehmoment bei Nennlast $D_{\mathfrak{N}} = 6,0$ cmg. Es ist also $D = 6,0\,\eta$ und die durch Reibung verursachten Fehler sind nach Gleichung (19)

$$\varDelta = -\frac{r}{6,0\,\eta} \cdot 100\,\%.$$

Ist der Dämpfungsfaktor des Zählers $b = 0,1$, so hat der reibungsfreie Zähler nach Gleichung (13) bei $\eta = 1$ die Drehzahl $n = 60$ und wir können, wenn wir dabei die kleine Änderung der Drehzahl durch die Reibung vernachlässigen, r für verschiedene η aus vorstehender Tabelle entnehmen; wir erhalten so die nachfolgende Tabelle und die Kurve $\varDelta$ in Fig. 8.

---

[1]) Es ist die geringfügige Störung der Proportionalität durch die EMK des Ankers (siehe III, 9) vernachlässigt.

N kW	$\eta = \dfrac{N}{N_\Re} = \dfrac{N}{1,2}$	$D = \eta\, D_\Re$ $= \eta\, 6{,}0$	$n \approx n_\Re\, \eta$ $\approx 60\, \eta$	r cmg	$\varDelta = -\dfrac{r}{D} \cdot 100$ %
1,2	1	6,0	60	0,0745	—1,25
0,6	0,5	3,0	30	0,061	—2,0
0,3	0,25	1,5	15	0,056	—3,7
0,12	0,1	0,6	6	0,053	—8,85

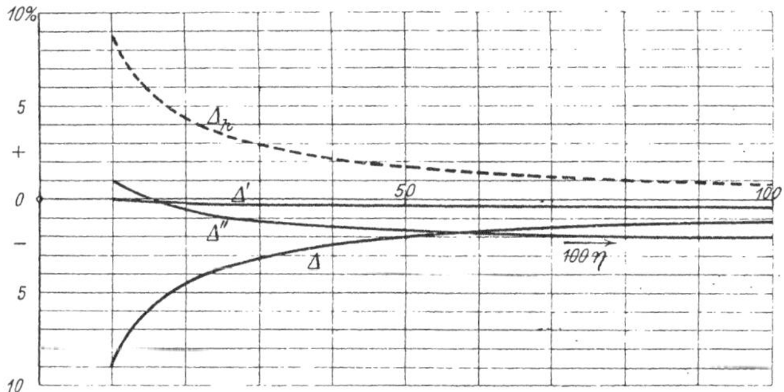

Fig. 8. Lastkurven eines G-Zählers.

$\varDelta$ ohne Hilfskraft $K = K_\Re$. $\varDelta'$ mit Hilfskraft $K = K_\Re$. $\varDelta''$ mit Hilfskraft $K = 1{,}2\, K_\Re$.

Wie aus der Tabelle und der Kurve zu ersehen ist, verursacht die Reibung bei großer Last kleine, bei kleiner Last dagegen große Fehler.

Wir bezeichnen $\varDelta$, $\varDelta'$ und $\varDelta''$[1]) zum Unterschied von anderen Fehlerkurven, welche z. B. die Spannung, Frequenz usw. als Abszisse haben, als „Lastkurven", da sie die Last als Abszisse haben.

Die Lastkurve des richtig zeigenden, reibungsfreien Zählers ist die Abszissenachse selbst. Durch Verstellen der Bremsmagnete könnte man den mit Reibung behafteten Zähler bei Nennlast auf die Drehzahl 60 bringen. Dann würde sich die gezeichnete Lastkurve $\varDelta$ parallel annähernd um 1,2% nach oben verschieben; der Zähler würde dann bei Nennlast richtig, bei Zehntellast um etwa 8,85 — 1,25 = 7,6% zu wenig zeigen ($\varDelta = -7{,}6\%$).

Dämpfte man den Zähler weniger stark ab (n größer), so erhielte man eine etwas weniger stark abfallende Lastkurve.

Führte man z. B. durch Verstellen des Bremsmagnetes den Dämpfungsfaktor $b = 0{,}05$ herbei, so daß der Zähler bei Nennlast die Drehzahl

---

[1]) Die Kurven $\varDelta'$ und $\varDelta''$ werden weiter unten behandelt.

120 hat, so wird die Differenz der Fehler bei Nennlast und bei Zehntellast (siehe Gleichung 19; r aus Tabelle S. 18 entnommen).

$$\frac{0{,}055 \cdot 100}{0{,}6} - \frac{0{,}116 \cdot 100}{6} = 9{,}18 - 1{,}93 = 7{,}25\%$$

statt $8{,}85 - 1{,}25 = 7{,}6\%$ bei $n_{\mathfrak{N}} = 60$.

Oft will man aus den beobachteten Drehzahlen bei Nennlast und bei Zehntellast und dem Drehmoment bei Nennlast einen Schluß auf die Größe der Reibung ziehen. Hierfür gilt die folgende Betrachtung, bei welcher die Indizes die Größe der Belastung η bedeuten.

$$D_1 - r_1 = b\,n_1\,,$$
$$0{,}1 D_1 - r_{0,1} = b\,n_{0,1}\,.$$

Man kann also r_1 und $r_{0,1}$ nicht berechnen, weil auch b unbekannt ist. Aus vorstehenden Gleichungen folgt

$$\frac{D_1 - 10 \cdot r_{0,1}}{D_1 - r_1} = \frac{10\,n_{0,1}}{n_1} = \mu \quad \text{oder}$$

wenn wir $r_1 = \beta\,r_{0,1}$ setzen

$$D_1 - 10\,r_{0,1} = \mu\,(D_1 - \beta\,r_{0,1})$$

Daraus ergibt sich:

$$-10\,r_{0,1} + \mu\,\beta\,r_{0,1} = D_1\,(\mu - 1)$$

oder

$$\frac{r_{0,1}}{D_1} = \frac{1 - \mu}{10 - \mu\,\beta}$$

Wir können β wählen und erhalten z. B. für $\mu = 0{,}92$ — Zähler zeigt bei Zehntellast 8% zu wenig —, je nachdem wir

$$\text{(a)} \quad \beta = 1$$

oder

$$\text{(b)} \quad \beta = 1{,}3$$

setzen (letzteres entspricht etwa den tatsächlichen Verhältnissen).

$$\text{a)} \quad r_{0,1} = D_1\,\frac{0{,}08}{10 - 0{,}92 \cdot 1} = 0{,}0088\,D_1 = r_1$$

$$\text{b)} \quad r_{0,1} = D_1\,\frac{0{,}08}{10 - 0{,}92 \cdot 1{,}3} = 0{,}0091\,D_1;$$

$$r_1 = \beta\,r_{0,1} = 1{,}3\,D_1 \cdot 0{,}0091 = 0{,}0118\,D_1$$

Gewöhnlich begnügt man sich mit einer rohen Annäherung, indem man Formel (a) benutzt ($r_{0,1} = r_1$) und 0,92 gegen 10 vernachlässigt; dann erhält man

$$r_{0,1} = 0{,}008\,D_1\,.$$

Bei einem Zähler, der bei Zehntellast $8\,\%$ weniger zeigt als bei Nennlast, beträgt danach die Reibung 8% des Drehmomentes bei Zehntellast.

7. Hilfsspule. Um die Lastkurve zu verbessern, wird durch eine in Reihe mit dem Anker geschaltete Hilfsspule *9* (Fig. 1 und 2) ein von J unabhängiges Hilfsdrehmoment h zum Ausgleich der Reibung hinzugefügt.

Einen besonderen Effektverlust verursacht die Hilfsspule nicht, da sie nur einen Teil des Widerstandes R' bildet.

Die Hilfsspule erzeugt ein dem Ankerstrom J' proportionales Feld und übt daher auf den Anker, da dieser gleichfalls den Strom J' führt, ein dem Quadrat von J' proportionales Drehmoment:

$$h = C_7 \, J'^2$$

aus. Da nach Gleichung (3)

$$J' = \frac{K}{R'},$$

so ist

$$h = C_7 \frac{K^2}{R'^2} \tag{20}$$

h ändert sich also proportional dem Quadrat von K und umgekehrt proportional dem Quadrat von R'.

Die Hilfsspule ist verstellbar. Je nach ihrer Lage zum Anker wirkt sie schwächer oder stärker. Ist sie einmal eingestellt und bleibt K und R' konstant, so bleibt auch h konstant.

Wenn wir dem Zähler das Hilfsdrehmoment h hinzufügen, so ergibt sich sein wirksames Drehmoment zu

$$D'' = D - r + h = D_\mathfrak{N}\,\eta - r + h \tag{21}$$

und sein Fehler gegenüber dem Zähler ohne Reibung und ohne Hilfsdrehmoment ist:

$$\varDelta' = \frac{h - r}{D_\mathfrak{N}\,\eta} \cdot 100 = \varDelta + \varDelta_h \tag{22}$$

wo

$$\varDelta_h = \frac{h}{D_\mathfrak{N}\,\eta} \cdot 100 \ \text{ist.} \tag{23}$$

Wenn r konstant, d. h. unabhängig von der Drehzahl wäre, könnten wir es durch Hinzufügen einer gleich großen Hilfskraft h vollständig aufheben; der Zähler hätte (s. Gleichung 21) das wirksame Drehmoment $D_{\mathfrak{N}}\,\eta$ und würde bei allen Belastungen genau richtig zeigen.

Da jedoch r nicht konstant ist, so kann durch ein konstantes h der durch die Reibung verursachte Fehler nicht für alle Belastungen genau ausgeglichen werden.

Wir nehmen an, daß wir dem Zähler, den wir oben (unter III, 6) betrachtet haben, ein Hilfsdrehmoment $h = 0{,}052$ cmg gegeben haben. Daraus ergeben sich folgende Werte für Δ_h und Δ'.

η	D	$\Delta_h = \dfrac{h}{D} \cdot 100 = \dfrac{0{,}052}{D} \cdot 100$ %	Δ aus Tabelle S. 19. %	$\Delta' = \Delta + \Delta_h$ %
1	6,0	$+\,0{,}87$	$-\,1{,}2$	$-\,0{,}3$
0,5	3,0	$+\,1{,}7$	$-\,2{,}0$	$-\,0{,}3$
0,25	1,5	$+\,3{,}5$	$-\,3{,}7$	$-\,0{,}2$
0,1	0,6	$+\,8{,}7$	$-\,8{,}8$	$-\,0{,}1$

Die Werte Δ_h und Δ' sind in der Fig. 8 graphisch aufgetragen. Die Kurve Δ_h ist eine gleichseitige Hyperbel. Wie aus der Kurve Δ' zu ersehen ist, sind die Fehler des Zählers mit Hilfskraft auf dem ganzen Bereich vernachlässigbar klein. Die Kurve Δ_h zeigt, daß der Einfluß von h (ähnlich wie der von r) bei höheren Lasten klein ist, bei kleinen groß. In unserem Falle ist Δ_h bei Nennlast 0,87 und bei Zehntellast 8,7 Einheiten.

Bei den praktischen Zählern wird h meist etwas größer gewählt, so daß der Zähler bei kleinen Belastungen Plusfehler zeigt. Dann wird der Zähler, wenn mit der Zeit die Reibung etwas wachsen sollte, keine größeren Minusfehler aufweisen.

8. Hemmfahne. Der mit dem Hilfsdrehmoment $h \approx r$ versehene Zähler wird leer, d. h. ohne Verbrauchsstrom laufen, wenn h etwas zu- oder r etwas abnimmt. Ersteres tritt ein, wenn die Betriebsspannung K höher ist als die Spannung, bei der der Zähler geeicht wurde; letzteres, wenn der Zähler an eine unruhige Wand montiert wird. Leerlauf würde natürlich auch dann eintreten, wenn man aus den oben erwähnten Gründen von vornherein $h > r$ wählt.

Leerlauf wird durch die aus einem von dem Bremsmagneten festgehaltenen Eisendrähtchen bestehende Hemmfahne 6 (Fig. 1) verhindert. Sie wird auf folgende Weise eingestellt: Man erregt nur den Spannungskreis und zwar mit 1,2 $K_\mathfrak{N}$ und biegt die Hemmfahne so, daß sie bei Erschütterungen des Zählers (Klopfen) von dem Bremsmagneten noch eben zurückgezogen wird, wenn man sie aus der wirksamsten Stellung ein wenig in der Drehrichtung des Zählers entfernt. Dann kann der Zähler ohne Verbrauchsstrom auch bei 20% Spannungserhöhung nicht durchlaufen, selbst wenn die Reibung Null würde. Die Fahne wird bei unserem Zähler mit einem Moment, welches etwas größer ist als 0,052 $(1,2)^2 = 0,075$ cmg festgehalten. Bei normaler Spannung, wobei die Reibung durch h eben aufgehoben ist, wird also der Zähler bei etwa 0,075 cmg, d. i. 1,3 % des Drehmomentes bei Nennlast (6 cmg) anlaufen (also Anlauf bei 1,3 % der Nennlast).

Das Hemmoment 0,075 cmg ist nur an einer Stelle vorhanden; wird die Fahne aus der Stelle der größten Dichte des Streufeldes in der Drehrichtung weiterbewegt, so wird es kleiner und wird Null beim Austritt der Fahne aus dem Streufeld des Bremsmagneten. Null bleibt es auf dem weitaus größten Teil des Weges der Fahne. Beim Eintritt in das Streufeld wird die Fahne eingezogen, wirkt also treibend. Daraus folgt, daß das mittlere Hemmoment der Fahne sehr viel kleiner sein muß als 0,075 cmg; die Arbeit, die die Fahne beim Austritt verbraucht, ist von derjenigen, die sie beim Eintritt leistet, nicht sehr verschieden. Beide Größen unterscheiden sich nämlich nur durch die Arbeit, die durch Hysteresis in dem kleinen Eisendrähtchen verlorengeht, wenn letzteres zyklisch aus dem Felde Null in das maximale Streufeld und wieder in das Feld Null gebracht wird[1]): Die Hemmfahne erzeugt an einer Stelle ein großes Hemmoment, während das mittlere Hemmoment und daher der Einfluß auf die Drehzahl sehr klein ist. Sie verzögert den Anlauf, hat aber auf die Lastkurve — selbst im unteren Teile derselben — kaum einen Einfluß.

9. EMK des Ankers. Gleichung

$$J' = \frac{K}{R'}$$

---

[1]) Beträgt die Hysteresisarbeit A_h Erg pro Zyklus (Ankerumdrehung), so ist das mittlere Hemmoment $\dfrac{A_h}{2\pi\,981}$ cmg, und zwar unabhängig von der Drehzahl.

setzt voraus, daß die EMK E, die der Anker bei seiner Drehung im Stromfeld $\mathfrak{H}_J$ induziert, vernachlässigbar ist gegen K, denn es ist eigentlich

$$J' = \frac{K - E}{R'}.$$

Bei dem auf S. 14 betrachteten Dreispulenanker wird bei der Drehzahl 60 in Spule *2*, wenn sie die in Fig. 4 gezeichnete Stellung einnimmt, induziert

$$E_2 = F \, \mathfrak{H}_J \, s' \, \frac{2 \pi n}{60} \, 10^{-8} = 0{,}28 \; V.$$

Der Verlauf der EMK von $\alpha = 60° \div 120°$ ist in Fig. 9 dargestellt. Spule *2* ist zu den in Reihe liegenden Spulen *1* und *3* parallel geschaltet. Es ist stets

$$E_1 + E_3 = E_2.$$

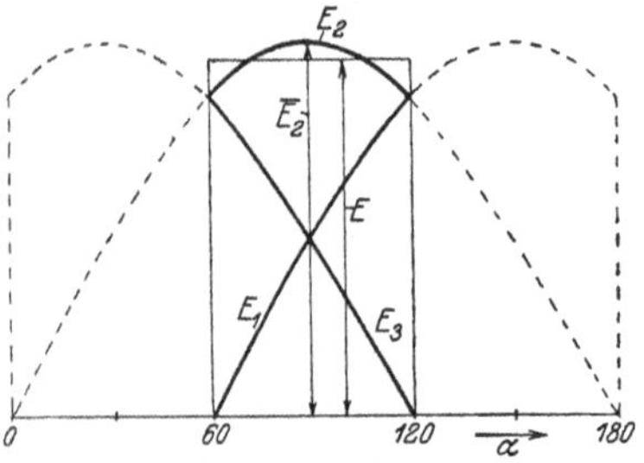

Wie man durch Planimetrieren findet, ist die mittlere EMK

$$E = 0{,}955 \, \overline{E_2} \, {}^1).$$

In unserem Beispiel ist $E = 0{,}27 \; V$, also vernachlässigbar gegen K, da K fast stets mehr als $100 \; V$ beträgt. J' ist also bei rotierendem und stillstehendem Anker praktisch dasselbe [2]. K wird vollständig als Ohmscher Spannungsverlust in R' aufgezehrt.

Fig. 9. EMK des Ankers Fig. 4.
E_1, E_2, E_3 der einzelnen Spulen, E Mittelwert.

Umgekehrt liegen die Verhältnisse beim Gleichstrom-Nebenschlußmotor. Hier ist der Spannungsverlust praktisch Null und die EMK des Ankers nahezu gleich der Betriebsspannung. Der Anker muß daher — umgekehrt wie beim G-Zähler — bei schwachem Feld schneller laufen.

10. Temperatur. Wir wollen den Einfluß von Temperaturänderungen auf den G-Zähler betrachten.

---

[1]) Die Integration ergibt $E = \dfrac{3}{\pi} \overline{E_2}$.

[2]) Es sei darauf aufmerksam gemacht, daß E, da es $\mathfrak{H}_J$ und n proportional ist, mit dem Quadrat des Verbrauchsstromes J wächst.

Die Temperatur des Raumes, in dem der Zähler hängt, sei zunächst als konstant angenommen. Legt man den Spannungskreis an die Betriebsspannung an, so erwärmt er sich. Die Wärme breitet sich im Innern des Zählers aus und wandert durch Gehäuse und Grundplatte nach außen. Nach einer gewissen Zeit ($^1/_2$ bis 1 Stunde) ist der stationäre Zustand eingetreten und es haben sämtliche Teile des Zählers ganz bestimmte Temperaturen. Erst jetzt darf man eine Eichung vornehmen.

Erhöht sich dann die Außentemperatur um z. B. 10° C, so nimmt auch jeder Teil des Zählers eine um 10° C höhere Temperatur an. (Der Wattverbrauch des Ankers kann praktisch als konstant angenommen werden.) Die Leitfähigkeiten der Bremsscheibe und des Ankerkreises sind jetzt beide um ca. 4% kleiner als bei der Eichung, denn erstere besteht aus Aluminium, letzterer aus Kupfer, und Nickel und diese Materialien haben alle nahezu den gleichen Temperaturkoeffizient 0,004.

Es ändert sich also J' und somit D in demselben Verhältnis wie B (s. Gleichung 4 und 12). Die Drehzahl bliebe also unverändert.

Der G-Zähler wäre durch die Verwendung von Nickel als Vorschaltwiderstand[1]) von der Außentemperatur unabhängig geworden, wenn der Fluß Φ_M des Bremsmagneten von der Temperatur unabhängig wäre. Φ_M fällt aber etwas mit steigender Temperatur. Der Betrag hängt von Gestalt und Material der Bremsmagnete ab. Φ_M^2 ändert sich um rd. 0,1% für 1° C (Temperaturkoeffizient von Φ_M^2 ist 0,001).

Dieser Einfluß wird zum Teil dadurch wieder aufgehoben, daß der Temperaturkoeffizient von Nickel etwas größer ist als der von Aluminium. Bei kleineren Belastungen ist noch zu beachten, daß die Hilfskraft bei höherer Temperatur infolge Vergrößerung von R' geringer ist, die Kurve wird also bei kleinen Lasten etwas abfallen.

11. Abnormale Spannung. Die Gleichung (13)

$$n = C_0\,N = C_0\,K\,J,$$

wonach n bei konstant bleibendem Strom proportional K wäre, ist für den Zähler mit Nickelvorschaltwiderstand und mit Hilfs-

---

[1]) Nickel wird meist benutzt, denn es besitzt bei richtigem Temperaturkoeffizienten einen hohen spezifischen Widerstand.

spule nicht genau zutreffend, denn sie war abgeleitet unter den
Voraussetzungen:

1. $R' =$ konstant,

2. das Feld, in dem sich der Anker dreht, rührt nur von J her.

Der *G*-Zähler der Praxis zeigt nicht mehr genau richtig bei
einer von der Spannung $K_{\mathfrak{N}}$, bei der er geeicht wurde, abweichenden Spannung

$$K = \alpha\, K_{\mathfrak{N}}.$$

Ist z. B. $K > K_{\mathfrak{N}}$, also $\alpha > 1$, so ist die Wärmeentwicklung
im Spannungskreis fast $\alpha^2\,$mal[1]) so groß. Seine Temperatur
wird — dieselbe Außentemperatur vorausgesetzt — höher sein,
als sie bei der Eichung war, sein Widerstand ist, da er aus Nickel
und Kupfer besteht, zu groß, J' relativ zu klein (J' sollte
$\alpha\, J'_{\mathfrak{N}}$ sein, ist aber, weil R' gestiegen ist, kleiner). Es wächst
zwar durch die größere Wärmeentwicklung im Zähler auch die
Temperatur von Scheibe und Magnet, jedoch nur wenig. Die
Übertemperatur des Spannungskreises gegenüber Scheibe und
Magnet ist zu groß. Andererseits ist die Zugkraft der Hilfsspule
fast α^2-mal so groß. Der Zähler wird daher bei Vollast zu wenig,
bei kleiner Last zu viel zeigen.

Beispiel: Der unter III, 6 und 7 betrachtete Zähler mit $h = 0{,}052$
bei $K_{\mathfrak{N}} = 120\ V$ werde mit $K = 144\ V$ betrieben. Durch Versuch
sei gefunden, daß R' dabei um $2{,}5\%$ und die Temperatur an
der Scheibe um $1°\ C$ höher ist als bei $120\ V$. Der Temperaturkoeffizient der Scheibe und von $\varPhi_{M}^{2}$ sei mit $0{,}004 + 0{,}001 = 0{,}005$
eingesetzt, die Dämpfungskonstante b wird also um $^1/_2\%$ kleiner.
Gesucht ist die neue Lastkurve.

Die Verringerung von b wirkt wie eine Vergrößerung des
wirksamen Drehmomentes um $^1/_2\%$, so daß dieses nur mehr
2% zu klein ist; die Reibung ist dieselbe geblieben. Die Hilfskraft und ihr Einfluß ist im Verhältnis

$$\frac{(144)^2}{(1{,}025\, R')^2} : \frac{120^2}{R'^2} = \left(\frac{144}{1{,}025 \cdot 120}\right)^2 = 1{,}37\,.$$

größer (siehe Gleichung 20).

Man erhält also die Lastkurve $\varDelta''$ bei $144\ V$, indem man von
$\varDelta'$ auf dem ganzen Meßbereich zwei Einheiten ($\%$) abzieht und
$0{,}37\ \varDelta_h$ hinzufügt. (Fig. 8.)

---

[1]) Da sich R' erhöht, ist die Zunahme etwas geringer.

Man gelangt mittels der folgenden Gleichungen zu demselben Resultat:

$$n = \left(\frac{6\,\eta}{1{,}025} - r + 1{,}37 \cdot h\right) \frac{1}{0{,}1},$$

$$n_\varepsilon = \frac{6\,\eta}{0{,}1}$$

$$\Delta'' = \left[\left(\frac{1}{1{,}025} - \frac{r}{6\,\eta} + \frac{1{,}37\,h}{6\,\eta}\right) 1{,}005 - 1\right] 100$$

$$\approx \left(1 + 0{,}005 - 0{,}025 + \frac{1}{6\,\eta}(h - r)\,1{,}005 + \frac{0{,}37\,h}{6\,\eta} \cdot 1{,}005 - 1\right) 100$$

$$\approx -2 + \frac{100}{6\,\eta}(h - r) + \frac{37\,h}{6\,\eta}$$

$$\Delta'' = -2 + \Delta' + 0{,}37\,\Delta_h$$

wie oben; es wird dabei von Formel b) Fußnote [1] Gebrauch gemacht,
ferner wurde bei dem Drehmoment $1{,}37\,h - r$, vernachlässigt, daß die
Dämpfung jetzt um $^1/_2\,{}^0/_0$ kleiner ist.

12. Erdfeld. Ein G-Zähler nach Fig. 2 mit dem Stromfeld
$\mathfrak{H}_J = 130$ Gauß bei Nennlast werde an einem von Osten nach Westen
laufenden Brett geeicht. In diesem Falle steht die Horizontalkomponente des Erdfeldes, die allein in Frage kommt, senkrecht auf dem
Stromfeld, und das Erdfeld ist dann ohne Einfluß. Wird der
Zähler in der Installation an einer von Norden nach Süden laufenden Wand montiert, dann ist die Horizontalkomponente $\mathfrak{H} \approx 0{,}2$
des Erdfeldes gleich oder entgegengesetzt dem Stromfeld ge-

---

[1]) Wir werden oft von folgenden Näherungsformeln Gebrauch machen,
diese gelten, falls ε klein ist gegen 1:

a) $\dfrac{1}{1 + \varepsilon} \approx 1 - \varepsilon$ $\qquad$ oder $\quad \dfrac{1}{1 - \varepsilon} \approx 1 + \varepsilon$

b) $\dfrac{1 + \varepsilon_1}{1 + \varepsilon_2} \approx 1 + \varepsilon_1 - \varepsilon_2$ $\qquad$ „ $\quad \dfrac{1 - \varepsilon_1}{1 - \varepsilon_2} \approx 1 - \varepsilon_1 + \varepsilon_2$

c) $(1 + \varepsilon_1)(1 + \varepsilon_2) \approx 1 + \varepsilon_1 + \varepsilon_2$ $\qquad$ „ $\quad (1 - \varepsilon_1)(1 - \varepsilon_2) \approx 1 - \varepsilon_1 - \varepsilon_2$

d) $(1 + \varepsilon)^2 \approx 1 + 2\,\varepsilon$ $\qquad$ „ $\quad (1 - \varepsilon)^2 \approx 1 - 2\,\varepsilon$

e) $\dfrac{1}{(1 + \varepsilon)^2} \approx \dfrac{1}{1 + 2\,\varepsilon} \approx 1 - 2\,\varepsilon$ $\quad$ „ $\quad \dfrac{1}{(1 - \varepsilon)^2} \approx \dfrac{1}{1 - 2\,\varepsilon} \approx 1 + 2\,\varepsilon$

f) $\dfrac{1}{\sqrt{1 + \varepsilon}} \approx \dfrac{1}{1 + \frac{1}{2}\varepsilon} \approx 1 - \frac{1}{2}\,\varepsilon$ $\quad$ „ $\quad \dfrac{1}{\sqrt{1 - \varepsilon}} \approx \dfrac{1}{1 - \frac{1}{2}\varepsilon} \approx 1 + \frac{1}{2}\,\varepsilon$

richtet, welches also um einen konstanten Betrag verstärkt oder geschwächt wird. Der Zähler zeigt also:

$$\text{bei } ^1/_1 \text{ um } \frac{0{,}2}{130} \cdot 100 \approx 0{,}15\,\%$$

$$\text{bei } ^1/_{10} \text{ um } \frac{0{,}2}{13} \cdot 100 \approx 1{,}5\,\%$$

$$\text{bei } ^1/_{20} \text{ um } \frac{0{,}2}{6{,}5} \cdot 100 \approx 3{,}0\,\%$$

falsch, und zwar zu viel oder zu wenig, je nachdem sich $\mathfrak{H}$ und $\mathfrak{H}_J$ addieren oder subtrahieren. Je stärker das Stromfeld eines G-Zählers, desto geringer der Einfluß des Erdfeldes. Die Physikalisch-Technische Reichsanstalt verlangt bei beglaubigungsfähigen Zählern bei Nennstrom $\mathfrak{H}_J \gtrless 100$ Gauß.

Einen ähnlichen Einfluß wie das Erdfeld haben auf den G-Zähler selbstverständlich auch andere fremde Felder.

13. Zähler für verschiedene Nennlasten. Eine vorhandene Zählerkonstruktion, z. B. Fig. 2, kann durch Einsetzen geeigneter Stromspulen und Vorschaltwiderstände für verschiedene Stromstärken und Spannungen eingerichtet werden. Soll das Zählwerk den Verbrauch direkt, d. h. ohne Multiplikation mit einer Konstanten anzeigen, so sind außerdem verschiedene Zählwerksübersetzungen und Zifferblätter nötig. Die Stromspulen und Vorschaltwiderstände wollen wir so wählen, daß die verschiedenen Zähler bei Nennlast das gleiche Drehmoment haben.

A) **Stromspulen für verschiedene Nennströme** $J_\mathfrak{N}$. Fig. 10 zeigt die Stromspulen eines G-Zählers, wenn er

a) für $J_\mathfrak{N} = 500\ A$,
b) für $J_\mathfrak{N} = 20\ A$

Nennstrom eingerichtet wird.

Bei a) wird, da beide Spulen in Reihe geschaltet sind, das Stromfeld $\mathfrak{H}_J$ durch 1000 AW hervorgebracht. Damit man beim 20 A-Zähler dieselben AW erhält, muß man ihm 50 Windungen geben. Wir

Stromspulen im Schnitt.

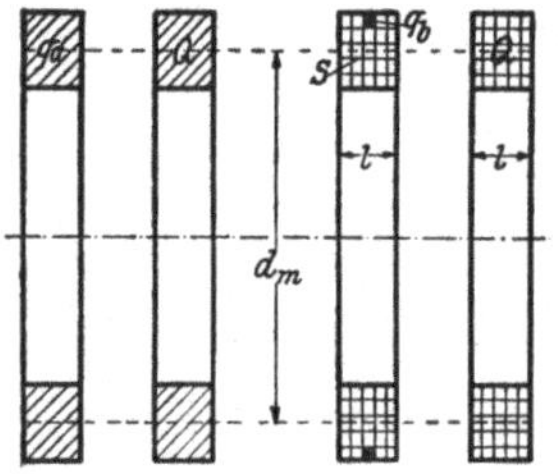

Fig. 10.

a) $J_\mathfrak{N} = 500\ A$ b) $J_\mathfrak{N} = 20\ A$

$s_J = 2$ $s_J = 50$

schneiden daher den Spulenquerschnitt Q durch unendlich dünne Isolationsschichten S in 25 Teile und schalten alle hintereinander.

Der Widerstand der 20 A-Spule ist $(25)^2$ mal größer, der Spannungsverlust ist, da der Strom nur den 25. Teil beträgt, 25 mal, der Effektverbrauch ebenso groß wie bei der 500 A-Spule.

Beispiel:

Es sei der Wickelraum $Q = 170$ mm² der Durchmesser der mittleren Windung $d_m = 74$ mm, die Leitfähigkeit des Kupfers $\varkappa = 56$, dann ist:

a) Zähler für $J_\Re = 500 \, A$ $s_J = 2$ $q_a = Q = 170$ mm²

$$R_J = \frac{2 \cdot 0{,}074\,\pi}{170 \cdot 56} = 4{,}88 \cdot 10^{-5} \, \Omega$$

$$K_J = R_J J_\Re = 4{,}88 \cdot 10^{-5} \cdot 500 = 0{,}024 \, V$$

$$N = J_\Re^2 R_J = (500)^2 \cdot 4{,}88 \cdot 10^{-5} = 12{,}2 \, W$$

b) Zähler für $J_\Re = 20 \, A$ $s_J = 50$.

Durch die Dicke der Isolationsschichten S (Bespinnung des Drahtes) geht ein Teil des Wickelraumes verloren. Es bleibt für Kupfer nur etwa $0{,}9 \, Q$ übrig ($0{,}9 =$ Raumausnutzungsfaktor).

$$R_J = 4{,}88 \cdot 10^{-5} \cdot \frac{(25)^2}{0{,}9} = 0{,}0333 \, \Omega$$

$$N_J = 12{,}2 \cdot \frac{1}{0{,}9} = 13{,}3 \, W$$

$$K_J = 0{,}024 \, \frac{25}{0{,}9} = 0{,}666 \, V.$$

Bei derselben Ampere-Windungszahl, demselben Wickelraum Q und unendlich dünnen Isolationsschichten wäre, wie oben festgestellt, also N_J für alle Nennstromstärken dasselbe, R_J dem Quadrat, K_J der ersten Potenz der Nennstromstärke umgekehrt proportional. In Wirklichkeit wachsen R_J und K_J noch schneller und auch N_J wächst etwas mit fallendem Nennstrom, da durch die Isolation der Windungen ein — mit der Windungszahl zunehmender — Teil von Q ausgefüllt wird. Bei G-Zählern für kleinere Stromstärken (2 A, 3 A) kommt man zu sehr hohen Spannungsverlusten[1]). Durch Vergrößerung des

---

[1]) Würden wir dem Zähler beim gleichen Q nur 40 Windungen geben — uns also mit 80% der Feldstärke und somit des Drehmomentes begnügen —. so wären K_J und N_J im Verhältnis $(0{,}8)^2 = 0{,}64$ kleiner.

Wickelraumes Q erreicht man nur eine verhältnismäßig geringe Verminderung von N_J und K_J, weil die hinzugefügten Windungen großen Abstand vom Anker haben. Erhöht man z. B. durch Verdoppeln der Spulenlänge l in Fig. 10 den Wickelraum — und damit s_J und R_J — aufs Doppelte, so steigt, wie ein Versuch zeigt, die Feldstärke nur um 60%. Um dieselbe Feldstärke zu erhalten, muß man $\dfrac{20}{1,6}\,A$ durchschicken; der Effektverbrauch ist

$$2\,R_J\left(\frac{20}{1,6}\right)^2 = 0,78\,R_J\,(20)^2$$

gegen $R_J\,(20)^2$ bei der einfachen Spulenlänge.

Durch eine Vermehrung des Kupfers um 100% wird also — bei gleicher Feldstärke — eine Verminderung von N_J und K_J von nur 22% erzielt.

Zu den obigen Verlusten in den Spulen kommen noch diejenigen in den Zuleitungen vom Klemmenstück zur Spule hinzu. Diese sind bei kleinem Nennstrom vernachlässigbar, bei großem in der Regel beträchtlich[1]).

B) Spannungskreis für verschiedene Nennspannungen. Man benutzt stets denselben Anker und denselben Ankerstrom J', verändert also den Vorschaltwiderstand, so daß R' der Nennspannung proportional ist, z. B.

$$K_\mathfrak{N} = 110\ V \quad\big|\quad J' = 0{,}015\ A \quad\big|\quad R' = 7340\ \Omega \quad\big|\quad N' = 1{,}65\ W$$
$$K_\mathfrak{N} = 220\ V \quad\big|\quad J' = 0{,}015\ A \quad\big|\quad R' = 14680\ \Omega \quad\big|\quad N' = 3{,}30\ W$$

Der Effektverbrauch N' im Spannungskreis ist dann K proportional. Man könnte auch bei 220 V dem Anker die doppelte Windungszahl wie bei 110 V geben und

$$J' = 0{,}0075\ A \qquad R' = 29\,360\ \Omega$$

machen. Dieses hätte erstens die Unbequemlichkeit, daß man verschiedene Anker und Hilfsspulen fabrizieren müßte, und zweitens bei hohen Nennspannungen zu große Bürstenspannungen bekommen würde (z. B. bei 220 V würde der Ankerwiderstand bei gleichem Wickelraum 4 mal so groß, die Bürstenspannung doppelt so groß als bei 110 V).

---

[1]) Der Spannungsabfall der Zuleitungen ist, wenn ihr Querschnitt proportional $J_\mathfrak{N}$ gewählt wird, bei Zählern für verschiedene Nennstromstärken derselbe, der Effektverlust also proportional $J_\mathfrak{N}$.

Verfährt man bei der Bemessung der Stromspulen und Vorschaltwiderstände nach A) und B), so haben die Zähler für alle Nennströme und Nennspannungen, wie beabsichtigt, dasselbe Drehmoment bei Nennlast.

C) Zifferblatt und Zählwerksübersetzungen. Die Zähler werden jetzt fast ausschließlich mit Rollenzählwerk ausgestattet. Ein solches ist in Fig. 11 dargestellt; es bedeuten a Zählerachse mit Schnecke, b, c auswechselbare Übersetzungsräder mit z_b bzw. z_c Zähnen, d die erste Zahlenrolle, e das mit Fenstern versehene Zifferblatt. Die Räder haben die beigeschriebene Zähnezahl. Es mögen 5 Zahlenrollen vorhanden sein. Die an den Fenstern erscheinenden Zahlen sollen den Verbrauch direkt in kWh anzeigen. Um dies bei Zählern für alle vorkommenden Nennlasten zu erzielen, benötigt man erstens verschiedene Über-

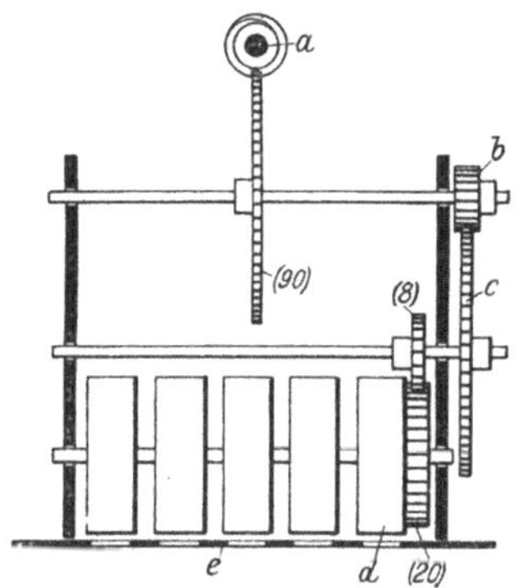

Fig. 11. Rollenzählwerk.
Die eingeschriebenen Zahlen bedeuten die Zähnezahl.

setzungsräder b und c, zweitens verschiedene Zifferblätter, die sich durch die Stellung des Kommas unterscheiden, z. B.:

kWh		kWh		kWh
1) 000,00		2) 0000,0		3) 00000

Außerdem kann die Drehzahl $n_{\mathfrak{N}}$ bei Nennlast nicht für Zähler aller Nennlasten die gleiche sein.

Es besteht die Gleichung

$$60 \, n_{\mathfrak{N}} \, \gamma \, 10 \, c = N_{\mathfrak{N}} \, {}^{1)}. \qquad (24)$$

---

[1]) Die Gleichung gilt natürlich nicht nur für $N_{\mathfrak{N}}$, sondern für jede beliebige Belastung:

$$60 \, n \, \gamma \, 10 \, c = N$$

daraus ergiebt sich:

$$\frac{n}{N} = \frac{1}{60 \, \gamma \, 10 \, c} \qquad \text{(Sollwert der Ankerdrehzahl pro kW oder der Ankerumdrehungen pro kW m)}$$

oder

$$\frac{60 \, n}{N} = \frac{1}{\gamma \, 10 \, c} \qquad \text{(Sollwert der Ankerumdrehungen pro kWh).}$$

Darin bedeutet c den Sollwert einer Teilung (Z ffer) der ersten Zahlenrolle in kWh, also $c = 0,1$ bei Zifferblatt 2, und γ die Übersetzung von der Ankerachse auf die erste Zahlenrolle. Der Zähler zeigt richtig, wenn diese Gleichung erfüllt ist; denn, ist der Zähler 1 Stunde mit $N_\mathfrak{N}$ Kilowatt belastet, so werden $N_\mathfrak{N}$ Kilowattstunden verbraucht. Dabei bewegt sich die erste Zahlenrolle um

$$60\, n_\mathfrak{N}\, \gamma\, 10$$

Teilungen (Ziffern) vorwärts, und diese Zahl, multipliziert mit dem Sollwert c einer Teilung, muß bei richtiggehendem Zähler den Verbrauch ergeben.

Wir wählen als niedrigste Übersetzung $\gamma = 1 : 3000$ und setzen fest, daß kein *G*-Zähler bei Nennlast eine kleinere Drehzahl als 50 und eine größere Drehzahl als $50 \cdot 1,26 = 63$ haben soll (Schwankung $\alpha = 63 : 50 = 1,26$), indem bei geringerer Drehzahl der Bremsmagnet zu teuer, bei höherer die Abnutzung von Lager und Kollektor zu groß würde.

Setzen wir in Gleichung (24) $n_\mathfrak{N} = 50$, $\gamma = 1 : 3000$ — also die kleinsten Werte — und $c = 0,1$, so ergibt sich

$$N_\mathfrak{N} = 60 \cdot 50 \cdot \frac{1}{3000} \cdot 0,1 = 1\,.$$

Man versieht also Zähler für die Nennlast $N_\mathfrak{N} = 1\,\mathrm{kW}$ — z. B. $K_\mathfrak{N} = 100\,V$, $J_\mathfrak{N} = 10\,A$ — mit Zifferblatt 2 und Übersetzungsrädern mit $z_b = 9$ und $z_c = 120$ Zähnen; dann ist bei unserem Zählwerk (Fig. 11)

$$\gamma = \frac{1}{90} \cdot \frac{9}{120} \cdot \frac{8}{20} = \frac{1}{3000}\,.$$

Der Zähler zeigt richtig, wenn er bei

$$N_\mathfrak{N} = 1\,\mathrm{kW}$$

die Ankerdrehzahl 50 hat. Die Ankerdrehzahl pro kW beträgt also 50. Die erste Zahlenrolle macht eine, der Anker also 3000 Umdrehungen pro kWh. Die letztere Angabe wird auf das Zählerschild aufgeschrieben und, wie wir später sehen, für die Eichung benutzt. Mit der Übersetzung $1 : 3000$ können wir Zähler für alle Nennlasten bis 1,26 kW ausführen, ohne daß $n_\mathfrak{N}$ den festgesetzten Wert von 63 überschreitet.

So erhalten wir die Zeile 3 der Spalten II und IV ÷ VIII beistehender Tabelle.

Trieb-Tabelle für Zählwerk Fig. 11.

Nennlast			IV	V	VI	VII	VIII
I $n_\mathfrak{N} \approx 35 \div 44$ kW	II $n_\mathfrak{N} \approx 50 \div 63$ kW	III $n_\mathfrak{N} \approx 100 \div 126$ kW	$Z_b : Z_c$	Über- setzung γ	Ziffer- blatt	Anker- umdrehg. pro kWh	Anker- drehzahl pro kW
$0,44 \div 0,56$	$0,62 \div 0,80$	$1,25 \div 1,60$	$30 : 64$	$1 : 480$	000,00	4800	80
$0,56 \div 0,70$	$0,80 \div 1,00$	$1,60 \div 2,00$	$39 : 65$	$1 : 375$	„	3750	62,5
$0,70 \div 0,88$	$1,00 \div 1,26$	$2,00 \div 2,50$	$9 : 120$	$1 : 3000$	0000,0	3000	50
$0,88 \div 1,12$	$1,26 \div 1,60$	$2,50 \div 3,20$	$9 : 96$	$1 : 2400$	„	2400	40
$1,12 \div 1,40$	$1,60 \div 2,00$	$3,20 \div 4,00$	$12 : 100$	$1 : 1875$	„	1875	31,25
$1,40 \div 1,75$	$2,00 \div 2,50$	$4,00 \div 5,00$	$12 : 80$	$1 : 1500$	„	1500	25
$1,75 \div 2,19$	$2,50 \div 3,12$	$5,00 \div 6,25$	$15 : 80$	$1 : 1200$	„	1200	20
$2,19 \div 2,80$	$3,12 \div 4,00$	$6,25 \div 8,00$	$15 : 64$	$1 : 960$	„	960	16
$2,80 \div 3,50$	$4,00 : 5,00$	$8,00 \div 10,00$	$24 : 80$	$1 : 750$	„	750	12,5
$3,50 \div 4,40$	$5,00 \div 6,20$	$10,00 \div 12,50$	$27 : 72$	$1 : 600$	„	600	10
$4,40 \div 5,60$	$6,20 \div 8,00$	$12,50 \div 16,00$	$30 : 64$	$1 : 480$	„	480	8
$5,60 \div 7,00$	$8,00 \div 10,00$	$16,00 \div 20,00$	$39 : 65$	$1 : 375$	„	375	6,25
$7,00 \div 8,80$	$10,00 \div 12,60$	$20,00 \div 25,00$	$9 : 120$	$1 : 3000$	00000	300	5
$8,80 \div 11,20$	$12,60 \div 16,00$	$25,00 \div 32,00$	$9 : 96$	$1 : 2400$	„	240	4

Wir benutzen 10 Übersetzungen, von denen jede

$$\sqrt[10]{10} = 1,2589 \approx 1,26$$

mal so groß ist als die vorhergehende. Von der Nennlast $N_\mathfrak{N} = 1,26$ kW ab verwenden wir die zweite Übersetzung. Da diese 1,26 mal so groß ist als die erste, können wir damit (s. Gleichung 24) Zähler für 1,26 kW bis $(1,26)^2 \approx 1,60$ kW herstellen, wenn wir wieder $n_\mathfrak{N}$ von $50 \div 63$ wachsen lassen usw. Mit der zehnten Übersetzung gelangen wir zur Nennlast $(1,26)^{10} = 10$ kW[1]).

So sind die Zahlen für $1 \div 10$ kW in der Spalte II der Tabelle entstanden. Mit Rücksicht auf die praktische Ausführung der Verzahnung von b und c schreitet die Übersetzung nicht immer genau in dem gewünschten Verhältnis 1,26 fort.

---

[1]) Es besteht die Beziehung $\alpha^x = 10$, wo x die Zahl der Übersetzungen, α die Schwankung von $n_\mathfrak{N}$ bedeutet.

Zähler für $10 \div 12{,}6$ kW werden ausgeführt wie die für $1 \div 1{,}26$ kW, nur erhalten sie Zifferblatt $\boxed{00000}$ und die Umdrehungszahl pro kWh und Drehzahl pro kW betragen den zehnten Teil. Man kann die Tabelle nach oben und nach unten erweitern und dann die Daten für beliebige Nennlasten daraus entnehmen.

Es sei über die Berechnung einer Triebtabelle wie der vorstehenden noch folgendes bemerkt: Wie wir sehen, ist durch die Schwankung α von $n_\mathfrak{N}$, die man zulassen will, die Anzahl x der Übersetzungen und deren Verhältnis gegeben. Wählt man $\alpha = 1{,}26$, so muß man 10 Übersetzungen γ benutzen, die im Verhältnis $1{,}26$ anwachsen. Wenn man nun eine der Übersetzungen, z. B. die größte (γ_{max}) annimmt, sind alle übrigen bestimmt. Die Übersetzung γ_{max} darf man nicht zu groß nehmen, damit das Zählwerk bei dem größten zwischen zwei Ablesungen vorkommenden Verbrauch noch nicht durchläuft. Denn es muß, wenn der Zählerableser am Ende des einen Monats z. B. $35{,}0$ kWh, am Ende des nächsten $47{,}2$ kWh abliest, die Gewißheit bestehen, daß der Abnehmer $12{,}2$ kWh und nicht $10\,012{,}2$ kWh verbraucht hat. Wir wollen annehmen, daß das Zählwerk erst bei etwa 500 stündiger Betriebszeit mit Nennlast durchlaufen darf, und die größte vorkommende Nenndrehzahl $N_\mathfrak{N} = 126$ beträgt[1]) (bei Magnetmotorzählern). Für das fünfstellige Zifferblatt ist

$$60 \cdot 500 \cdot 126 \cdot \gamma_{max} \cdot 10 = 100\,000$$

woraus
$$\gamma_{max} = 1 : 378;$$

in unserer Triebtabelle ist $1 : 375$ benutzt.

Damit sind alle γ gegeben.

Nach Gleichung (24) entsprechen bei $\gamma = 1 : 3000$ und $c = 0{,}1$ den Drehzahlen 100 und 126 die Nennlasten 2 bzw. $2{,}50$ kW, den Drehzahlen 35 und 44 die Nennlasten $0{,}7$ bzw. $0{,}88$ kW. So sind die Spalten I und III unserer Triebtabelle entstanden, die die Grenzen der Verwendung der Übersetzungen bei unseren Induktionszählern und unseren Magnetmotorzählern angeben.

---

[1]) Unsere Triebtabelle soll nicht nur für *G*-Zähler, sondern für alle Zählerarten benutzt werden. Von diesen laufen die Induktionszähler am langsamsten, die Magnetmotorzähler am schnellsten. Wir wollen die maximalen Drehzahlen bei Nennlast bei ersteren zu 44, bei letzteren zu 126 annehmen. Es ergibt sich dann bei unserer Annahme als niedrigste Drehzahl $\dfrac{44}{1{,}26} = 35$ bzw. $\dfrac{126}{1{,}26} = 100$.

14. Eichung.

a) **Kontrolle.** Ein G-Zähler mit der Aufschrift „10 A 120 V 3000 Ankerumdrehungen pro kWh" sei nach Fig. 1 S. 8 in eine Anlage eingeschaltet und soll kontrolliert werden; man schaltet an den in Fig. 1 mit J und K bezeichneten Stellen einen Strom- bzw. Spannungsmesser ein. Es werde dann mit diesen Instrumenten gemessen $J = 9{,}50\ A$, $K = 119{,}0\ V$ und der Anker mache dabei $u = 50$ Umdrehungen in $t = 61{,}0$ sec; es ergibt sich hieraus die Umdrehungszahl pro Kilowattsekunde

$$a = \frac{u}{\dfrac{J\,K}{1000}\,t} = \frac{50}{\dfrac{9{,}5 \cdot 119}{1000} \cdot 61} = 0{,}725\ .$$

Der Sollwert beträgt

$$a_\mathfrak{S} = \frac{3000}{3600} = 0{,}833$$

also hat der Zähler den Fehler

$$\varDelta = \left(\frac{0{,}725}{0{,}833} - 1\right) 100 = -\,13{,}0\,\%\ .$$

Die Angaben des Zählers hat man mit $C' = \dfrac{0{,}833}{0{,}725} = 1{,}150$ zu multiplizieren, um den wirklichen Verbrauch zu erhalten.

b) **Einstellung.** Bei der Einstellung im Eichraum der Fabrik wird nach Fig. 12 der Ankerkreis von den Stromspulen getrennt und ersterer durch eine Spannungsbatterie (B_V) für ganz geringe Stromstärke, die letzteren durch zwei Zellen einer Batterie (B_A), welche den Nennstrom des Zählers abgeben kann, gespeist. Hierdurch beträgt der Effektverbrauch bei der Eichung, der Anschaffungspreis für die Stromquellen und Regulatoren

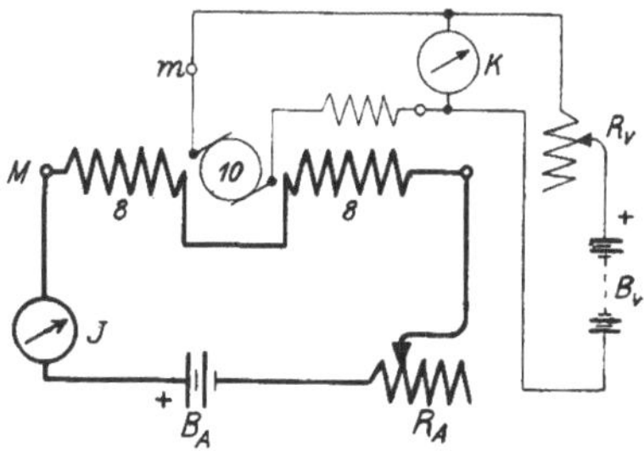

Fig. 12. Eichschaltung eines G-Zählers.

nur wenige Prozent von dem, der bei Eichungen in betriebsmäßiger Schaltung (Fig. 1) vorhanden wäre. Die Eichbretter sind mit sehr feiner Regulierung versehen. Es soll ein Zähler mit der gleichen Aufschrift: „10 *A* 120 *V*, 3000 Ankerumdr. pro kWh" also $a_\mathfrak{G} = 0{,}833$ eingestellt werden; damit er richtig zeigt, muß

$$\frac{u}{N\,t} = 0{,}833 \text{ oder } t = \frac{u}{0{,}833\,N}$$

Sekunden sein.

Es wird zuerst nach den Instrumenten

$$K = 120{,}0\ V \qquad J = 10{,}0\ A$$

mittels der Regulatoren R_V und R_A genau einreguliert ($N = 1{,}2$ kW) und der Bremsmagnet verstellt, bis der Anker $u = 60$ Umdrehungen in

$$t = \frac{60}{0{.}833 \cdot 1{,}2} = 60{,}0\ s$$

macht. Dann wird Zehntellast, also

$$K = 120{,}0\ V \qquad J = 1{,}0\ A$$

eingestellt und mittels Hilfsspule

$$u = 6 \text{ in } t = 60{,}0\ s\ ^1)$$

herbeigeführt, endlich wird die Stromspule ausgeschaltet, K auf 144 *V* erhöht und die Hemmfahne so gebogen, daß der Anker nicht durchläuft (siehe auch S· 23).

15. Dreileiterzähler. Ein *G*-Zähler nach Fig. 2 kann auch zur Messung des Verbrauchs in Dreileiteranlagen benutzt wer-

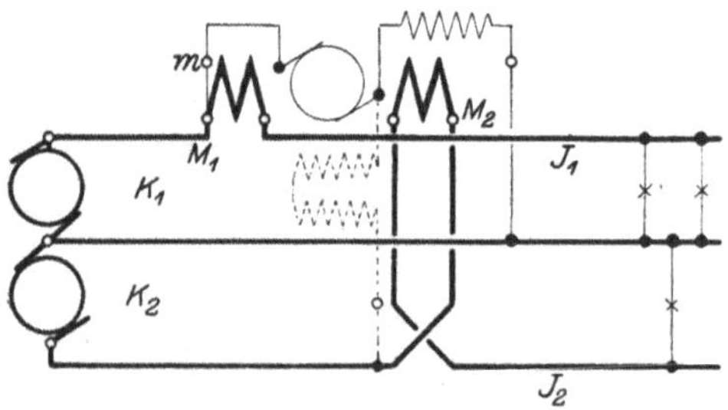

Fig. 13. Dreileiter-*G*-Zähler.
Der Ankerkreis kann für Null-Leiter- oder Außenleiter-Anschluß eingerichtet werden.

den. Von den beiden Stromspulen wird dazu die eine in den +-, die andere in den — Leiter eingeschaltet (Fig. 13).

Der Spannungskreis des Zählers wird z. B. bei den Anlagen mit $2 \times 110\ V$ entweder für 110 *V*

---

¹) Oft gibt man bei $^1/_{10}$-Last einen $\div$ Fehler von $2 \div 3\%$, man würde also unseren Zähler auf $t \approx 58{,}5\ s$ einstellen (s. S. 22).

eingerichtet und an Außen- und Nulleiter angeschlossen (ausgezogen eingezeichnet), oder er wird für $220\,V$ eingerichtet — erhält also nach III, 13B den doppelten Widerstand — und wird zwischen die Außenleiter angeschlossen (gestrichelt gezeichnet). Der Effektverbrauch im Spannungskreis ist bei der gestrichelten Schaltung der doppelte wie bei der ausgezogenen.

Der zu zählende Effekt der Dreileiteranlage ist

$$J_1 K_1 + J_2 K_2. \tag{25}$$

Es wären also für die exakte Messung desselben eigentlich z w e i an K_1 und K_2 anzuschließende Spannungskreise nötig. Die Stromspulen haben gleiche Windungszahlen und gleichen Abstand von dem Anker, üben also bei gleichem Strom dasselbe Drehmoment aus.

Die Angaben des Zählers in Fig. 13 sind daher

$$K_1 \cdot (J_1 + J_2) \tag{26}$$

bzw.

$$\frac{K_1 + K_2}{2}\,(J_1 + J_2) \tag{27}$$

proportional, je nachdem man dem Spannungskreis die ausgezogene oder gestrichelte Schaltung gibt. Falls $K_1 = K_2 = K$, was praktisch gewöhnlich zutrifft, werden diese drei Ausdrücke einander gleich und es kann daher der Zähler, obwohl er nur e i n e n Spannungskreis hat, den Verbrauch richtig messen und zwar sowohl in der ausgezogenen als auch in der gestrichelten Schaltung. Ist dagegen K_1 von K_2 verschieden, so können Fehler entstehen.

Ist z. B. $K_1 = 110,0\,V$, $K_2 = 115,0\,V$, $J_1 = 10,0\,A$, $J_2 = 2,0\,A$, so ist die zu zählende Leistung nach (25)

$$N = 1100 + 230 = 1330\,W,$$

während der Zähler in Fig. 13 je nach der Ankerschaltung

$$110\,(10 + 2) = 1320\,W \quad \text{oder} \quad \frac{110 + 115}{2} \cdot (10 + 2) = 1350\,W$$

zählt.

$$\varDelta = -\frac{10}{1330} \cdot 100 = -0,75\,\%$$

bezw.

$$\varDelta = +\frac{20}{1330} \cdot 100 = +1,5\,\%.$$

Ist die Nennstromstärke des Zählers in Fig. 13 10 *A* und die
Nennspannung zwischen Null- und Außenleiter 110 *V*, so ist
seine Nennlast, gleichgültig wie sein Spannungskreis geschal-
tet ist, $\dfrac{10 \cdot 220}{1000} = 2{,}2$ kW und er erhält daher nach unserer
Triebtabelle die Übersetzung $\gamma = 1:1500$ und das Zifferblatt
$\boxed{0000{,}0}$. Bei seiner Einstellung im Eichraum wird nach Fig. 12
geschaltet, wobei an den Spannungskreis, je nachdem er für
die ausgezogene oder gestrichelte Schaltung eingerichtet ist,
110 oder 220 *V* angelegt werden. Die Ankerdrehzahl wird dabei
gemäß Tabelle auf $2{,}2 \cdot 25 = 55$ eingestellt, wenn in den beiden
in Reihe geschalteten Stromspulen 10 *A* fließen.

Dreileiterzähler werden gewöhnlich dadurch gekennzeichnet,
daß man vor den Nennstrom den Faktor 2 setzt; wir geben daher
dem oben betrachteten Zähler die Aufschrift $2 \times 10\,A\ 110\,V\,{}^{+}_{0}$
oder $2 \times 10\,A\ 220\,V \pm$, je nachdem er für die ausgezogene oder
gestrichelte Schaltung eingerichtet ist.

16. Schutzblech. Dieses soll verhindern:

1. daß die Kraftlinien der Stromspulen zu dem Bremsmagneten
   gelangen und diesen — besonders bei Kurzschlüssen in
   der Anlage — schwächen;
2. daß die Kraftlinien des Bremsmagneten auf den Anker
   einwirken und die Angaben des *G*-Zählers von der Polarität der Leitung, in die er eingeschaltet ist, abhängig
   machen.

Zu Punkt 2 sei folgendes bemerkt:

Die Verbindung der Wicklungen mit den Klemmen wurde
in der Werkstätte so gewählt, daß der *G*-Zähler vorwärts läuft,
wenn man im Eichraum beide Klemmen *M* und *m* mit den
positiven Polen der Batterien verbindet (Fig. 12). Es muß dann
der Zähler vorwärtslaufen, wenn man ihn nach Fig. 1 einschaltet,
und zwar ist es dabei gleichgültig, ob die durch den Zähler ge-
führte Leitung die Plus- oder Minusleitung ist, indem beim Umkehren der Polarität sich *J* und *J'* gleichzeitig umkehren, die
Drehrichtung also dieselbe bleibt.

Sendet der Bremsmagnet ein Streufeld in den Anker und
wurde der Zähler in der Schaltung Fig. 12 geeicht (*M* und *m*
an den Pluspolen) und addierte sich dabei der Streufluß zu $\mathfrak{H}_J$,

so wird der Zähler bei kleiner Belastung etwas zu wenig zeigen, wenn er in die Minusleitung der Anlage eingeschaltet wird, indem jetzt der Streufluß und $\mathfrak{H}_J$ entgegengesetzte Richtung haben.

Es ist natürlich wünschenswert[1]), die Zähler ohne Rücksicht auf die Polarität nach der einfachen Regel, daß M und m miteinander verbunden und der Maschine zugekehrt sein müssen (Fig. 1), einschalten zu können und man sucht deshalb durch das Schutzblech den Streufluß des Bremsmagneten von dem Anker fernzuhalten.

Es hat allerdings das Schutzblech eine gewisse Remanenz und es wird daher ein Zähler, der mit positiver Stromrichtung geeicht — also mit Nennstrom eingeschaltet — war, wenn man ihn danach mit negativer Stromrichtung mit geringer Last prüft, zu wenig zeigen. Dieser Fehler wird aber verschwinden, wenn man mehrmals Nennstrom in negativer Richtung durch den Zähler schickt.

---

[1]) Bei Zweileiteranlagen, die an ein Dreileiternetz mit geerdetem Nullleiter angeschlossen sind, m u ß der Zähler stets in den Außenleiter — also da man solche Anlagen auf die beiden Hälften des Netzes verteilt — bald in den Plus- bald in den Minusleiter geschaltet werden; denn der Konsument kann zwischen Außenleiter und Erde (Wasserleitung) Lampen brennen, die vom Zähler nicht gemessen werden, wenn seine Stromspule im Nulleiter liegt.

IV. Der Magnetmotorzähler.
(A-Zähler.)

1. Einleitung und Grundgleichungen. Die Magnetmotorzähler sind Amperestundenzähler. Wir wollen sie „A-Zähler" nennen; sie sind nur für Gleichstrom brauchbar. Fig. 14 gibt die messenden Teile und die Schaltung, Fig. 15 die ausgeführte Konstruktion eines A-Zählers (A 3 der SSW)[1]). In beiden Figuren hat der A-Zähler einen Scheibenanker mit drei Spulen von je s Windungen. Die Bürsten *12* liegen an einem Abzweigwiderstand (Shunt) R_s mit kleinem Temperaturkoeffizient; der weitaus größte Teil J_s des Verbrauchsstromes J geht durch den Abzweigwiderstand und verursacht in demselben den Spannungsabfall $K_J = J_s R_s$, ein kleiner Bruchteil J_a durch den Anker. Die Stahlmagnete *7*, deren Fluß Φ_M in Fig. 14 links von vorne nach hinten, rechts umgekehrt läuft, wirken auf die stromdurchflossenen Ankerspulen drehend, auf die Aluminiumscheibe *5* bei der Rotation bremsend ein.

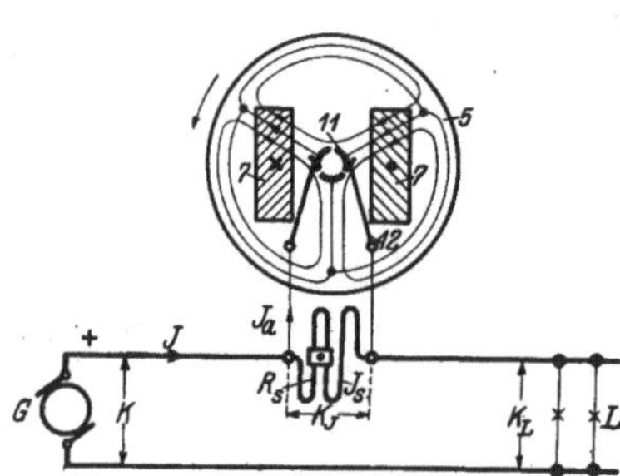

Fig. 14. Messende Teile und Schaltbild eines A-Zählers.

Wir wollen uns die Wirkung des A-Zählers an Hand einiger Gleichungen klarmachen.

Im stationären Zustand ist das mittlere Drehmoment $(D = C_1 \Phi s J_a)$ gleich dem bremsenden Moment $(B = C_2 \Phi_M^2 n)$; die Reibung vernachlässigen wir:

$$C_1 \Phi_M s J_a = C_2 \Phi_M^2 n \tag{1}$$

---

[1]) Bürsten und Zuleitungen zu diesen sind der Deutlichkeit halber schematisch dargestellt; die wirklich verwendete Bürste ist rechts abgebildet; sie wird in den in der Figur 15 sichtbaren Winkel eingesetzt. Zählwerk sowie Grundplatte und Gehäuse sind weggelassen.

ferner ist
$$E_a = C_3\, \Phi_M\, s\, n$$

und
$$J_a = \frac{K_J - E_a}{R_a} = \frac{K_J - C_3\, \Phi_M\, s\, n}{R_a} \tag{2}$$

wenn E_a die Gegen-EMK und R_a den Widerstand des Ankers bedeutet. Eliminiert man J_a aus (1) und (2), so erhält man

$$n = \frac{K_J}{\Phi_M \left(\dfrac{C_2 R_a}{C_1 s} + C_3 s \right)} . \tag{3}$$

Fig. 15. A 3 der SSW.

Da für einen fertig vorliegenden Zähler die Faktoren C_1, C_2 ..., sowie s, R_a und Φ_M konstant sind, so können wir auch schreiben

$$n = \frac{K_J}{\Phi_M C_4} = \frac{K_J}{C_5} . \tag{4}$$

Eliminiert man dagegen n aus den Gleichungen (1) und (2), so erhält man

$$J_a = \frac{K_J}{\dfrac{C_1 C_3}{C_2} \cdot s^2 + R_a} = \frac{K_J}{R_a'} . \tag{5}$$

Ferner ist (s. Schaltbild, Fig. 14)

$$J = J_a + J_s = K_J \left(\frac{1}{R'_a} + \frac{1}{R_s} \right) = C_6 K_J \qquad (6)$$

also gemäß Gleichung (4) und (6):

$$n = \frac{J}{\Phi_M C_4 C_6} = \frac{C_7 J}{\Phi_M} = C_0 J . \qquad (7)$$

Man ersieht

a) aus Gleichung (7), daß die Drehzahl des Ankers dem Verbrauchsstrom J, also die Anzahl seiner Umdrehungen den in der Anlage verbrauchten Amperestunden proportional ist;

b) aus (7), daß die Drehzahl dem Fluß des Stahlmagneten umgekehrt proportional ist[1]);

c) aus (5), daß die Gegen-EMK des Ankers so wirkt, als wenn R_a auf einen von der Belastung des Zählers unabhängigen Wert R'_a (scheinbarer Widerstand) gestiegen wäre. E_a stört im Gegensatz zum G-Zähler die Proportionalität zwischen n und J nicht.

Wir wollen die obigen Betrachtungen an einem Beispiel erläutern. An einem A-Zähler für $J_\mathfrak{N} = 5\,A$ mit einem Ankerwiderstand $R_a = 10{,}23\,\Omega$ wurde beim Verbrauchsstrom $J = J_\mathfrak{N} = 5\,A$ (s. Fig. 14) gemessen:

$$\text{Drehzahl} \qquad\qquad n = 120$$

$$\text{Spannungsabfall} \quad K_J = 1{,}033\,V^2).$$

Dann wurde ein Strommesser in den Ankerkreis geschaltet und J gesteigert, bis die Drehzahl wieder 120 betrug; der abgelesene Strom entspricht dann dem Ankerstrom beim Verbrauchsstrom $J = 5\,A$; es ergab sich:

$$J_a = 0{,}0847\,A \approx 0{,}085\,A .$$

---

[1]) Bei G-Zählern war sie, da $b \sim \Phi_M^2$, dem Quadrat des Flusses umgekehrt proportional (s. S. 15); wenn also Φ_M um 1% kleiner wird („Nachlassen" der Magnete), läuft der A-Zähler um 1%, der G-Zähler um 2% schneller.

[2]) K_J wurde an einem zu R_s parallel gelegten Spannungsmesser von sehr hohem Widerstand, dessen Stromverbrauch also gegen $5\,A$ vernachlässigbar war, abgelesen.

Daraus folgt: Strom im Abzweigwiderstand

$$J_s = J - J_a = 5,0 - 0,085 = 4,915 \; A \, .$$

Der Widerstand des Abzweigwiderstandes

$$R_s = \frac{K_J}{J_s} = \frac{1,033}{4,915} = 0,210 \; \Omega \, .$$

Beim gleichen K_J wäre der Ankerstrom im Stillstand

$$J_{a_0} = \frac{K_J}{R_a} = \frac{1,033}{10,23} = 0,1010 \; A \, .$$

Die Ursache, daß der Strom bei rotierendem Anker geringer, ist die Gegen-EMK des Ankers. Diese ist bei $n = 120$:

$$E_a = K_J - R_a J_a = 1,033 - 10,23 \cdot 0,0847 = 0,166 \; V \, .$$

Der scheinbare Widerstand des rotierenden Ankers ist

$$R_a' = \frac{K_J}{J_a} = \frac{1,033}{0,0847} = 12,20 \; \Omega \, .$$

Ferner ist:

$$\frac{E_a}{K_J} = \frac{0,166}{1,033} = 0,161 :$$

Die EMK beträgt 16,1 % der Bürstenspannung.

Die EMK des Ankers schwankt während einer Umdrehung, denn ihr Momentanwert hängt von der Lage der Spulen zu den Magneten in diesem Moment ab; auch der Ankerstrom schwankt. Bei vorstehenden Betrachtungen bedeuten alle Größen die Mittelwerte, wie sie durch die praktischen Instrumente angezeigt werden.

2. Drehmoment. Der Verlauf des Drehmomentes eines G-Zählers ist durch die Kurve D_g (Fig. 5) dargestellt. Die entsprechende Kurve für A-Zähler weist in der Regel größere Sprünge und Zacken auf und ist deshalb schwer vollständig aufzunehmen. Außerdem ist bei rotierendem Zähler, weil dabei der Anker infolge der elektromotorischen Gegenkraft weniger Strom aufnimmt als bei Stillstand, das Drehmoment geringer als das am stillstehenden Zähler mit dem Federdynamometer gemessene. Das mittlere Drehmoment D kann nach v. Krukowski wie folgt in einfacher Weise bestimmt werden:

Ist bei einem Scheibenradius von r cm die mittlere Umfangskraft P Gramm (Gewicht) $= 981\,P$ Dyn[1]), beträgt dabei die Drehzahl des Zählers n, also die Umdrehungszahl pro sec $n/60$, so ist die mechanische Leistung ($=$ Arbeit pro sec $=$ Kraft $\times$ Weg pro sec)

$$N = 981\,P\,r\,2\,\pi\,\frac{n}{60}\ \text{Erg pro sec.}$$

Berücksichtigen wir, daß $Pr = D$, das mittlere Drehmoment des Zählers, ferner daß 1 Erg pro sec $= 10^{-7}$ Watt ist, so erhalten wir:

$$N = D \cdot 981 \cdot 2\,\pi\,\frac{n}{60} \cdot 10^{-7} = D\,n \cdot 1{,}027 \cdot 10^{-5}\ \text{Watt.}$$

Diese Leistung ist der in Form elektrischer Energie dem Anker zugeführten

$$N = E_a J_a$$

gleich.

Wir erhalten also

$$D\,n \cdot 1{,}027 \cdot 10^{-5} = E_a J_a$$

oder

$$D = \frac{E_a J_a}{n} \cdot 9{,}73 \cdot 10^4\ \text{cmgr.} \tag{8}$$

Für unser Beispiel erhalten wir

$$D = \frac{0{,}166 \cdot 0{,}0847}{120} \cdot 9{,}73 \cdot 10^4 = 11{,}4\ \text{cmg.}$$

---

[1]) Die Anziehungskraft, die die Erde auf das Grammstück eines Gewichtsatzes ausübt, heißt im technischen Maßsystem „1 Gramm". Im absoluten Maßsystem heißt sie 981 „Dyn", falls an dem betreffenden Ort die Erdbeschleunigung $981\ \frac{\text{cm}}{\text{sec}^2}$ beträgt; denn 1 Dyn ist als die Kraft definiert, die dem Grammstück (Masse 1 Gramm) die Beschleunigung $1\ \frac{\text{cm}}{\text{sec}^2}$ erteilt. Die absolute Einheit der Arbeit heißt 1 „Erg"; sie wird geleistet, wenn die Kraft 1 Dyn in ihrer Richtung den Weg 1 cm zurücklegt. 1 Erg ist, wie sich leicht zeigen läßt, der 10^7 Teil einer Wattsekunde (Ws).

Die in der Technik üblichen Einheiten stehen also mit den absoluten in folgendem Zusammenhang:

1) Kraft: 1 g (Gewicht) $= 981$ Dyn, 1 kg $= 981 \cdot 10^3$ Dyn

2) Arbeit: 1 kg m $= 981 \cdot 10^3 \cdot 10^2$ Erg $= \dfrac{981 \cdot 10^3 \cdot 10^2}{10^7} = 9{,}81\ Ws$

3) Drehmoment: 1 cmg $= 981$ cm Dyn.

Das mittlere Drehmoment im Stillstand ist im Verhältnis $J_{a0} : J_a$ größer, es beträgt also in unserem Fall $11{,}4\,\dfrac{0{,}1010}{0{,}0847} = 13{,}6$ cmgr.

Bei A-Zählern lassen sich, da die Magnete sehr kräftige Felder erzeugen, Drehmomente dieser Größenordnung unschwer hervorbringen. Andererseits sind, da die A-Zähler meistens ohne Reibungsausgleich benutzt werden, so hohe Drehmomente zur Verminderung des Abfallens der Lastkurve bei kleineren Belastungen wünschenswert. Die Dämpfung läßt sich praktisch nicht in gleichem Maße steigern, so daß A-Zähler bei Nennstrom mit höheren Drehzahlen arbeiten als G-Zähler.

3. Lastkurve. Wir wollen für unseren Zähler für $J_{\mathfrak{N}} = 5$ A, $n_{\mathfrak{N}} = 120$ und $D_{\mathfrak{N}} = 11{,}4$ cmg die Lastkurve ermitteln. Dabei nehmen wir an, daß das Moment r der Reibung die in Tabelle S. 18 angegebene Größe hat. Der Fehler $\varDelta$ gegenüber dem reibungslosen Zähler ist, nach III, 6, Gleichung (19)

$$\varDelta = -\frac{r}{D} \cdot 100\%.$$

Es ergeben sich die in folgender Tabelle angegebenen Werte von $\varDelta$:

J Amp.	$\eta = \dfrac{J}{J_{\mathfrak{N}}}$	$D = \eta D_{\mathfrak{N}} =$ $= \eta \cdot 11{,}4$	$n \approx \eta\, n_{\mathfrak{N}}$	r cmg	$\varDelta = -\dfrac{r}{D} \cdot 100$ %	$\varDelta' = \varDelta + 4{,}0$ %
5,0	1,0	11,4	120	0,116	$-1{,}0$	$+3{,}0$
2,5	0,5	5,7	60	0,0745	$-1{,}3$	$+2{,}7$
1,25	0,25	2,85	30	0,061	$-2{,}15$	$+1{,}85$
0,5	0,1	1,14	12	0,055	$-4{,}8$	$-0{,}8$
0,25	0,05	0,57	6	0,053	$-9{,}3$	$-5{,}3$

Würden wir zur Verminderung der Fehler den Widerstand R_s, also auch K_J durch Einstellen des Schiebers am Abzweigwiderstand so ändern, daß der Zähler bei Nennstrom einen Fehler von $\varDelta' = +3\%$ zeigt, so werden die sämtlichen Fehler um etwa $+4\%$ geändert und es ergeben sich die in der Tabelle mit $\varDelta'$ bezeichneten Werte.

4. Hilfskraft. Wir können aber auch den A-Zähler leicht mit einer Hilfskraft behufs Ausgleich der Reibung versehen, indem wir dauernd einen schwachen Strom J_h durch den Anker senden. Es beträgt im obigen Beispiel der Ankerstrom bei Zehntellast 0,0085 A. Wir wollen einen Hilfsstrom von $J_h = 0,00085\,A$ hervorbringen, welcher also imstande wäre, ein Abfallen der Lastkurve von etwa 10% zwischen Nennlast und Zehntellast auszugleichen. Wir schalten dazu den Zähler nach Fig. 16.

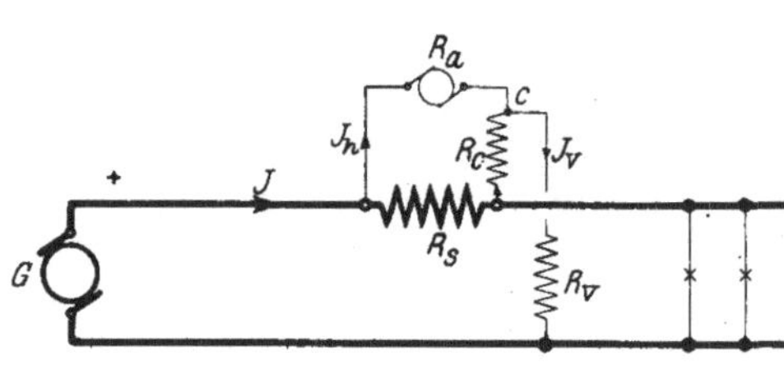

Fig. 16. A-Zähler mit Reibungsausgleich mittels Hilfsstrom.

Die Betriebsspannung betrage 120 V. Der Strom J_V, dessen Größe praktisch nur durch R_V bedingt wird, verzweigt sich über den Anker (Strom J_h) und über $R_c + R_s$ (Strom $J_V - J_h$). Wir können uns die beiden Zweigströme ganz unabhängig von den Strömen J_a und J_s fließen denken.

Es ist

$$(J_V - J_h)\,(R_s + R_c) = J_h\,R_a'. \tag{9}$$

Treffen wir noch die Bestimmung, daß der ständige Effektverbrauch durch J_V nur 0,4 W betragen darf, so ist

$$J_V = \frac{0,4}{120} = 3,33 \cdot 10^{-3}\,A = 3,33\,\text{mA}$$

und

$$R_V = \frac{120}{3,33} \cdot 10^3 = 36\,000\,\Omega\,.$$

$R_s + R_c$ bestimmt sich entsprechend Gleichung (9) aus

$$(3,33 \cdot 10^{-3} - 0,85 \cdot 10^{-3})\,(R_s + R_c) = 0,85 \cdot 10^{-3} \cdot 12,2$$

zu

$$R_s + R_c = 4,17\,\Omega$$

R_s kann zu etwa 0,27 Ω angenommen werden (s. weiter unten), so daß $R_c = 3,9\,\Omega$ zu wählen ist.

Gewöhnlich ist der Punkt c als Kontakt ausgebildet und auf R_c verschiebbar; verschieben wir ihn aus der gezeichneten Stellung nach unten, so können wir J_h auf den erforderlichen Wert verringern. Um Leerlauf zu verhindern, wird der Zähler mit einer Hemmfahne versehen.

R_c wirkt so, als wenn der Anker einen höheren Widerstand hätte, verringert also das Drehmoment[1]).

Hätten wir einen größeren, dauernden Effektverbrauch (größeres J_V) zugelassen, so wären wir mit kleinerem R_c ausgekommen.

Hätten wir R_c nicht vorgeschaltet, so würde, da R_a' groß gegen R_s, fast der ganze Strom J_c durch R_s und nur ein sehr kleiner Bruchteil wirksam durch den Anker gehen.

5. Verbesserung der Lastkurve durch Verminderung der Drehzahl bei hoher Last. Die Lastkurve soll eine zur Abszissenachse parallele Gerade sein. Um dies zu erreichen, haben wir bis jetzt mittels einer Hilfskraft die unteren Punkte gehoben. Wir können jedoch auch die oberen Punkte senken und zu dem Zweck gemäß Gleichung (7)

$$n = \frac{C_7\, J}{\Phi_M}$$

bei hoher Last entweder C_7 verkleinern oder Φ_M vergrößern.

Damit der unter 3. betrachtete Zähler bei Nennlast und bei Zwanzigstellast (Tab. S. 45) denselben Fehler bekommt — den man dann durch Verstellen des Schiebers am Abzweigwiderstand auf Null bringen kann —, muß bei Nennlast entweder C_7 um etwa $9{,}3 - 1{,}0 = 8{,}3$ kleiner oder Φ_M um etwa $8{,}3\%$ größer sein als bei Zwanzigstellast. C_7 kann verändert werden, wenn die Kollektorschlitze nicht nach einer der Ankerachse parallelen Geraden, sondern gekrümmt verlaufen und die Bürstenstellung vom Verbrauchsstrom J abhängig ist, und zwar so, daß bei Zwanzigstelstrom die Kommutierung an der richtigen Stelle, bei Nennstrom an einer falschen Stelle stattfindet, so daß das Drehmoment verhältnismäßig zu klein ist. Wenn man die Kollektorschlitze nach einer geeigneten Kurve verlaufen läßt, kann man der Lastkurve die gewünschte Gestalt geben.

---

[1]) A-Zählern nach Fig. 16 gibt man daher etwas größeren Spannungsabfall, der Shuntwiderstand ist im Verhältnis $\dfrac{R_a' + R_c}{R_a'}$ größer zu wählen als bei Zählern ohne Hilfskraft.

Φ_M kann man verändern, indem man den Verbrauchsstrom J um die Stahlmagnete leitet, und zwar so, daß die Magnete verstärkt werden. Es ist jedoch praktisch nicht möglich, Φ_M im ganzen Meßbereich des Zählers so zu ändern, wie es nötig wäre, um die Lastkurve in eine zur Abszissenachse parallele Gerade zu verwandeln.

6. Temperatur. Bei höherer Temperatur steigt der Widerstand der Ankerwicklung und der Aluminiumscheibe in demselben Verhältnis, R_s bleibt praktisch ungeändert; die Drehzahl wäre also bei höherer Temperatur die gleiche, wenn der Magnet von der Temperatur unbeeinflußt wäre; dessen Fluß fällt, die Drehzahl steigt etwas.

7. Zähler für verschiedene Nennströme. Um A-Zähler für verschiedene Stromstärken einzurichten, wird nur der Widerstand R_s geändert, und zwar so, daß der Spannungsverlust bei allen Nennstromstärken etwa derselbe ist. Es ist also der Abfall K_J im Zähler bei A-Zählern — im Gegensatz zu G-Zählern — für alle Nennstromstärken etwa derselbe.

Die für die verschiedenen Zähler in Frage kommenden Zählwerke betrachten wir unter „Eichung".

8. Eichung. Ein A-Zähler für $5\ A$ soll geeicht werden

a) als Amperestundenzähler.

Wir benutzen Spalte III der Triebtabelle (S. 33), indem wir überall „Ampere" statt „Kilowatt" und „Ah" statt „kWh" gesetzt denken; geben also dem Zähler das Zifferblatt 0000,0, die Übersetzung $\gamma = 1:1500$ und die Aufschrift: 1500 Ankerumdrehungen pro Ah ($a_z = 1500:3600 = 0{,}417$) und verstellen die Schieber am Abzweigwiderstand, bis der Anker z. B. bei 5 A 100 Umdrehungen in

$$t = \frac{100}{5 \cdot 0{,}417} = 47{,}9\ s$$

macht (siehe III, 14b).

b) Obiger Zähler soll den Verbrauch einer Anlage, deren Betriebsspannung konstant 120 V beträgt, zählen und für diese Spannung direkt in kWh geeicht sein.

Die Nennlast beträgt

$$\frac{120 \cdot 5}{1000} = 0{,}6\ \text{kW}.$$

Er erhält daher die Übersetzung

$$\gamma = \frac{1}{1200},$$

das Zifferblatt 000,00 und die Aufschriften „12 000 Anker-umdrehungen pro kWh" ($a_\odot = 3,33$) und „Kilowattstunden bei 120 V" unter den Zählwerksfenstern. Man stellt die Schieber so ein, daß der Anker z. B. bei 5 A 100 Umdrehungen in

$$t = \frac{100}{0.6 \cdot 3.33} = 50,0\,s$$

macht.

V. Grundlagen der Wechselstromtechnik.

1. Darstellung von Wechselstromgrößen. Wir wollen uns, ehe wir zu den Induktionszählern und Meßwandlern übergehen, mit den Grundlagen der Wechselstromtechnik, deren Kenntnis für das Verständnis des Weiteren erforderlich ist, befassen. Unsere Betrachtungen beschränken sich dabei auf sinusförmig verlaufende Wechselstromgrößen.

Der zeitliche Verlauf eines solchen Wechselstromes J_1 ist durch die Sinuslinie *1* in Fig. 17b veranschaulicht. Die Abszissen

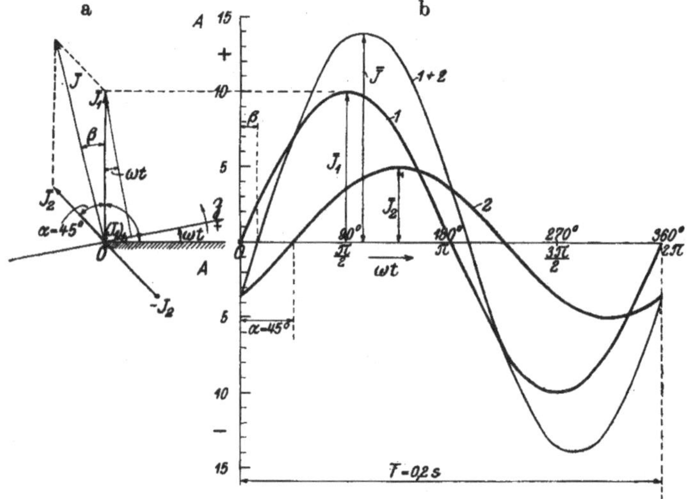

Fig. 17. Darstellung der Wechse'ströme J_1 und J_2, sowie deren Summe J im Vektor- und Liniendiagramm.

bedeuten die Zeit t in sec oder den Winkel $\omega\,t$, der t proportional ist, und von dem wir gleich sprechen werden; die ganze Sinuswelle wird in T sec (T = Dauer einer Periode in sec) durchlaufen; $\nu = \dfrac{1}{T}$ (sekundliche Periodenzahl) heißt „Frequenz". Der Zeit T entspricht der Winkel $\omega\,t = 360°$ oder $\omega\,t = 2\,\pi$, je nachdem wir ihn in Grad oder Bogenmaß ausdrücken wollen. $\overline{J_1}$ heißt „Scheitelwert".

Die Ordinaten bedeuten die „Momentanwerte" $(J_1)_t$ der Stromstärke in den einzelnen Zeitmomenten t; sie lassen sich durch folgende Formel

$$(J_1)_t = J_1 \sin\left(360° \frac{t}{T}\right) = \overline{J_1} \sin 2\pi \frac{t}{T} = \overline{J_1} \sin \omega t \qquad (1)$$

ausdrücken. Hierin bedeutet t die Zeit in Sekunden. Unser Strom nimmt also, wenn z. B. $\overline{J_1} = 10\,A$ und $T = 0{,}02\,\text{sec}$[1]) (Frequenz $\nu = 50$), zu den Zeiten t die in folgender Tabelle angegebenen Werte an.

t	$\omega t = 360° \dfrac{t}{T}$ $= 360° \dfrac{t}{0{,}02}$	$(J_1)_t = \overline{J_1} \sin \omega t$ $= 10 \sin 360 \dfrac{t}{0{,}02}$
	Grad	Amp.
0	0	0
$0{,}0025\,\text{sec} = \dfrac{T}{8}$	45	$+\ 7{,}07$
$0{,}005\,\text{sec} = \dfrac{T}{4}$	90	$+\ 10$
$0{,}01\,\text{sec} = \dfrac{T}{2}$	180	0
$0{,}015\,\text{sec} = \dfrac{3\,T}{4}$	270	$-\ 10$
$0{,}02\,\text{sec} = T$	360	0

Graphisch kann unser Strom $(J_1)_t$ auch im Diagramm Fig. 17 a als Projektion von $\overline{J_1}$ auf die „Zeitachse" $\mathfrak{Z}$ dargestellt werden, welche in Pfeilrichtung um O rotiert, in der Zeit T eine Umdrehung macht und mit der Anfangslage $O\,A$ den Winkel ωt bildet. Denn $\sphericalangle\,\overline{J_1}\,OA$ ist ein Rechter[2]), folglich ist diese Projektion gleich $\overline{J_1} \sin \omega t$. $\mathfrak{Z}$ hat eine positive und eine negative Seite; fällt die Projektion auf letztere, was bei J_1 für $t = \dfrac{T}{2} \div T$ der Fall ist, so ist $(J_1)_t$ negativ. Oft werden wir in den folgenden Diagrammen die Zeitachse nicht einzeichnen;

---

[1]) In Fig. 17 b versehentlich als $0{,}2\,s$ angegeben.

[2]) Rechte Winkel deuten wir mit einem Bogen ohne Bezeichnung an.

wir nehmen dann immer an, daß sie wie in Fig. 17a (entgegengesetzt dem Uhrzeiger) rotiert.

Gibt man in Fig. 17a der Zeitachse nacheinander verschiedene Lagen und trägt die Winkel ωt als Abszissen, die Projektionen von J_1 als Ordinaten auf, so erhält man die Sinuslinie 1 in Fig. 17b; Fig. 17a heißt „Vektordiagramm"; Fig. 17b „Liniendiagramm". Hat man einen zweiten Strom

$$(J_2)_t = \bar{J}_2 \sin (\omega t - \alpha)$$

und ist z. B. $\alpha = 45° = \dfrac{2\pi}{8}$ und $\bar{J}_2 = 5$ A, so muß dieser Strom, wie geschehen, in Fig. 17a und 17b dargestellt werden. J_2 ist gegen J_1 „in der Phase verschoben", und erreicht den Wert Null, wenn $\omega t = 45° = 2\pi : 8$ ist. Der Strom J_2 „eilt gegen J_1 nach" („bleibt gegen J_1 zurück") um 45° oder um ein Achtel Periode. Von allen Größen (Vektoren), die in der Fig. 17a links von der Vertikalen $O\bar{J}_1$ liegen, sagen wir, sie „eilen J_1 nach"; von den rechts liegenden sagen wir, sie „eilen J_1 vor".

Ist $\alpha = 0°$, so tritt der Wert Null und der positive Scheitelwert bei J_2 in demselben Zeitmoment ein wie bei J_1, sie sind „in Phase", „phasengleich"; dann hat in jedem Zeitmoment t das Verhältnis $\dfrac{(J_1)_t}{(J_2)_t}$ denselben Wert, nämlich $\dfrac{J_1}{J_2}$.

Soll die Summe unserer beiden Ströme, also

$$(J)_t = (J_1)_t + (J_2)_t = \bar{J}_1 \sin \omega t + \bar{J}_2 \sin (\omega t - \alpha)$$

gebildet werden, so kann dies in Fig. 17b durch Addition der Ordinaten geschehen; wir erhalten wieder eine Sinuslinie $1 + 2$ mit dem Scheitelwert $\bar{J}$, welche J_1 um $\beta < \alpha$ nacheilt. Im Vektordiagramm finden wir J und β viel einfacher: wir haben nur $\bar{J}_2$ und $\bar{J}_1$ wie Kräfte zusammenzusetzen; J ist die Resultante von J_1 und $\bar{J}_2$. Man überzeugt sich leicht, daß wir für $\bar{J}$ und β in Fig. 17a dieselben Werte erhalten wie in Fig. 17b, nämlich $J = 14{,}0$ A; $\beta = 14° 40'$.

Soll J_2 von J_1 subtrahiert werden, so setzt man das umgeklappte J_2, als $-J_2$ eingezeichnet, mit J_1 zusammen.

2. Effektivwerte. Der Momentanwert des Effektes, der von einem Strom J_t in einem (Ohmschen) Widerstand R im Zeitmoment t erzeugt wird, ist $N_t = J_t^2 R$.

Es ist leicht zu ersehen, daß der Mittelwert N des Effektes, den der Strom J im Widerstand R erzeugt, wie folgt bestimmt werden kann: Man muß die Ordinaten J im Liniendiagramm quadrieren, die Fläche, die diese J^2-Kurve und die Abszissenachse einschließen[1]), planimetrieren und über derselben Grundlinie T ein Rechteck gleichen Inhalts zeichnen; die Höhe dieses ist der Mittelwert der Quadrate von J während einer Periode, den wir mit $M(J_t^2)$ bezeichnen wollen. Bei einer Sinuslinie wird man dabei stets finden, daß

$$M(J_t^2) = \tfrac{1}{2}\,\overline{J}^2 \text{ ist.}$$

Man hat $M(J_t^2)$ mit R zu multiplizieren, um den Mittelwert des Effektes zu berechnen:

$$N = M(J_t^2) \cdot R = \tfrac{1}{2}\,J^2\,R$$

oder

$$N = J^2\,R,$$

wenn man

$$J = \sqrt{M(J_t^2)} = \frac{J}{\sqrt{2}} = 0{,}707\,J \tag{2}$$

setzt.

J heißt der „Effektivwert" der Stromstärke. Unser Strom J_1 hat den Effektivwert

$$J_1 = \frac{10}{\sqrt{2}} = 7{,}07\,\text{A}$$

und er leistet in einem Widerstand von z. B. $R = 5\,\Omega$

$$N = (7{,}07)^2 \cdot 5 = 250\,\text{Watt.}$$

Ganz analoge Betrachtungen, wie sie hier für den Strom angestellt werden, gelten für die Spannung. Die Strom- und Spannungsmesser zeigen stets die **Effektivwerte** an, und diese sind gemeint, wenn man sagt: in einer Wechselstromanlage herrschen soundsoviel Volt oder es fließen soundsoviel Ampere.

Deshalb ist es bequemer, im Vektordiagramm statt der Scheitelwerte die Effektivwerte einzuzeichnen. Zulässig ist dies natürlich, da sich beide nur durch den Faktor $\sqrt{2}$ — also gewisser-

---

[1]) Die J^2-Kurve liegt natürlich auch für die negative Halbwelle von J oberhalb der Abszissenachse, da $(-J)^2 = +J^2$ ist.

maßen nur durch den Maßstab — unterscheiden. Wir werden in den folgenden Diagrammen für die Flüsse die Scheitelwerte, für die anderen Größen die Effektivwerte einzeichnen.

Es sei hervorgehoben, daß in den Formeln und Vektordiagrammen bei den elektrischen Größen die Effektivwerte, bei den magnetischen Größen dagegen die Scheitelwerte durch Buchstaben ohne Strich bezeichnet sind, weil bei letzteren die Scheitelwerte eine große Rolle spielen, die Effektivwerte aber nicht vorkommen. (E, J, K Effektiv-, $\overline{E}$, $\overline{J}$, $\overline{K}$, Φ, $\mathfrak{B}$ Scheitelwerte.) Ist einer Größe oder einem Ausdruck der Index t angefügt, so bedeuten die Buchstaben nicht Effektiv- bzw. Scheitelwerte, sondern Momentanwerte im Zeitmoment t.

3. Induzierte EMK. Ein Wechselstrom J erzeugt in einer eisenlosen Spule einen Fluß Φ, welcher in jedem Moment dem Strom J proportional ist. Dieselbe Sinuslinie stellt also, wenn man die positiven Richtungen von Φ und J so wählt, daß ein positives J ein positives Φ erzeugt[1]), bei geeigneter Wahl der Maßstäbe den Strom J oder den Fluß Φ dar. Der Wechselfluß Φ_t, der die Spule durchsetzt, induziert in jeder Windung eine EMK E_t, welche bekanntlich in jedem Moment der Änderung $\varDelta \Phi$ des Flusses dividiert durch die Zeit $\varDelta t$, (Sekunden), in welcher sie sich vollzieht, also dem Quotient $\dfrac{\varDelta \Phi}{\varDelta t}$ (Geschwindigkeit der Änderungen des Flusses) gleich ist.

Die EMK, die zur Zeit t (Fig. 18) induziert wird, ist also

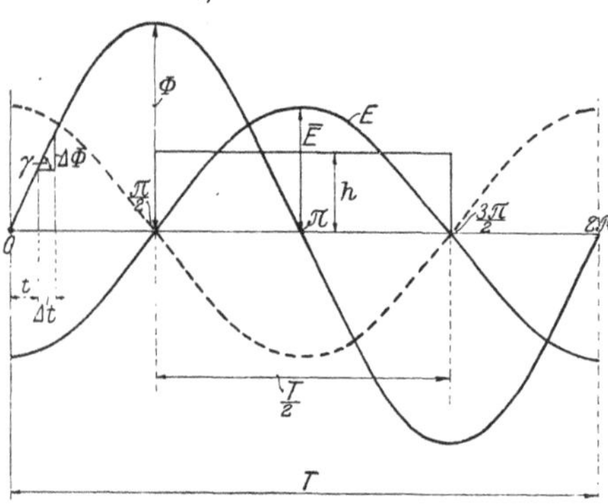

Fig. 18. Der Fluß Φ erzeugt die um eine viertel Periode zurückbleibende EMK E.

$$E_t = \left(\frac{\varDelta \Phi}{\varDelta t}\right)_t = \operatorname{tg} \gamma_t \quad (3)$$

In dieser Gleichung bedeutet γ_t die Neigung der Sinuslinie —

---

[1]) Das ist z. B. in Fig. 25, S. 67, geschehen; die Pfeile bedeuten die positiven Richtungen. Wenn ein Strom in den Spulen in Pfeilrichtung fließt, erzeugt er einen Fluß in Pfeilrichtung.

oder richtiger ihrer geometrischen Tangente — in den betreffenden Punkten gegen die Abszissenachse[1]).

Wir sehen, daß E an der Stelle 0 ein Maximum, an der Stelle $\frac{\pi}{2}$ Null sein muß, weil γ an der Stelle 0 ein Maximum, bei $\frac{\pi}{2}$ Null ist. Wenn wir an sehr vielen Punkten die Neigungswinkel γ bestimmen und $\operatorname{tg}\gamma$ als Ordinate auftragen, so bekommen wir wieder eine Sinuslinie.

Die EMK, die wir, da sie durch den in der Spule selbst fließenden Strom erzeugt wird, als „EMK der Selbstinduktion" bezeichnen, verläuft also nach Kurve E; man könnte im Zweifel sein, ob E nach der ausgezogenen oder nach der umgeklappten (gestrichelten) Kurve verläuft. Nach folgender Überlegung muß man sich für die ausgezogene Kurve entscheiden: im Punkt 0 wächst J in positiver Richtung; an dieser Stelle muß E negativ sein, denn nach dem Lenzschen Gesetz ist die EMK E der Selbstinduktion stets so gerichtet, daß sie den Änderungen des Stromes entgegenwirkt[2]). Die induzierte EMK E bleibt also gegen J und, wenn man die positive Richtung von Φ, wie oben gesagt, wählt, auch gegen Φ um $^1/_4$ Periode zurück. Die Größe von E kann man wie folgt ermitteln: Der Mittelwert der von einer Änderung des Flusses in einer Windung induzierten EMK ist bekanntlich stets gleich dem Quotienten: Änderung des Flusses dividiert durch die Zeit, in der sie sich vollzieht. Von $\frac{\pi}{2}$ bis $\frac{3\pi}{2}$ (Fig. 18) fällt der Fluß von $+\Phi$ auf $-\Phi$, ändert sich also um 2Φ in der Zeit $\frac{T}{2}$.

Daher ist

$$M(E_t) = 2\Phi : \frac{T}{2} = \frac{4\Phi}{T} = 4\Phi\nu\,;$$

während dieser Zeit verläuft die induzierte EMK E nach der halben Sinuswelle zwischen $\frac{\pi}{2}$ und $\frac{3\pi}{2}$. Ermittelt man durch Integration oder Planimetrieren den Mittelwert $M(E_t)$ dieser

---

[1]) Die obige Betrachtung ist nur dann streng richtig, wenn Δt, also auch $\Delta\Phi$ unendlich klein sind.

[2]) Ist $\Delta\Phi$ positiv, so ist E_t negativ; man hätte also die Gleichung (3) schreiben müssen

$$E_t = -\left(\frac{\Delta\Phi}{\Delta t}\right)_t.$$

Dann wäre auch die Richtung von E_t berücksichtigt.

halben Sinuswelle (Höhe eines eingezeichneten flächengleichen Rechtecks), so findet man, daß

$$h = M\,(E_t) = \frac{2}{\pi} \cdot E = 0{,}637\,E \qquad (4)$$

ist.

Aus Früherem wissen wir, daß der Effektivwert gleich dem Scheitelwert mal $1 : \sqrt{2} = 0{,}707$ ist, also stehen, wenn wir die betrachtete Halbwelle von E ins Auge fassen, der Effektivwert E und der Mittelwert $M\,(E_t)$ im Verhältnis

$$\frac{E}{M\,(E_t)} = \frac{\frac{1}{\sqrt{2}}}{\frac{2}{\pi}} = \frac{\pi}{2\sqrt{2}} = \frac{0{,}707}{0{,}637} = 1{,}11$$

oder

$$E = \frac{\pi}{2\sqrt{2}} \cdot M\,(E_t) = 1{,}11\,M\,(E_t). \qquad (5)$$

Benutzen wir den oben für $M\,(E_t)$ abgeleiteten Wert, so erhalten wir für den Effektivwert der induzierten EMK (im absoluten Maßsystem)

$$E = \frac{\pi}{2\sqrt{2}} \cdot 4\,\varPhi\,\nu = 1{,}11 \cdot 4\,\varPhi\,\nu = 4{,}44\,\varPhi\,\nu \qquad (6)$$

oder wenn wir annehmen, daß die Spule s Windungen hat und wenn wir E in Volt[1]) ausdrücken:

$$E = \frac{\pi}{2\sqrt{2}} \cdot 4\,\varPhi\,\nu\,s \cdot 10^{-8} = 4{,}44\,\varPhi\,\nu\,s\,10^{-8}\ \text{Volt}. \qquad (7)$$

Wir können die induzierte EMK statt durch $\varPhi$ auch durch den „Selbstinduktionskoeffizienten der Spule" und den Strom J ausdrücken: Bekanntlich ist der Fluß $\varPhi$ gleich der magnetomotorischen Kraft (MMK) $\mathfrak{F}$, dividiert durch den magnetischen Widerstand $\mathfrak{R}$[2])

$$\varPhi = \frac{\mathfrak{F}}{\mathfrak{R}} = \frac{4\,\pi\,s\,J}{10\,\mathfrak{R}} \qquad (8)$$

----

[1]) 1 Volt $= 10^8$ absolute (elektromagnetische) Einheiten,

[2]) $\mathfrak{R} = \dfrac{l}{\mu\,q}$, wo die Länge l und der Querschnitt q des magnetischen Kreises in cm bzw. cm² zu messen ist; für Luft ist die Permeabilität $\mu = 1$. Die MMK ist $\dfrac{4\,\pi\,s\,J}{10}$, wobei J in Ampere zu messen ist, der Faktor $\dfrac{4\,\pi}{10}$ rührt vom Maßsystem her. $\varPhi$ (Scheitelwert) in cgs-Einheiten (Maxwell).

oder da nach Gleichung (2) $J = \mathfrak{J} \sqrt{2}$, so ist

$$\Phi = \frac{4\,\pi\,s\,\mathfrak{J}\sqrt{2}}{10\,\mathfrak{R}}\;. \tag{9}$$

Setzen wir diesen Wert von Φ in die Gleichung (7) ein, so erhalten wir

$$E = \frac{\pi}{2\,\sqrt{2}} \cdot 4 \cdot \frac{4\,\pi\,s\,\mathfrak{J}\sqrt{2}}{10\,\mathfrak{R}}\, \nu\,s\,10^{-8} = \mathfrak{J}\,2\,\pi\,\nu\,\frac{4\,\pi\,s^2}{10\,\mathfrak{R}} \cdot 10^{-8}\;. \tag{10}$$

Nach dem früheren ist $2\,\pi\,\nu = \omega$; setzen wir ferner

$$\frac{4\,\pi\,s^2}{10\,\mathfrak{R}}\,10^{-8} = L \tag{11}$$

so geht die Gleichung (10) über in

$$E = \mathfrak{J}\,\omega\,L = \mathfrak{J}\,X \tag{12}$$

wobei

$$X = \omega\,L \text{ ist.} \tag{13}$$

L ist der Selbstinduktionskoeffizient der Spule und zwar in „Henry" gemessen. Er ist, wie aus Gleichung (11) und (8) folgt, definiert als der Fluß (Scheitelwert), der bei dem Strom $\mathfrak{J} = 1\,A$ (Scheitelwert), die Spule durchsetzt, multipliziert mit der Windungszahl s der Spule und 10^{-8}.

L hängt von $\mathfrak{R}$, also von der Gestalt der Spule ab und ist s^2 proportional. L hat also den vierfachen Wert, wenn man dieselbe Spule mit der doppelten Windungszahl (halber Drahtquerschnitt) bewickelt. X heißt die Reaktanz und wird in Ohm gemessen.

4. Ohmsches und Kirchhoffsches Gesetz. Die Berechnung der Größen E, K, $\mathfrak{J}$ geschieht auch bei Wechselstrom mittels des Ohmschen und Kirchhoffschen Gesetzes. Diese Gesetze gelten für die Momentanwerte ohne weiteres, für Scheitel- und Effektivwerte, wenn man die Addition und Subtraktion „geometrisch" („vektoriell") ausführt.

a) Liegt z. B. die Stromverzweigung Fig. 19 vor, fließen in den Zweigen 1 und 2 unsere Ströme J_1 und J_2 und soll der

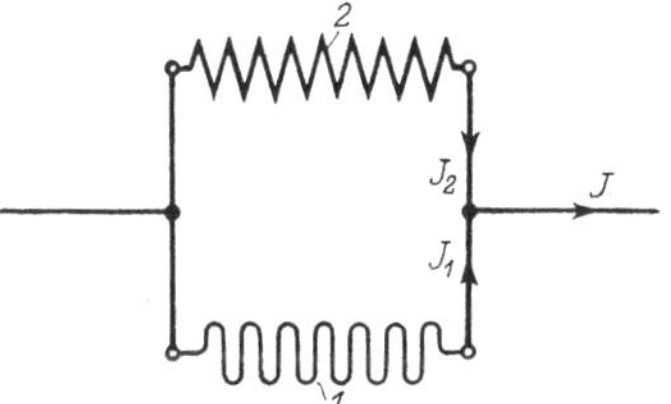

Fig. 19. Stromverzweigung
$(J = J_1 + J_2)$.

Strom J in dem unverzweigten Leiter ermittelt werden, so ist nach dem ersten Kirchhoffschen Gesetz

$$(J_1 + J_2 - J = 0)_t$$

oder

$$(J = J_1 + J_2)_t.$$

Die Buchstaben in der Klammer bedeuten den Wert der Größen im gleichen Zeitmoment t. Der Strom im unverzweigten Leiter ist also dargestellt durch die Sinuslinie J in Fig. 17b, sein Scheitelwert — nach Größe und Phase — durch den Vektor $\overline{J}$ in Fig. 17a, der dadurch entstand, daß wir J_1 und $\overline{J}_2$ wie Kräfte zusammensetzten, sie „geometrisch" („vektoriell") addierten.

Wir können sagen:

Das Ohmsche und die Kirchhoffschen Gesetze gelten auch für die Scheitelwerte — und daher auch für die sich von diesen nur durch den Maßstab unterscheidenden Effektivwerte —, wenn man die durch diese Gesetze vorgeschriebenen Additionen und Subtraktionen geometrisch vornimmt. Wir können schreiben

$$[J = J_1 + J_2],$$

wo die eckige Klammer eine geometrische Addition und die Buchstaben Effektivwerte bedeuten.

b) Fließen, wie in Fig. 55, drei Ströme J_1, J_a, J_c in einem Punkt zusammen, so ist nach dem ersten Kirchhoffschen Gesetz in jedem Moment t

$$(J_1 + J_c - J_a = 0)_t,$$

also

$$[J_1 + J_c - J_a = 0]$$

oder

$$[J_1 = J_a - J_c]$$

für den Effektivwert.

Nach dieser Gleichung wurde in Fig. 58 J_1 konstruiert.

5. Stromkreis mit Selbstinduktion und Ohmschen Widerstand. Wir legen eine eisenlose Spule mit dem Selbstinduktionskoeffizienten L Henry und dem Widerstand R Ohm an eine Maschine und wollen die Klemmenspannung K bestimmen, die notwendig ist, um den Strom J durch die Spule zu treiben. Es wirken zwei EMKe, die der Maschine, die wir, wenn der Abfall in der Wicklung der Maschine klein ist, gleich der Klemmenspannung K

setzen können, und die der Selbstinduktion $E = J \omega L$ der Spule. Es ist nach dem Ohmschen Gesetz der Strom in jedem Moment t gleich der Summe der EMKe in diesem Moment t dividiert durch den Widerstand:

$$\left(J = \frac{K + E}{R} \right)_t \tag{14}$$

also

$$(K = J R - E)_t$$

oder für Effektivwerte

$$[K = J R - \dot{E}]. \tag{15}$$

Wir tragen $J R$ und um $90°$ nacheilend $E = J \omega L$ auf (Fig. 20), setzen $- E$, also das umgeklappte E, mit $J R$ zusammen und finden so K; J bleibt gegen K um den Winkel φ zurück; aus dem Diagramm findet man

$$\mathrm{tg}\,\varphi = \frac{E}{J R} = \frac{J \omega L}{J R} = \frac{\omega L}{R} \tag{16}$$

und

$$K = \sqrt{(J R)^2 + (J \omega L)^2} = J \sqrt{R^2 + \omega^2 L^2} \tag{17}$$

oder

$$J = \frac{K}{\sqrt{R^2 + \omega^2 L^2}} ; \tag{18}$$

$$Z = \sqrt{R^2 + \omega^2 L^2} \tag{19}$$

heißt „Impedanz", „Scheinwiderstand".

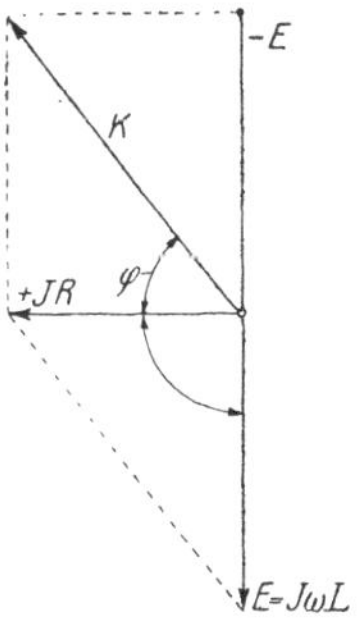

Fig. 20. Vektordiagramm einer Spule mit dem Widerstande R und dem Selbstinduktionskoeffizienten L.

Wie Gleichung (14) zeigt, ist J mit $K + E$ in Phase, denn J ist Null, wenn $K + E$ Null ist; es kann also J nicht mit K in Phase sein. Schließt man statt der Spule einen induktionslosen Widerstand an, so ist $E = 0$; J wird Null, wenn K Null ist, J ist in Phase mit K und es ist

$$\left(J = \frac{K}{R} \right)_t \quad \text{und} \quad J = \frac{K}{R} .$$

Statt mittels der Gleichung (15) kann man K auch durch folgende Überlegung finden: K muß — ähnlich wie bei der Ladung eines Akkumulators — eine Komponente enthalten, welche gleich dem Ohmschen Abfall $J R$ ist, und eine zweite, welche die Gegen-EMK E aufhebt, ihr also entgegengesetzt gleich ist; man hat daher E umzuklappen und es mit $J R$ zusammenzusetzen.

Wir können aus den Gleichungen 16 und 18 noch folgende Schlüsse ziehen:

Bewickelt man dieselbe Spule mit der doppelten Windungszahl (halber Drahtquerschnitt), so steigt, wie wir sahen, sowohl R wie L auf das Vierfache; J fällt also auf ein Viertel, φ bleibt ungeändert. (Gleichung 18 und 16).

Ist bei einer Spule (Drossel) R gegen ωL — also der Ohmsche Abfall gegen den induktiven — sehr klein, so ist bei gleichem K der Strom J und also auch der ihm proportionale und mit ihm phasengleiche Fluß Φ umgekehrt proportional mit ω, also mit ν (Gleichung 18).

Die Verschiebung φ des Stromes J und des Flusses Φ ist, da R nie Null werden kann, stets kleiner als $90°$; sie ist um so größer, je größer die induzierte Spannung (E) gegen den Ohmschen Abfall (JR) ist. (Gleichung 16).

Der Effektverbrauch N in der Spule ist nach früherem $J^2 R$, denn die Selbstinduktion verursacht keinen Effektverlust; da nun nach Fig. 20

$$J R = K \cos \varphi ,$$

können wir auch schreiben

$$N = K J \cos \varphi .$$

6. Stromkreis mit Kapazität. Ein Kondensator besteht im Prinzip aus zwei leitenden Platten (Belegen), die durch eine Isolierschicht (Dielektrikum) z. B. Luft voneinander getrennt sind. Bei einem solchen Kondensator (Fig. 21) wird die Platte 1 an den positiven, die Platte 2 an den negativen Pol eines Gleichstromgenerators G von der Klemmenspannung K angelegt. Dabei strömt durch den Leiter 3 auf 1 eine positive Elektrizitätsmenge $+Q$. Ebenso strömt durch 4 auf 2 die gleiche negative Elektrizitätsmenge $-Q$; den Vorgang im Leiter 4 kann man sich auch so vorstellen, als ob in ihm die positive Ladung $+Q$ in der umgekehrten Richtung fließen würde, so daß in den Leitungen 3 und 4 ein Strom J (Ladestrom) in der Pfeilrichtung fließt. Die „Ladung" Q hat den Wert

$$Q = C K. \tag{20}$$

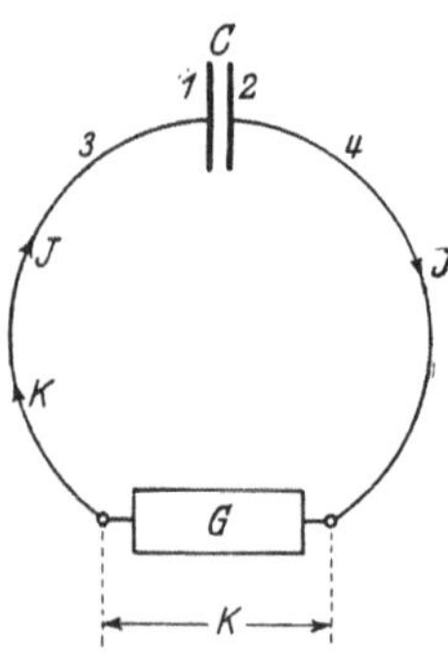

Fig. 21. Stromquelle G angeschlossen an Kondensator C.

Die Größe C, welche von den Abmessungen des Kondensators, sowie von der Art des Dielektrikums (seiner „Dielektrizitätskonstante") abhängt, heißt die Kapazität des Kondensators.

Wird K um $\varDelta K$ erhöht, indem man z. B. den Generator stärker erregt, so erhält der Kondensator die Ladung

$$Q + \varDelta Q = C(K + \varDelta K) = CK + C \cdot \varDelta K.$$

Es strömt also die positive Elektrizitätsmenge

$$\varDelta Q = C \cdot \varDelta K$$

auf die Platte 1 hin und von der Platte 2 ab. Ist die Änderung von $\varDelta K$ eine gleichmäßige und vollzieht sie sich in der Zeit $\varDelta t$, so wird die Elektrizitätsmenge $+Q$ in der Zeit $\varDelta t$ durch die Leiter 3 und 4 in Pfeilrichtung befördert, es tritt die, in diesem Fall konstante, Stromstärke ($=$ Elektrizitätsmenge in der Zeiteinheit)

$$J = \frac{\varDelta Q}{\varDelta t} = C \, \frac{\varDelta K}{\varDelta t} \qquad (21)$$

auf. Verringert man die Spannung wieder auf den Wert K, so entlädt sich der Kondensator etwas, indem die Elektrizitätsmengen $+\varDelta Q$ in den Drähten 3 und 4 entgegen den Pfeilen fließen.

Wir legen nun einen Kondensator statt an eine Gleichstromquelle an eine solche für Wechselstrom mit der Klemmenspannung K (Fig. 22) an, und zwar zur Zeit $t = O$. Die Pfeile in Fig. 21 bedeuten hier die positiven Richtungen. Von $t = O$

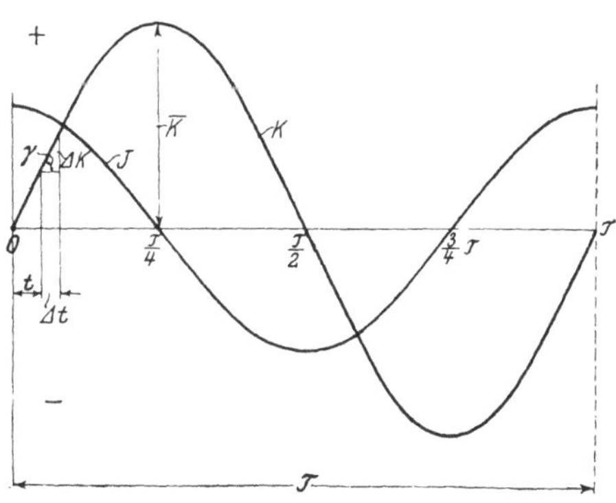

Fig. 22. Klemmenspannung K und Strom J eines Kondensators.

bis $t = \dfrac{T}{4}$ ist K positiv und wächst an. Es fließt ein Strom J in Pfeilrichtung, K und J sind positiv. $\dfrac{\varDelta K}{\varDelta t}$ ist die Geschwindigkeit, mit der sich K ändert, sie ist ein Maximum für $t = O$

und Null für $t = \dfrac{T}{4}$ und wird, wie wir wissen, durch eine Sinuslinie die um $90°$ oder um $\dfrac{T}{4}$ gegen die Sinuslinie K verschoben ist, dargestellt. Sie muß, da J für $t = O$ bis $t = \dfrac{T}{4}$ positiv ist die gezeichnete Lage haben: Der Strom J des Kondensators ist ein Wechselstrom und eilt der Spannung K am Kondensator um $90°$ vor.

Wir ermitteln nun die Größe von J: die Gleichung (21) gilt bei Wechselstrom für den Momentanwert:

$$J_t = C \left(\frac{\varDelta K}{\varDelta t}\right)_t. \tag{22}$$

Wir hatten früher bei unseren Betrachtungen über die vom Fluß $\varPhi$ induzierte EMK gefunden (Gleichung 3):

$$E_t = \left(\frac{\varDelta \varPhi}{\varDelta t}\right)_t$$

und (Gleichung 6)

$$E = \frac{\pi}{2 \sqrt{2}} \cdot 4\, \varPhi\, \nu = \frac{2\,\pi\,\nu}{\sqrt{2}}\, \varPhi = \frac{\omega}{\sqrt{2}}\, \varPhi$$

wo E_t und $\left(\dfrac{\varDelta \varPhi}{\varDelta t}\right)_t$ Momentanwerte, E den Effektivwert und $\varPhi$ in der letzten Gleichung den Scheitelwert bedeuten; analog finden wir hier den Effektivwert von $\dfrac{\varDelta K}{\varDelta t}$, indem wir den Scheitelwert von K mit $\dfrac{\omega}{\sqrt{2}}$ multiplizieren,

$$J = C\, \frac{\omega\, \overline{K}}{\sqrt{2}} = K\, \omega\, C \tag{23}$$

also

$$K = \frac{J}{\omega\, C} \tag{24}$$

wo J und K Effektivwerte bedeuten.

Der Strom, den ein Kondensator aufnimmt, ist also direkt proportional dem Produkte ωC. Demgegenüber ist, wie wir sahen, bei einer Selbstinduktionsspule mit zu vernachlässigendem Ohmschen Widerstand der Strom umgekehrt proportional dem Produkte ωL.

Wenn wir im Vorstehenden t in Sekunden, K in Volt und C in Farad ausdrücken, so ergibt sich die Stromstärke J in Ampere und die Ladung Q in Ampere-Sekunden (Coulomb).

Ein Kondensator hat also die Kapazität 1 Farad (F), wenn er bei $K = 1$ Volt die Ladung $Q = 1$ Coulomb ($= 1$ Amp.sec) aufnimmt. Farad ist eine sehr große Einheit, die praktischen Kapazitäten werden daher meist in Mikrofarad $1\,\mu F = 10^{-6}\,F$ gemessen.

Bei einer Selbstinduktionsspule (R sehr klein) eilt der Strom gegen die Klemmenspannung um $90°$ nach, während er beim Kondensator um $90°$ voreilt. Wird eine solche Selbstinduktionsspule und ein Kondensator in Parallelschaltung an eine Wechselstrommaschine angeschlossen, so sind die Ströme in den beiden Zweigen gegeneinander um $180°$ verschoben und die Maschine hat nur die Differenz der beiden Ströme zu liefern. Bei bestimmten Werten von L, C und ω, und zwar, wenn

$$\frac{1}{\omega L} = \omega C$$ sind die beiden Zweigströme einander gleich und

der Gesamtstrom (Maschinenstrom) ist Null, („Stromresonanz").

Ist eine Selbstinduktionsspule und ein Kondensator in Reihe geschaltet, so eilt gegen den gemeinschaftlichen Strom die Klemmenspannung an der Selbstinduktionsspule um $90°$ vor, die Klemmenspannung am Kondensator aber um $90°$ nach. Die Gesamtspannung (Klemmenspannung der Maschine) ist also gleich der Differenz der beiden Einzelspannungen und wird Null, wenn zwischen C, L und ω der eben erwähnte Zusammenhang besteht, („Spannungsresonanz").

7. Leistung des Wechselstroms und ihre Messung. Die Leistung im Stromkreis $M\,L\,y$ Fig. 23[1]) im Zeitmoment t ist

$$N_t = K_t\,J_t,$$

wo K_t und J_t Klemmenspannung und Strom in diesem Moment t bedeuten; die Leistung N des Wechselstroms ist der Mittelwert von N_t während einer Periode und ist also gleich dem Mittelwert des Produktes $K_t\,J_t$:

$$N = M\,(K_t\,J_t).$$

---

[1]) Wenn der Abfall in der Wicklung klein ist, kann man die EMK des Generators gleich der Klemmenspannung setzen.

N kann mit Hilfe eines dynamometrischen Wattmeters ge messen werden. Ein solches ist in Fig. 23 durch MB, mb, R' schematisch dargestellt.

Der feste Stromleiter MB wirke auf einen beweglichen mb, der um m drehbar und andererseits durch eine biegsame Leitung über den sehr großen induktionslosen Widerstand R' mit y verbunden ist. Es ist dann J' mit K in Phase

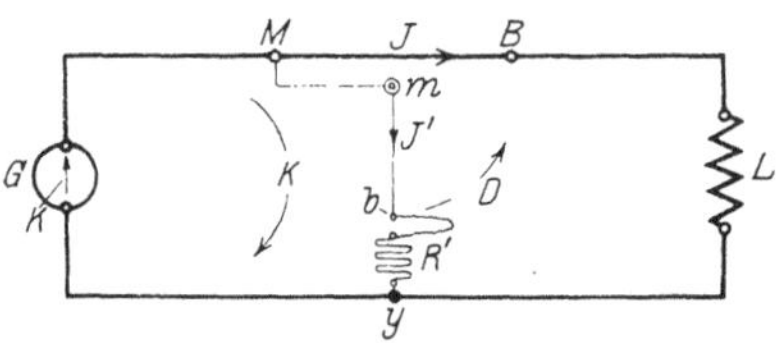

Fig. 23. Leistungsmessung.

$$J'_t = \frac{K_t}{R'}.$$

Zwei gekreuzte Leiter suchen sich bekanntlich parallel zu stellen und zwar so, daß ihre Ströme gleiche Richtung haben. Sind also J' und J im Moment t beide positiv (Pfeilrichtung) oder beide negativ, so erfährt mb in diesem Moment ein Drehmoment D_t in Pfeilrichtung. Es ist wie beim G-Zähler

$$D_t = C_1 J'_t \mathfrak{H}_{J_t}$$

oder

$$D_t = C_2 \frac{K_t}{R'} J_t = C_0 N_t,$$

da J' mit K und ebenso das Feld $\mathfrak{H}_J$[1]) des Leiters MB mit J proportional und phasengleich ist.

Das Drehmoment unseres dynamometrischen Wattmeters ist also in jedem Moment der Leistung N_t, das mittlere Drehmoment D der Leistung N des Wechselstromes proportional

$$D = C_0 N.$$

Besteht der Stromverbraucher L aus Glühlampen, so ist J mit K in Phase. J hat stets dieselbe Richtung (Vorzeichen) wie K; $D_t = C K_t J_t$ ist stets positiv. Ist dagegen L eine Drossel-

---

[1]) Es möge unter $\mathfrak{H}_J$ die in der Mitte zwischen den Punkten b und m vorhandene Feldstärke verstanden werden. Würden wir unter $\mathfrak{H}_J$ die Feldstärke an einem anderen Punkte verstehen, so würde die Konstante C_1 einen anderen Wert annehmen, an unserer Betrachtung würde aber nichts geändert.

spule, sodaß J z. B. um $\varphi = 60°$ gegen K zurückbleibt (Fig. 24),
so haben K und J von

$$\omega\, t = 90° \div 150°,$$

also von

$$t = T\,\frac{90}{360} \div T\,\frac{150}{360}$$

und ebenso von

$$\omega\, t = 270° \div 330°,$$

also von

$$t = T\,\frac{270}{360} \div T\,\frac{330}{360}$$

entgegengesetzte Richtung[1]). D_t und N_t ist während dieser Zeit-
räume negativ. Der Stromverbraucher L gibt dabei Leistung, die
in Form magnetischer Energie in ihm
aufgespeichert war, an die Stromquelle zurück[2]).

Die beweglichen Systeme der
Meßinstrumente können zufolge
ihrer Masse (Trägheit) bei Wechselstrom den schnellen Schwankungen
des Drehmomentes nicht folgen;
der Ausschlag entspricht dem mittleren Drehmoment. Es gibt also der
Anschlag α des dynamometrischen
Wattmeters, wenn es vorher mit

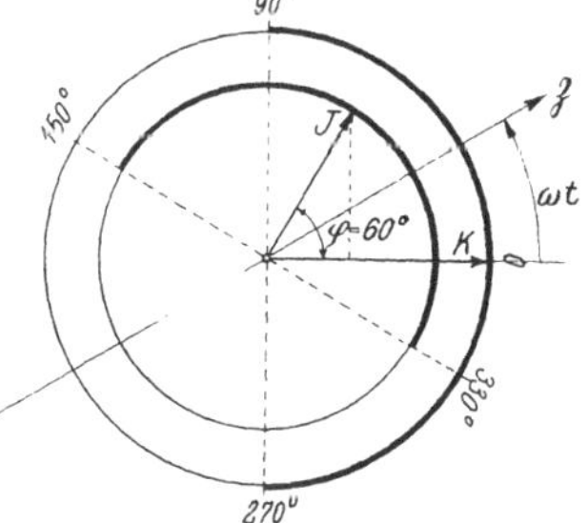

Fig. 24. Diagramm zu Fig. 23. $\varphi = 60°$.

Gleichstrom geeicht und an seiner Skala das Produkt $K\,J$ an-
geschrieben wurde, bei Wechselstrom die mittlere Leistung:

$$N = \alpha.$$

[1]) Die Zeitachse $\mathfrak{Z}$ schneidet dabei einen stark und einen schwach
ausgezogenen Kreis; die Projektion der einen Größe fällt auf den positiven, die der anderen auf den negativen Abschnitt der Zeitachse $\mathfrak{Z}$.

[2]) Man kann den Verlauf von N_t im Liniendiagramm anschaulich
machen; dazu trägt man außer den Sinuslinien K und J auch deren
Produkt von Punkt zu Punkt auf. Die so erhaltene N_t-Kurve verläuft
im allgemeinen zum Teil ober- zum Teil unterhalb der Abszissenachse;
der unterhalb liegende Flächenteil entspricht negativer Leistung und ist
bei der Bildung der mittleren Ordinate (N) von der oberhalb liegenden
abzuziehen. Bei induktionsloser Last (cos $\varphi = 1$) verläuft die N_t-Kurve
vollständig oberhalb (nur positive Leistung), bei cos $\varphi = 0$ ist der positive Teil gleich dem negativen, also die mittlere Leistung N ist Null.

Bedingung ist, daß R' so groß ist, daß trotz der Selbstinduktion der Spannungsspule (in den praktischen Instrumenten wird statt des Leiters mb eine Spule verwendet) J' mit K, ferner $\mathfrak{H}_J$ mit J in Phase ist; es ist dann bei induktionsfreier Belastung J' mit $\mathfrak{H}_J$ phasengleich.

Es gilt ferner bekanntlich die Beziehung

$$N = K J \cos\varphi {}^1),$$

wo φ der Phasenverschiebungswinkel zwischen K und J ist (Fig. 24). Das Produkt $K J$ heißt scheinbare Leistung und wird in Volt-Ampere (VA) ausgedrückt, $\cos\varphi = N : K J =$ wirkliche Leistung durch scheinbare Leistung heißt der Leistungsfaktor. Wir wollen von der strengen Ableitung dieser Formel absehen. Sie wird verständlich nach folgender Überlegung: Wir können uns den gegen K phasenverschobenen Strom J in zwei Komponenten zerlegt denken; eine $J\cos\varphi$, die in Phase mit K liegt, und die andere senkrecht dazu. Für die Leistung kommt nur die in die Richtung von K fallende Komponente in Frage, also $N = K J \cos\varphi$. Bei gegebenem K und J ändert sich N wie $\cos\varphi$; es ist ein Maximum bei $\varphi = 0$ und wird Null für $\varphi = 90°$. Zu der Beziehung $N = K J \cos\varphi$ waren wir auf Seite 60 in etwas anderer Weise gekommen.

Wir stellen noch folgende Betrachtung an, auf die wir bei dem Induktionszähler zurückkommen werden: Das mittlere Drehmoment D unseres Wattmeters ist, da letzteres N richtig anzeigt, $K J \cos\varphi$ proportional:

$$D = C_3 K J \cos\varphi$$

oder da J' mit K und $\mathfrak{H}_J$ mit J in Phase ist, und da ferner J' proportional K und $\mathfrak{H}_J$ proportional J:

$$D = C_4 J' \mathfrak{H}_J \cos J' | \mathfrak{H}_J.$$

Der Fluß Φ_J (Gesamtzahl der Kraftlinien) den der Leiter MB hervorbringt, ist in jedem Moment proportional $\mathfrak{H}_J$; beide erreichen in demselben Moment den Wert Null; es ist also

$$D = C_5 J' \Phi_J \cos J' | \Phi_J. \tag{25}$$

Das mittlere Drehmoment, das ein Wechselfluß auf einen

$^1)$ Also ist $M(K_t J_t) = K J \cos\varphi$: Ein Wattmeter zeigt das Produkt $K J$ der Effektivwerte mal dem Kosinus des Verschiebungswinkels.

Wechselstrom ausübt, ist dem Strom, dem Fluß und dem Kosinus ihres Verschiebungswinkels proportional.

8. Diagramm des Transformators. Der Eisenkern 3 (Fig. 25) trägt die primäre und sekundäre Wicklung 1 und 2 mit den Windungszahlen s_1 und s_2 und den Ohmschen Widerständen R_1 bzw. R_2. Ströme J, EMKe E, Klemmenspannungen K und Flüsse Φ bezeichnen wir als positiv, wenn sie die eingezeichnete Pfeilrichtung haben.

Sämtliche primären und sekundären Größen sind also in derselben Richtung positiv gerechnet, ferner ist die positive Richtung für die Flüsse Φ so gewählt, daß positive Ströme Flüsse positiver Richtung erzeugen. Beides ist Bedingung für die Richtigkeit der Diagramme und der Schlußfolgerungen.

Bei Aufstellung des Diagramms Fig. 26 gehen wir von dem beide Spulen durchsetzenden magnetischen Fluß Φ aus,

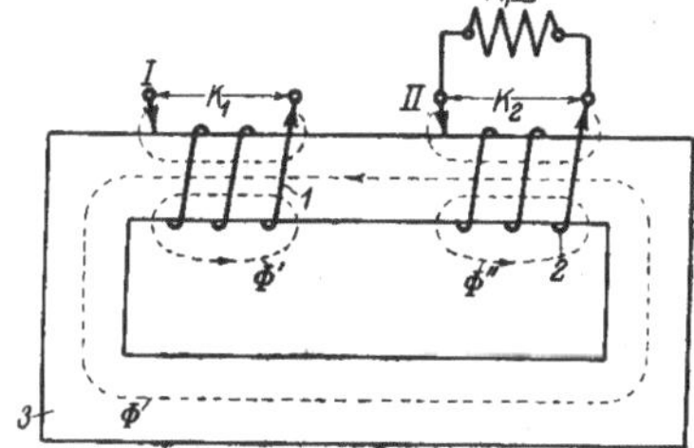

Fig. 25. Transformator.

den wir hier konstant halten wollen. Wir betrachten zuerst den unbelasteten Transformator, denken uns also in Fig. 25 den Stromverbraucher (R, L) abgeschaltet. Wir nehmen zunächst an, daß im Eisenkern keine Verluste auftreten. Alsdann ist zur Erzeugung von Φ eine dem magnetischen Widerstand $\mathfrak{R}$ des Eisenkerns entsprechende Ampere-Windungszahl $J_m s_1$, also ein Magnetisierungsstrom J_m in der Primärspule nötig, der mit Φ in Phase ist. Wir zeichnen daher im Diagramm J_m mit Φ zusammenfallend. Φ induziert in den Wicklungen die EMKe E_1 und E_2, welche um $90°$ gegen Φ in der Phase zurückbleiben und sich wie die Windungszahlen verhalten.

Nach Gleichung (7) S. 56 ist:

$$E_1 = 4{,}44\ \Phi\ \nu\ s_1\ 10^{-8}\ \text{Volt,}$$
$$E_2 = 4{,}44\ \Phi\ \nu\ s_2\ 10^{-8}\ \text{Volt.}$$

E_1 und E_2 haben stets gleiche Richtung; wenn also E_1 in der Pfeilrichtung verläuft, ist dies auch bei E_2 der Fall. Jetzt berücksichtigen wir den Effektverlust N_0, der im Eisenkern beim Pulsieren des Wechselfeldes durch Hysteresis und Wirbelströme auftritt, in folgender Weise: Wir denken uns eine in Fig. 25 nicht gezeichnete Wicklung auf dem Eisenkern angebracht. Sie sei über den ganzen Kern gleichmäßig verteilt und habe s_1 Win-dungen. Wir schließen sie durch einen induktionslosen Widerstand von solcher Größe, daß der entstehende Strom J_w in diesem Stromkreis den Effektverlust N_0 hervorbringt:

$$J_w E_1 = N_0,$$

wobei E_1 die in dieser Wicklung durch Φ induzierte EMK ist[1]). J_w bleibt gegen Φ um 90° zurück. Damit der Fluß Φ, den wir ja konstant halten wollen, durch das Auftreten von J_w nicht verändert wird, muß zu J_m eine Komponente, die J_w entgegengesetzt gleich ist, hinzugefügt werden. Es muß also jetzt in der Primärwicklung der Strom J_0 fließen, und das Feld Φ hat gegen J_0 die Nacheilung ψ, wobei

$$tg\,\psi = \frac{J_w}{J_m}.$$

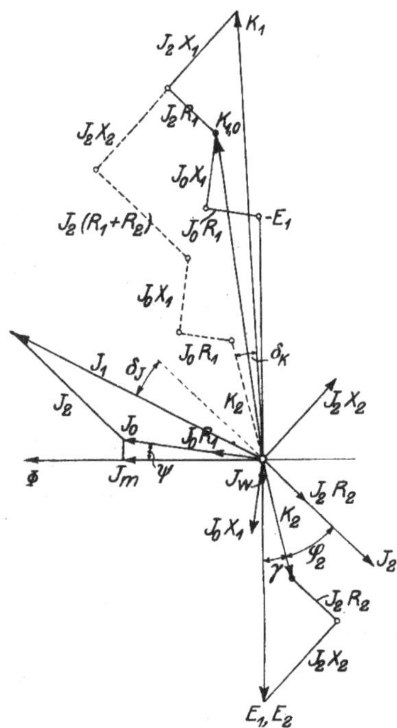

Fig. 26. Diagramm des Transformators. Φ = const.

Es gilt ganz allgemein: Der Fluß, welchen ein in einer Spule fließender Wechselstrom erzeugt, bleibt gegen letzteren in der Phase zurück, falls der Fluß „belastet" ist, d. h. falls in dem Pfad des Flusses Effektverluste durch Hysteresis oder Wirbelströme entstehen. Der Fluß ist mit dem in der Spule fließenden Strom nur dann genau in Phase, wenn er ausschließlich in Luft

---

[1]) Der vorliegende Transformator mit dem Eisenverlust N_0 wird also ersetzt durch einen genau gleichen Transformator, der keine Eisenverluste, dafür aber eine Wicklung mit der Windungszahl s_1 und dem Strom $J_w = \dfrac{N_0}{E_1}$ besitzt.

verläuft und nirgends Metallmassen oder Sekundärwicklungen durchsetzt [1]).

Wenn J_0 in der Primärspule fließt, tritt ein Streufluß Φ_0' auf, welcher nur von den Primärwindungen umschlungen, also von diesen erregt wird. Φ_0' verläuft im Gegensatz zu Φ meist in Luft.

Das hat zur Folge, daß Φ_0' den primären Amperewindungen proportional und praktisch nicht „belastet", also mit J_0 in Phase ist.

Φ_0' induziert in der Primärwicklung eine um $90°$ zurückbleibende EMK

$$E' = 4{,}44 \, \Phi_0' \, \nu \, s_1 \cdot 10^{-8} \text{ Volt.}$$

oder nach Gleichung (12):

$$E' = J_0 X_1 \text{ Volt.}$$

X_1 heißt „primäre Streureaktanz". Die Streuung wirkt wie eine der Primärspule vorgeschaltete Selbstinduktionsspule (Drossel) mit der Reaktanz X_1: unser Transformator kann ersetzt werden durch einen sonst gleichen Transformator ohne primäre Streuung, dem primär eine geeignete Drossel vorgeschaltet ist.

Um J_0 durch den Ohmschen Widerstand R_1 der Primärspule zu treiben, müßte ein an die Primärklemmen angeschlossener Generator die mit J_0 in Phase befindliche Spannung $J_0 R_1$ aufbringen; außerdem muß er Spannungskomponenten liefern, welche den von Φ und Φ_0' in der Primärwicklung induzierten EMKen E_1 und $J_0 X_1$ das Gleichgewicht halten, ihnen also entgegengesetzt gleich sind. Man hat daher E_1 und $J_0 X_1$ aus ihrer positiven Richtung (Pfeilspitze) um $180°$ zu drehen und mit $J_0 R_1$ zusammenzusetzen. So gelangt man zur primären Klemmenspannung $K_{1,0}$ bei Leerlauf [2]). Die sekundäre Klemmenspannung ist bei offenem Sekundärkreis gleich der EMK E_2:

$$K_{2,0} = E_2.$$

[1]) Den Strom in der Spule kann man sich also in zwei zueinander senkrechte Komponenten zerlegt denken, deren eine (J_w) den Sekundärstrom kompensiert, deren andere (J_m) den Fluß erzeugt und mit ihm in Phase ist.

Der Winkel ψ ist zufolge der letzten Formel um so größer, je stärker der Fluß belastet, und um so kleiner, je größer der magnetische Widerstand ist. Wenn zwei magnetische Kreise den gleichen magnetischen Widerstand haben, so hat derjenige das größere ψ, der am stärksten belastet ist, von gleichbelasteten Kreisen hat der das größere ψ, dessen magnetischer Widerstand am kleinsten ist·

[2]) $[K_{1,0} = -E_1 - J_0 X_1 + J_0 R_1]$ siehe auch V, 5, Gleichung (15).

Wir wollen annehmen, daß die sekundäre Windungszahl die gleiche ist wie die primäre,

$$s_1 = s_2$$

(dann ist auch $E_1 = E_2$) und schließen nun die sekundären Klemmen durch einen Stromverbraucher vom Widerstand R und dem Selbstinduktionskoeffizienten L, so daß der im Diagramm gezeichnete Sekundärstrom J_2 nach Phase und Größe auftritt. Damit Φ dabei unverändert bleibt, muß der Primärstrom J_1 fließen, der dadurch erhalten wird, daß man das um 180° gedrehte J_2 an J_0 ansetzt. J_1, J_2 und J_w haben J_m als Resultante. Sie bringen also tatsächlich zusammen den Fluß Φ hervor[1]). J_2 erzeugt in der Sekundärwicklung ein mit J_2 in Phase befindliches sekundäres Streufeld Φ'', welches die EMK (Streuspannung) $J_2 X_2$ darin induziert[2]). Außerdem entsteht in der Sekundärwicklung der Ohmsche Spannungsabfall $J_2 R_2$. Die sekundäre Klemmenspannung K_2 ist gemäß der Gleichung

$$[E_2 + J_2 X_2 - J_2 R_2 = K_2]\,^3)$$

konstruiert. K_2 hat gegen J_2 die Voreilung φ_2. Der in der Primärwicklung fließende, dem Sekundärstrom J_2 entgegengesetzt gleiche Strom („primärer Nutzstrom") bringt in ersterer den Spannungsabfall $J_2 R_1$ und den Streuabfall $J_2 X_1$ hervor. Wenn man diese an $K_{1,0}$ ansetzt, gelangt man zur primären Klemmenspannung K_1, die man anlegen muß, wenn der Transformator sekundär mit dem gezeichneten Strom J_2 belastet ist.

Man gelangt auf folgende Weise von K_2 direkt zu K_1: Man setzt $J_2 R_2$ und $J_2 X_2$ an K_2 an und erhält E_2, klappt es, da $E_1 = E_2$, um und setzt daran $J_0 R_1$, $J_0 X_1$, $J_2 R_1$ und $J_2 X_1$; statt dessen kann man auch K_2 umklappen und daran $J_0 R_1$ und $J_0 X_1$ und daran $J_2 (R_1 + R_2)$ und $J_2 (X_1 + X_2)$ ansetzen. Dieser Weg, den wir beim Diagramm des Spannungswandlers einschlagen werden, ist im Diagramm gestrichelt eingezeichnet.

Man erkennt, daß auch bei gleicher Windungszahl die pri-

---

[1]) Sind die Windungszahlen nicht gleich, so hat man statt der Ströme die Amperewindungszahlen zusammenzusetzen.

[2]) Man könnte sich die sekundäre Streuung beseitigt und dafür eine geeignete Drossel in den sekundären Stromkreis eingeschaltet denken.

[3]) Summe der EMKe vermindert um den Spannungsverlust gibt die Klemmenspannung.

märe Klemmenspannung im Transformator größer ist als die sekundäre[1]) und daß ihr Verhältnis

$$U_k = \frac{K_1}{K_2},$$

von der sekundären Belastung abhängt; z. B. ist U_k bei Entnahme des Stromes J_2 größer als bei Leerlauf

$$\left(U_{k,0} = \frac{K_{1,0}}{K_{2,0}} = \frac{K_{1,0}}{E_2} < U_k, \text{ siehe Fig. 26} \right).$$

Ebenso ist J_1 infolge des Leerlaufstromes größer als J_2. Auch das Verhältnis

$$U_J = \frac{J_1}{J_2}$$

ist mit der sekundären Belastung veränderlich.

K_1 ist gegen K_2 und ebenso J_1 gegen J_2 um nahezu $180°$ verschoben. Wenn also in Fig. 25 K_1 von I aus in die Primärwicklung hineingerichtet ist (K_1 positiv), ist K_2 aus der Sekundärwicklung heraus auf II zu gerichtet (K_2 negativ). Dasselbe gilt von den Strömen. Infolge der Abfälle beträgt jedoch die Verschiebung zwischen K_1 und K_2 und infolge des Leerlaufstromes diejenige zwischen J_1 und J_2 nicht genau $180°$. Die umgeklappten sekundären Größen bilden mit den primären die kleinen Winkel δ_J bzw. δ_K, die wir bei den Meßwandlern „Fehlwinkel" nennen werden. Die Winkel δ ändern sich ebenfalls mit der Belastung.

Will man einen Transformator als Stromwandler benutzen, so muß er so konstruiert sein, daß bei allen vorkommenden Belastungen die Übersetzung $U_J = \dfrac{J_1}{J_2}$ praktisch konstant und der Fehlwinkel δ_J praktisch 0 ist. Soll ein Transformator als Spannungswandler dienen, so müssen die gleichen Anforderungen für die Übersetzung $U_K = \dfrac{K_1}{K_2}$ und δ_K erfüllt sein.

Wie oben erwähnt, verhalten sich die primären und sekundären EMKe wie die Windungszahlen. Falls die Abfälle in den Wicklungen sehr klein, was bei Spannungswandlern zutrifft, so

---

[1]) Wir schließen kapazitive Belastung von unserer Betrachtung aus, dann ist dieses stets der Fall.

sind die Klemmenspannungen praktisch gleich den EMKen, stehen also ebenfalls im Verhältnis der Windungszahlen:

$$\frac{K_1}{K_2} \approx \frac{E_1}{E_2} = \frac{s_1}{s_2} .$$

Falls der Leerlaufstrom J_0 sehr klein, was bei Stromwandlern zutrifft, fällt in dem Stromdreieck J_2 fast mit J_1 zusammen (Fig. 26); bei gleichen Windungszahlen sind dann die primären und sekundären Ströme, bei ungleichen die primären und sekundären Amperewindungszahlen einander praktisch gleich:

$$J_2\, s_2 \approx J_1\, s_1$$

oder

$$\frac{J_1}{J_2} \approx \frac{s_2}{s_1} .$$

Die Ströme stehen im umgekehrten Verhältnis der Windungszahlen.

Wir wollen mit Rücksicht auf spätere Betrachtungen noch feststellen, wie sich J_m und J_w ändern, wenn man Φ oder ν ändert. Es ist

$$\frac{N_0}{E_1} = J_w = J_h + J_f ,$$

dabei bedeutet J_w den „Wattstrom", der in der Primärspule fließen muß, um den Effektverlust N_0 im Eisen zu kompensieren, und J_h und J_f die auf Hysteresis bzw. Wirbelströme entfallenden Teile von J_w. Die Wirbelströme sind der induzierten EMK also nach Gleichung (7), S. 56 dem Produkt $\Phi\nu$ proportional: J_f steigt proportional mit Φ und mit ν; dagegen steigt J_h, wie Messungen zeigen, gewöhnlich langsamer als Φ und ist von ν unabhängig. J_w steigt also langsamer als ν und gewöhnlich langsamer als Φ; es gibt aber legierte Bleche, bei denen in gewissem Bereich J_w proportional mit Φ steigt.

Bekanntlich ist die Permeabilität μ des Eisens und daher dessen magnetischer Widerstand $\Re$ nicht konstant, sondern ändert sich mit der Induktion $\mathfrak{B} = \dfrac{\Phi}{\mathfrak{q}}$; J_m ist also (s. Gleichung 8) nicht proportional mit Φ. Wie der Blick auf eine Magnetisierungskurve zeigt, steigt bei kleinen Induktionen („geringer Sättigung") J_m langsamer, bei großen Induktionen („hoher Sättigung") schneller als Φ.

Enthält der magnetische Kreis einen Luftspalt, so wird diese Erscheinung sehr gemildert, weil der magnetische Widerstand der Luft konstant und gewöhnlich sehr groß ist gegen den veränderlichen des Eisens; man kann dann für viele Betrachtungen J_m mit Φ proportional annehmen.

μ — und daher $\Re$ — ist von ν unabhängig: zur Erzeugung desselben Flusses Φ ist bei allen Frequenzen dasselbe J_m nötig.

VI. Der Induktionszähler.
(*W*- Zähler.)

1. Einleitung, Entstehung des Drehmomentes. Die Induktionszähler sind nur für Wechselstrom verwendbar, wir nennen sie deshalb *W*-Zähler; Fig. 27 zeigt eine Anordnung der messenden Teile, wie sie bei *W*-Zählern öfter angewandt wurde, sowie die

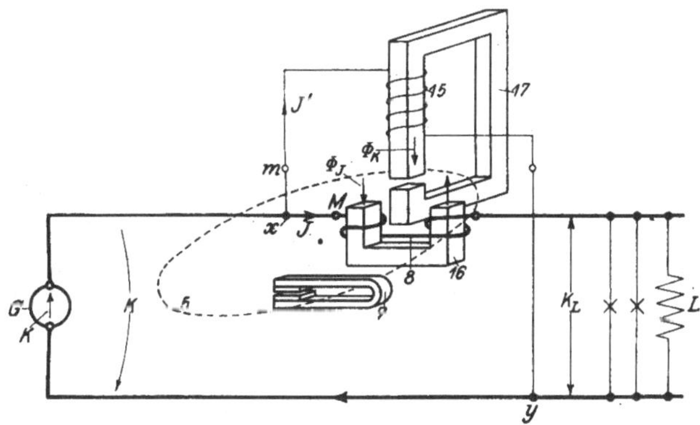

Fig. 27. Messende Teile und Schaltbild eines *W*-Zählers.

Schaltung eines solchen. Die Aluminiumscheibe *5* dreht sich im Felde zweier Elektromagnete, des Spannungseisens *17*, dessen Wicklung *15* aus vielen dünnen Windungen besteht und an der Verbrauchsspannung K liegt, und des Stromeisens *16*, dessen Wicklung *8* (wenige, dicke Windungen) von dem Verbrauchsstrom J durchflossen ist; ferner wirkt auf die Ankerscheibe noch der Bremsmagnet *7*. Die Lagerung der Ankerachse und das von letzterer angetriebene Zählwerk ist weggelassen. Die Triebeisen (*16*, *17*) bestehen aus dünnen Eisenblechen.

Die Lage der einzelnen Vektoren ist im Diagramm Fig. 28 dargestellt. Dieses gilt für induktionslose Belastung (Glühlampen), wobei der Verbrauchsstrom J mit der Klemmenspannung K

praktisch in Phase ist[1]). Es ist daher K mit J in dieselbe Richtung fallend gezeichnet.

Der durch die Scheibe tretende Fluß Φ_J „Strom-Triebfluß" (Fig. 27) bleibt gegen J um den Winkel ψ_J zurück, da er durch die Verluste im Stromeisen und vor allem durch die in der Scheibe von ihm induzierten Ströme J_J belastet ist[2]).

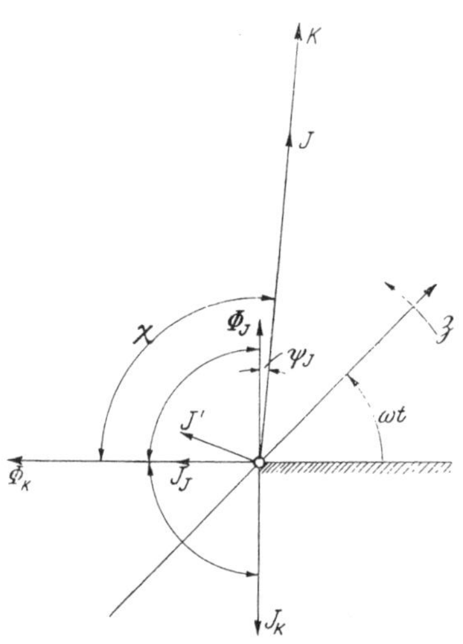

Fig. 28. Lage der Triebströme und Triebflüsse bei induktionsloser Belastung ($\varphi = \sphericalangle\, K\,J = 0$)

Magnetisierend wirkt $J \cos\psi_J$, es kommt also nur diese Komponente des Verbrauchsstroms für die Erregung des Flusses Φ_J in Betracht.

Der Fluß Φ_K („Spannungs-Triebfluß"), der vom Spannungseisen durch die Scheibe tritt (Fig. 27), eilt der Spannung K um den Winkel χ nach.

Durch Mittel, die wir später kennen lernen, sei bewirkt, daß $\chi = 90° + \psi_J$ ist, daß also Φ_K bei induktionsloser Last genäu um 90° gegen Φ_J in der Phase zurückbleibt („90°-Verschiebung"). Der den Fluß Φ_K erzeugende Strom J' in der Spannungsspule eilt, da Φ_K belastet ist, Φ_K vor.

Die beiden Triebflüsse Φ_K und Φ_J (Wechselflüsse) induzieren in der Scheibe EMKe, die diesen Flüssen sowie der Frequenz ν proportional sind und gegen die Flüsse um 90° nacheilen. Diese EMKe rufen in der Scheibe Triebströme J_K bzw. J_J hervor. Letztere sind den EMKen (also Φ_K bzw. Φ_J und ν) sowie der Dicke ϑ und der Leitfähigkeit $\varkappa$ der Scheibe proportional:

$$J_K = C_1\,\Phi_K\,\nu\,\varkappa\,\vartheta \tag{1}$$

und

$$J_J = C_2\,\Phi_J\,\nu\,\varkappa\,\vartheta \tag{2}$$

Die Triebströme J_K und J_J sind mit den EMKen in Phase, eilen

---

[1]) s. Diagramm des Stromeisens VI, 4.
[2]) s. Diagramm des Transformators V, 8, S. 68.

daher gleichfalls den Flüssen um 90° nach (Streureaktanz der Scheibe gleich Null angenommen)[1]).

Je einer der Triebströme ist in Fig. 29 und 30, welche die Scheibe nebst den Polspuren der Triebeisen zeigen, eingezeichnet.

Durch die Pfeile, ihre Spitzen (Punkte) und gefiederten Enden (Kreuze) sind die positiven Richtungen der Ströme und Flüsse gekennzeichnet. So bedeutet z. B. das Kreuz in dem linken Pol des Stromeisens, daß hier Φ_J als positiv betrachtet werden soll, wenn seine Kraftlinien von vorne nach hinten durch die Papierebene hindurchtreten.

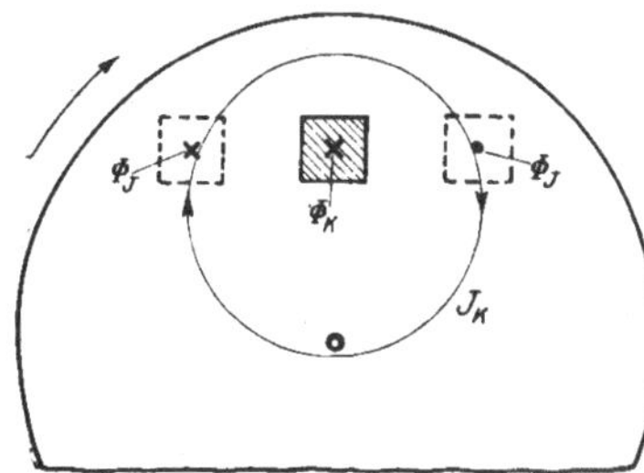

Fig. 29. Vom Spannungsfluß Φ_K induzierter Triebstrom J_K.

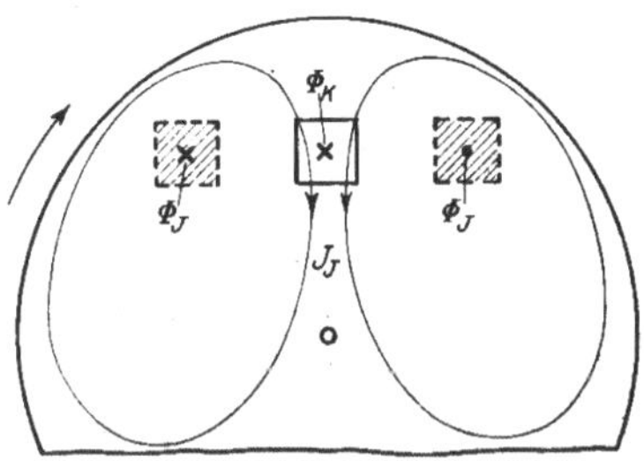

Fig. 30. Vom Stromfluß Φ_J induzierte Triebströme J_J.

Wie aus Fig. 29 und 30 ersichtlich, fließen die Ströme J_K in dem Felde Φ_J und die Ströme J_J in dem Felde Φ_K. Die Felder üben auf die Ströme Kräfte aus, indem sie die in ihrem Bereiche liegenden Stromfäden in der Scheibenebene seitlich zu verschieben suchen[2]). Wie Fig. 28 zeigt, haben Φ_J und J_K entgegengesetzte Richtung. Wenn also Φ_J im linken Pol (Fig. 29) nach hinten gerichtet ist, fließt J_K seinem Pfeil entgegen. Nach der „Korkzieher"- oder „Linke-Hand"-Regel sucht Φ_J die Ströme J_K nach rechts zu schieben. J_J und Φ_K haben gemäß Fig. 28 gleiche Richtung, wenn Φ_K in Fig. 30 nach hinten gerichtet ist, fließt J_J in Pfeilrichtung. J_J wird deshalb ebenfalls von Φ_K nach rechts geschoben. Beide Kräfte wirken in demselben Sinne. Die Scheibe sucht sich im Uhrzeigersinn (Pfeil) zu drehen. Man kann für die Drehrichtung folgende einfache

---

[1]) Siehe hierzu S. 78.

[2]) Die Wirkung ist ähnlich wie die des Stahlmagneten auf die Ströme in der Ankerwicklung im A-Zähler (Fig. 14).

Regel aufstellen: Die Bewegung der Scheibe erfolgt, falls beide Felder in derselben Richtung als positiv gerechnet werden, vom voreilenden zum nacheilenden Feld; man hat also in den Fig. 29 und 30 den li n ke n Strompol zu nehmen, weil bei ihm die positive Richtung gegenüber der Scheibe dieselbe ist wie bei dem Spannungspol.

Es wirkt in Fig. 29 wie bei einem dynamometrischen Wattmeter ein Fluß Φ_J auf einen Strom J_K und es tritt daher (s. V, Gl. 25) das mittlere Drehmoment

$$D_1 = C_3\, \Phi_J J_K \cos \Phi_J | J_K \tag{3}$$

auf. Φ_J und J_K sind um $180°$ verschoben, wenn K und J phasengleich sind (Fig. 28; $\varphi = \sphericalangle K | J = 0$). Tritt in der zu messenden Anlage durch Einschalten von Motoren oder Drosselspulen eine Nacheilung φ von J gegen K auf, so verschieben sich J, Φ_J und J_J um φ in Pfeilrichtung (β); es ist für jedes φ, und wenn wir ψ_J als konstant, d. h. von Φ_J unabhängig annehmen, auch für alle Φ_J:

$$\sphericalangle \Phi_J | J_K = 180° - \varphi$$

also

$$D_1 = C_3\, \Phi_J J_K \cos (180 - \varphi) = - C_3\, \Phi_J J_K \cos \varphi.$$

Da jedoch, wie wir oben zeigten, das mittlere Drehmoment in Fig. 29 Pfeilrichtung hat, so können wir dafür schreiben

$$D_1 = C_4\, \Phi_J J_K \cos \varphi \tag{4}$$

wo $C_4 = - C_3$ positiv ist und D_1 das Drehmoment in **Pfeilrichtung** bedeutet.

Entsprechend gilt für Fig. 30

$$D_2 = C_5\, \Phi_K J_J \cos \Phi_K | J_J$$

und da $\sphericalangle \Phi_K | J_J = \varphi$:

$$D_2 = C_5\, \Phi_K J_J \cos \varphi$$

wobei (s. oben) D_2 dieselbe Richtung hat, wie D_1. Das mittlere Gesamtdrehmoment ist also

$$D = D_1 + D_2 = C_4\, \Phi_J J_K \cos \varphi + C_5\, \Phi_K J_J \cos \varphi$$

Unter Berücksichtigung der Gl. (1) und (2) ergibt sich

$$\left. \begin{aligned} D &= C_1 C_4\, \Phi_K \Phi_J \nu \varkappa \vartheta \cos \varphi + C_2 C_5\, \Phi_K \Phi_J \nu \varkappa \vartheta \cos \varphi \\ &= C_6\, \Phi_K \Phi_J \nu \varkappa \vartheta \cos \varphi \end{aligned} \right\} \tag{5}$$

Wir setzen voraus, daß Φ_K proportional K und Φ_J proportional J ist. Wenn wir ferner einen fertig vorliegenden Zähler betrachten und diesen bei konstanter Frequenz betreiben, so ist ν, $\varkappa$ und ϑ konstant und die letzte Gleichung geht über in

$$D = d \cdot K\,J\cos\varphi = d \cdot N \tag{6}$$

Das mittlere Drehmoment unseres W-Zählers ist der Leistung im Stromkreis $x\,L\,y$ (Fig. 27) proportional.

In Fig. 29 wirkt ein dem Verbrauchsstrom J proportionaler Fluß Φ_J auf einen der Verbrauchsspannung K proportionalen Strom J_K und bei induktionsloser Belastung (Fig. 28) hat J_K seinen Scheitelwert in demselben Moment wie Φ_J. Letzteres wurde dadurch erreicht, daß wir $\chi = 90 + \psi_J$ gewählt haben. Wir erkennen, daß die Wirkung in Fig. 29 und 30 dieselbe ist, wie bei einem dynamometrischen Wattmeter. (V, 7.)

Das Triebsystem unseres Induktionszählers ist zwei solchen äquivalent, deren Kräfte, wie wir oben sahen, sich addieren.

Wie leicht ersichtlich, ist (falls $\chi = 90 + \psi_J$) die gegenseitige Verschiebung der Triebflüsse

$$\sigma = \sphericalangle\,\Phi_K\,\Phi_J = 90^\circ - \varphi\,.$$

(Im Diagramm Fig. 28 ist $\varphi = 0$ und $\sigma = 90^\circ$.) Es ist also

$$\cos\varphi = \cos(90^\circ - \sigma) = \sin\sigma\,.$$

Setzen wir diesen Wert in die Gl. (5) ein, so erhalten wir

$$D = C_6\,\Phi_K\,\Phi_J\,\nu\,\varkappa\,\vartheta\sin\sigma \tag{7}$$

Von dieser Beziehung werden wir später Gebrauch machen.

Bei sehr vielen Untersuchungen — so auch bei der vorstehenden — kann man statt des W-Zählers mit den Verschiebungen ψ_J zwischen J und Φ_J und $\chi = 90 + \psi_J$ zwischen K und Φ_K einen idealen Zähler mit $\psi_J = 0$ und $\chi = 90^\circ$ betrachten, indem die für den idealen Zähler gefundenen Resultate auch für den wirklichen Zähler gelten, die Überlegungen und Diagramme aber etwas einfacher sind.

Wir wollen noch das Drehmoment des Induktionszählers bei $\cos\varphi = 1$ in den einzelnen Zeitmomenten betrachten. Das Drehmoment D_1 (Fig. 29) ist in jedem Zeitmoment t:

$$(D_1 = C_4\,\Phi_J\,J_K)_t.$$

Zur Zeit $t = \dfrac{T}{4}$ (Zeitachse β in Fig. 28 vertikal, $\omega\,t = 90^\circ$) haben beide Faktoren und daher das Produkt den Maximalwert $\overline{D_1}$. Man kann schreiben:

$$(D_1)_t = \overline{D}_1 \sin^2 \omega\, t$$

da die beiden Faktoren Φ_J und J_K sich wie $\sin \omega\, t$ ändern.

Das Drehmoment D_2 (Fig. 30) ist Null für $\omega\, t = 90°$, weil dafür Φ_K und J_J Null sind:

$$(D_2)_t = \overline{D}_2 \cos^2 \omega\, t\,.$$

Das Gesamtdrehmoment zur Zeit t ist

$$D_t = \overline{D}_1 \sin^2 \omega\, t + \overline{D}_2 \cos^2 \omega\, t\,.$$

Rogowski hat gezeigt, daß D_t konstant ist, d. h. in jedem Moment denselben Wert hat[1]). Aus der letzten Gleichung können wir dann den Schluß ziehen, daß die Maximalwerte $\overline{D}_1$ und $\overline{D}_2$ der Drehmomente einander gleich $(\overline{D}_1 = \overline{D}_2 = D)$ und dem Drehmoment D des Zählers gleich sind, das man mit dem Federdynamometer messen kann; denn

$$D_t = \overline{D}\,(\sin^2 \omega\, t + \cos^2 \omega\, t) = \overline{D} = \text{konst.} = D\,.$$

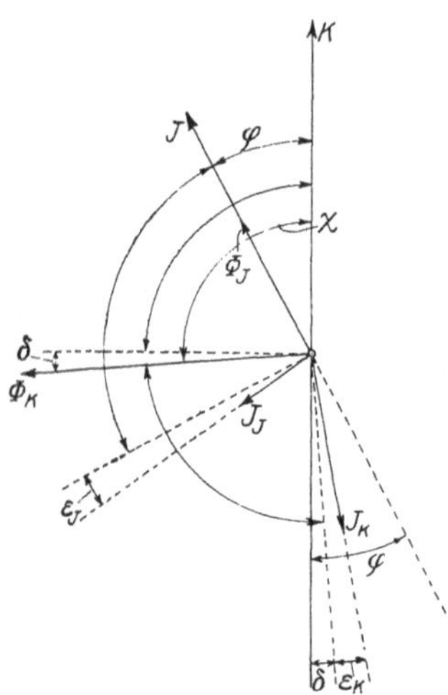

Fig. 31. Lage der Vektoren, wenn J_J und J_K um $90 + \varepsilon_J$ bzw. $90 + \varepsilon_K$ gegen Φ_J bzw. Φ_K zurückbleiben.

Bisher haben wir angenommen, daß die Ströme J_J und J_K um $90°$ gegen die Flüsse Φ_J und Φ_K verschoben seien. In Wirklichkeit trifft dies nicht genau zu, denn die Scheibe ist, wie die Sekundärwicklung jedes Transformators, mit Streuung behaftet, d. h. die Scheibenströme erzeugen Kraftlinien, welche nicht durch die Primärwicklung (Spannungs- oder Stromspule) hindurchgehen. Dies hat zur Folge, daß die Scheibenströme J_J und J_K um mehr als $90°$ (nämlich um $90 + \varepsilon_J$ bzw. $90 + \varepsilon_K$) gegen Φ_J bzw. Φ_K zurückbleiben. Die Vektoren mögen die in Fig. 31 gezeichnete Lage haben. ψ_J ist dabei der Einfachheit halber als vernachlässigbar klein angenommen[2]). Da das mittlere Drehmoment jedes Wattmeters gleich Strom mal Fluß mal Kosinus ihres Verschiebungswinkels ist, können wir für das mittlere Drehmoment des *W*-Zählers schreiben:

---

[1]) Obwohl die zu messende Leistung N_t sich von Moment zu Moment ändert.

[2]) Siehe S. 77.

$$D = C_a \, \Phi_K \, J_J \cos(\varphi + \varepsilon_J - \delta) + C_b \, \Phi_J \, J_K \cos(\varphi - \varepsilon_K - \delta)$$
$$= c_1 \left(\cos \varphi \, \cos(\varepsilon_J - \delta) - \sin \varphi \, \sin(\varepsilon_J - \delta) \right) + c_2 \left(\cos \varphi \, \cos(\varepsilon_K + \delta) \right.$$
$$\left. + \sin \varphi \, \sin(\varepsilon_K + \delta) \right)$$
$$= \cos \varphi \left(c_1 \cos(\varepsilon_J - \delta) + c_2 \cos(\varepsilon_K + \delta) \right) - \sin \varphi \left(c_1 \sin(\varepsilon_J - \delta) \right.$$
$$\left. - c_2 \sin(\varepsilon_K + \delta) \right).$$

Wenn wir δ so wählen, daß die zweite große Klammer Null ist, so sind die Angaben des Zählers der Leistung proportional, er steht bei $\varphi = 90°$ still. Wenn wir also den Zähler so justieren, daß er bei $\varphi = 90°$ still steht, sind seine Angaben trotz der Streureaktanz der Scheibe der Leistung proportional.

Wir wollen im folgenden die Streureaktanz der Scheibe vernachlässigen.

2. Dämpfung und Drehzahl. Bei der Drehung ruft der auf die Scheibe wirkende Stahlmagnet 7 (Fig. 27) ein bremsendes Moment B_M hervor. Wie wir im Abschnitt III, 3 gesehen haben, ist dasselbe dem Quadrate des Flusses Φ_M, der Dicke ϑ und der Leitfähigkeit $\varkappa$ der Scheibe, ferner der Drehzahl proportional:

$$B_M - C_1 \, \Phi_M^2 \, \vartheta \, \varkappa \, n = C_M \, \Phi_M^2 \, n = b_M \, n. \tag{8}$$

Außer dem Stahlmagneten wirken beim Induktionszähler noch dämpfend das Spannungsfeld Φ_K und das Stromfeld Φ_J. Es ergibt sich analog die „Spannungsdämpfung":

$$B_K = C_2 \, \Phi_K^2 \, \vartheta \, \varkappa \, n = C_K \, \Phi_K^2 \, n = b_K \, n \tag{9}$$

und die „Stromdämpfung":

$$B_J = C_3 \, \Phi_J^2 \, \vartheta \, \varkappa \, n = C_J \, \Phi_J^2 \, n = b_J \, n. \tag{10}$$

Das gesamte Bremsmoment ist also:

$$B = B_M + B_K + B_J \tag{11}$$

und der Bremsfaktor

$$b = b_M + b_K + b_J. \tag{12}$$

Die durch Φ_K und Φ_J in der Scheibe induzierten Bremsströme haben einen ähnlichen Verlauf, wie die durch den Magneten hervorgerufenen (Fig. 6), nur sind es hier Wechselströme, beim Magneten dagegen Gleichströme.

Da im stationären Zustande $B = D$ sein muß, so ergibt sich unter Berücksichtigung der oben gefundenen Werte der einzelnen Größen (Gleichungen 6, 11; 8 bis 10) und unter der Voraussetzung, daß die Reibung gleich Null ist,

$$C_M \, \Phi_M^2 \, n + C_K \, \Phi_K^2 \, n + C_J \, \Phi_J^2 \, n = d \cdot K J \cos \varphi.$$

Daraus folgt:

$$n = \frac{d \cdot K J \cos\varphi}{C_M \, \Phi_M^2 + C_K \, \Phi_K^2 + C_J \, \Phi_J^2} = \frac{d \cdot K J \cos\varphi}{b_M + b_K + b_J} = \frac{d}{b} \cdot K J \cos\varphi. \quad (13)$$

Wir nehmen vorläufig an, daß die Betriebsspannung K, also auch b_K konstant sei. Dann ist, wie man aus Gl. (13) ersieht, die Drehzahl n proportional der zu zählenden Leistung, falls b_J, welches sich mit Φ_J, also J^2 ändert, klein ist gegen $b_M + b_K$. Dieses läßt sich erreichen durch möglichst kleines b_J und dadurch, daß man den Zähler durch den Stahlmagneten möglichst stark abdämpft (großes b_M, kleine Drehzahl).

Man beachte, daß d, b_M, b_K, b_J sämtlich die Dicke ϑ und Leitfähigkeit $\varkappa$ der Scheibe als Faktoren enthalten, so daß n von ϑ und $\varkappa$ unabhängig ist.

3. Diagramm des Spannungskreises. Damit Φ_J gegen Φ_K bei induktionsloser Belastung um 90° verschoben ist, muß der Winkel χ (Fig. 28), um den Φ_K gegen K zurückbleibt, etwas mehr als 90°, nämlich $\chi = 90 + \psi_J$, betragen.

Fig. 32 zeigt nochmals das Spannungseisen des W-Zählers, *18* ist eine ebenfalls aus dünnen Eisenblechen bestehende magnetische Brücke, *19* eine Sekundärwicklung, welche über den regelbaren, induktionslosen Widerstand R geschlossen werden kann.

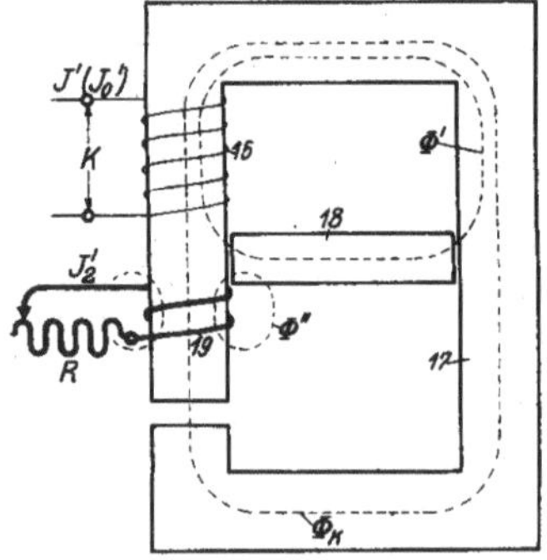

Fig. 32. Spannungseisen eines *W*-Zählers.

Wir wollen uns an dem Diagramm des Spannungskreises (Fig. 33) klar machen, wie die „90°-Verschiebung" erreicht werden kann. Behufs einfacherer Behandlung im Diagramm nehmen wir an, daß die Sekundärspule *19* die gleiche Windungszahl s' wie die Spannungsspule *15* habe, obwohl in der Praxis ihre Windungszahl bedeutend kleiner ist. Zunächst sei die Brücke noch nicht eingesetzt und der Sekundärkreis noch nicht geschlossen.

Das Diagramm des Spannungskreises entspricht vollständig dem des Transformators (siehe V, 8). Auch hier wollen wir bei unseren Betrachtungen den Spannungstriebfluß Φ_K konstant halten. Der zur Erzeugung des Spannungstriebflusses Φ_K nötige Magnetisierungsstrom J'_m setzt sich mit dem umgeklappten Wattstrom J'_w, der in der Spannungsspule fließen muß, um die Hysteresis- und Wirbelstromverluste im Spannungseisen sowie die Scheibenströme J_K zu kompensieren, zu J'_0 zusammen; die Klemmenspannung K_0 erhält man, indem man die durch J'_0 in der Spannungsspule verursachten Abfälle $J'_0 R'$ und $J'_0 X'$ an die von Φ_K darin induzierte Spannung $(-E')$ ansetzt.

Man erkennt, daß der Winkel χ_0, um den die Klemmenspannung K_0 gegen das Feld Φ_K voreilt, weniger als $90°$ beträgt. Der Ohmsche Abfall $J'_0 R'$ in der Spannungswicklung ist die Ursache davon. $J'_0 R'$ schiebt nämlich K_0 nach links, verkleinert also χ_0, während die durch das primäre Streufeld Φ' verursachte Streuspannung $J'_0 X'$ auf Vergrößerung von χ_0 hinwirkt; falls J'_0 eine Voreilung gegen Φ_K besitzt, läßt sich durch genügend große Streuspannung eine Klemmenspannung K' erzielen, welche um mehr als $90°$ gegen Φ_K voreilt; die erforderliche Streuspannung

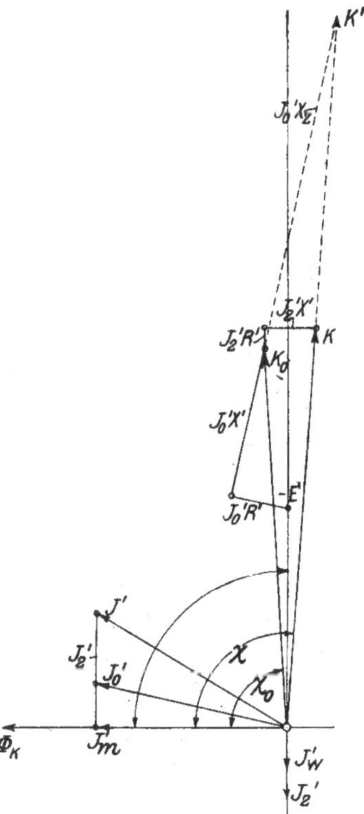

Fig. 33. Diagramm des Spannungskreises (Φ_K = const). 1 mm = 2,5 V. 1 mm = 1,5 mA. 1 mm = 200 Kraftlinien (Scheitelwert).

ist um so kleiner, je mehr J'_0 gegen Φ_K voreilt. Durch Erhöhung der Streuspannung um den Wert $J'_0 X_Z$ — also der Streureaktanz um X_Z — kommen wir im Diagramm zur Klemmenspannung K', die um $\chi > 90°$ gegen Φ_K voreilt; dabei ist $K' > K_0$. Eine Erhöhung der Reaktanz kann erreicht werden durch Einbauen der magnetischen Brücke *18* oder durch Vorschalten einer Drossel vor die Spannungsspule. Im Diagramm haben wir $J'_0 (X' + X_Z)$ senkrecht zu $J'_0 R'$ gezeichnet. Dieses setzt voraus, daß Φ'

mit J' in Phase ist, d. h. daß das Streufeld keine Verluste verursacht. Sind solche vorhanden, so bilden die genannten Vektoren einen Winkel, der größer ist als $90°$; daraus folgt: Die erforderliche Streuspannung ist um so größer, je größer die Verluste im Streufeld sind. Überschreiten diese eine gewisse Größe, so ist die Erzielung einer Verschiebung von $90°$ oder darüber nicht mehr möglich.

Wir wollen jetzt die Brücke, bzw. Vorschaltdrossel wieder entfernen und die nötige Verschiebung dadurch herbeiführen, daß wir die Sekundärspule *19* über den Widerstand R schließen; Φ_K — also J'_m und J'_w — halten wir auch hier konstant. Es entsteht der Sekundärstrom J'_2. Infolge des sekundären Streufeldes Φ'', welches dieselbe Wirkung hat, als wenn dem Widerstand R eine Drosselspule vorgeschaltet wäre, bleibt J'_2 gegen E_2 in der Spule *19* um einen kleinen Winkel φ'_2 zurück. Wir wollen aber, um die Betrachtung zu vereinfachen, annehmen, daß dieser infolge des Überwiegens des Ohmschen Abfalls vernachlässigbar klein sei und zeichnen daher J'_2 um $90°$ nacheilend gegen Φ_K. Wir erhalten, indem wir die Abfälle, welche der J'_2 entsprechende Strom in der primären Wicklung hervorbringt, an K_0 ansetzen, die Klemmenspannung K; diese eilt, wenn wir J'_2 durch Regeln von R entsprechend einstellen, gegen Φ_K um denselben Winkel χ vor. Die beabsichtigte Wirkung (Verschiebung der Klemmenspannung nach rechts) wird durch $J'_2 X'$, die Streuspannung die J'_2 in der Primärwicklung erzeugt, hervorgebracht[1]).

Wir erkennen, daß, da der Ohmsche Widerstand R' der Spannungsspule nie Null sein kann, eine Verschiebung $\chi \geqq 90$ bei unserem Zähler nur bei gleichzeitigem Vorhandensein von Streuung und Wattstrom (J'_w, J'_2) möglich ist[2]).

Dem Diagramm Fig. 33, welches für $\nu = 50$ und $\Phi_K = 7000$ Kraftlinien gezeichnet ist, liegen folgende Daten der Spannungsspule zugrunde:

---

[1]) Es würde übrigens keinerlei Schwierigkeiten machen, die Verschiebung $E_2 | J'_2 = \varphi'_2$ zu berücksichtigen. Es wäre dann das kleine Dreieck mit den Katheten $J'_2 R'$, $J'_2 X'$ um φ'_2 entgegen dem Uhrzeiger gedreht zu zeichnen; man benötigte also für die $90°$ Verschiebung ein größeres J'_2 als bei verschwindend kleiner Streureaktanz.

[2]) Herstellung der $90°$ Verschiebung mittels des Stromeisens, siehe VI, 4.

$s' = 4200$ Windungen, $q' = 0,018$ mm^2 (Drahtquerschnitt)

$R' = 500\ \Omega$

$X' = 1260\ \Omega$ (Streureaktanz bei $\nu = 50$)

$J_m' = 0,0353\ A$ bei $\Phi_K = 7000$

$J_w' = 0,0080\ A$ bei $\nu = 50$ und $\Phi_K = 7000$

und daher

$$J_0' = \sqrt{J_m'^2 + J_w'^2} = 0,0362\ A.$$

Diese Daten entsprechen dem Spannungseisen ohne magnetische Brücke und ohne Sekundärstrom ($\chi_0 \approx 86^\circ$).

Es ist im Diagramm[1])

$$\chi = 94^\circ.$$

Das Spannungsfeld hätte also die richtige Lage, falls ψ_J bei dem Zähler 4° beträgt.

Diese Verschiebung $\chi = 94^\circ$ wurde erreicht, indem entweder die Streureaktanz

$$X_Z = 2800\ \Omega \quad \text{bei} \quad \nu = 50$$

oder der Sekundärstrom

$$J_2' = 0,0127\ A$$

hinzugefügt wurde.

Es ergibt sich für den gleichen Triebfluß Φ_K im ersten Fall

$$K' = 214\ V \qquad \measuredangle K'\,|\,J_0' = 82^\circ,$$

im zweiten

$$K = 120\ V \quad J' = 0,0413\ A \quad \measuredangle K\,|\,J' = 64^\circ.$$

Der Effektverbrauch N' im Spannungskreis ist

$$214 \cdot 0,0362 \cos 82^\circ = 1,07\ W \text{ im ersten,}$$

$$120 \cdot 0,0413 \cos 64^\circ = 2,18\ W \text{ im zweiten Fall.}$$

Die zweite Methode ist also ungünstiger, weil der Effektverbrauch in der Sekundärspule hinzukommt, und weil außerdem der Verlust in dem Widerstand R' der Spannungsspule infolge des größeren Spannungsstroms ($J' > J_0'$) größer ist.

---

[1]) Behufs Abmessung der einzelnen Größen ist es zweckmäßig, das Diagramm nochmals größer aufzuzeichnen. K und χ können auch aus den Formeln S. 99 (Anmerkung 2) berechnet werden.

In der Praxis wird allerdings der Verlust im ersteren Fall etwas größer als 1,07 W ausfallen, weil in der magnetischen Brücke auch kleine Verluste auftreten.

Es sei bemerkt, daß wir den Zähler mit zusätzlicher Streuung ($K' = 214\ V$) durch Änderung der Windungszahl und des Drahtquerschnittes der Spannungsspule für 120 V einrichten können, ohne daß sich Φ_K oder N' ändert (s. VI, 11, A).

Wollen wir ein Spannungstriebfeld $\Phi_K = 14\,000$ erzeugen, welches also doppelt so groß ist, so ist, wenn dabei die magnetischen Widerstände der Trieb- und der Streufelder[1]) ungeändert bleiben, J_m sowie Φ' und Φ'' doppelt so groß. Dasselbe gilt dann von allen induzierten Spannungen und den Strömen J_2' und J_w' [2]), also auch von allen Ohmschen Abfällen: Das Diagramm gilt auch

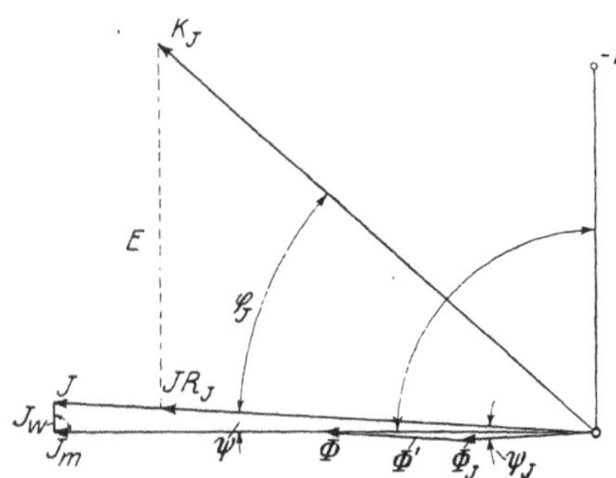

Fig. 34. Diagramm des Stromeisens.
1 mm = 0,005 V. 1 mm = 0,1 A. 1 mm = 100 Kraftlinien.

für $\Phi_K = 14\,000$, wenn man der Längeneinheit sowohl für Ströme wie für Spannungen jetzt den doppelten Wert beimißt. Φ_K wächst proportional mit K, der Effektverbrauch N' mit K^2, also auch Φ_K^2.

4. Diagramm des Stromeisens. Fig. 34 stellt das Diagramm des Stromeisens eines 5 A-Zählers bei Nennstrom und $\nu = 50$ dar. Ähnliche Verhältnisse wie die gewählten kommen bei modernen W-Zählern vor. Die Stromwicklung habe $s_J = 30$ Windungen und $R_J = 0{,}04\ \Omega$ und werde bei $J = 5$ Amp. von einem Fluß

---

[1]) Bei Zählern mit magnetischer Brücke (*18*) ist dies gewöhnlich nicht erfüllt; es steigt vielmehr der magnetische Widerstand $\mathfrak{R}'$ der Brücke mit steigendem Φ_K, indem die Brücke (*18*) kleineren Luftspalt und größere Sättigung besitzt als das Triebeisen; Φ' wächst langsamer als Φ_K; letzteres trifft auch für Zähler mit stark gesättigter Vorschaltdrossel zu (siehe hierzu auch S. 72).

[2]) Nur für legiertes Blech (siehe S. 72); bei gewöhnlichem Blech steigt J_w' etwas langsamer als Φ_K. Falls jedoch der Effektverlust durch Hysteresis klein ist gegen den durch Sekundärströme (J_2', J_K, Wirbelströme im Spannungseisen) verursachten, wird der durch unsere Annahme $J_w' \sim \Phi_K$ im Endresultat auftretende Fehler klein sein.

$\Phi = 2500$ durchsetzt, der um $\psi = 2{,}9°$ gegen J nacheilt[1]). Daraus ergibt sich

$$J_m = 5 \cdot \cos 2{,}9° = 4{,}993 \approx 5 \; A$$

$$J_w = 5 \cdot \sin 2{,}9° = 0{,}254 \; A,$$

wobei J_m den dem magnetischen Widerstande entsprechenden Magnetisierungsstrom, J_w den Wattstrom bedeutet, der in der Stromspule fließen muß, um die Hysteresis- und Wirbelstromverluste im Eisen sowie die Scheibenströme J_J zu kompensieren. J_m und J_w setzen sich zu dem Verbrauchsstrom

$$J = 5 \; A$$

zusammen. Φ ist mit J_m in Phase und induziert in der Stromspule

$$E = 4{,}44 \cdot 2500 \cdot 30 \cdot 50 \cdot 10^{-8} = 0{,}167 \; V;$$

aus $E = 0{,}167$ und $J\,R_J = 5 \cdot 0{,}04 = 0{,}2 \; V$ ergibt sich aus dem Diagramm die Spannung an den Klemmen der Stromspule

$$K_J = 0{,}265 \; V.$$

welche um

$$\varphi_J = 38°$$

gegen den Verbrauchsstrom J voreilt.

Der Effektverlust durch Stromwärme in der Wicklung beträgt

$$0{,}04 \cdot 5^2 = 1{,}0 \; W,$$

der durch Hysteresis und Wirbelströme im Stromeisen und durch Scheibenströme J_J

$$N_{J,0} = J_w E = 0{,}254 \cdot 0{,}167 = 0{,}042 \; W.$$

Der ganze von den Stromspulen aufgenommene Effekt also

$$N_J = 1{,}00 + 0{,}042 = 1{,}042 \; W;$$

der letztere Wert ist natürlich auch gleich

$$K_J J \cos \varphi_J = 0{,}265 \cdot 5 \cdot \cos 38°.$$

Der Fluß Φ in der Spule teilt sich in zwei Komponenten, den durch die Scheibe gehenden Triebfluß Φ_J und den Streufluß Φ'.

---

[1]) Φ und ψ können mit dem Wechselstromkompensator bestimmt werden (siehe auch X, 2).

Ersterer bleibt, da er durch die Scheibe belastet ist, gegen letzteren und gegen Φ zurück. Der Triebfluß Φ_J ist also kleiner als Φ und bleibt um

$$\psi_J > \psi$$

gegen J zurück.

Wenn man das Stromeisen entsprechend Fig. 35 ausbildet, nämlich zum Pfad des Triebflusses Φ_J einen Pfad parallel schaltet,

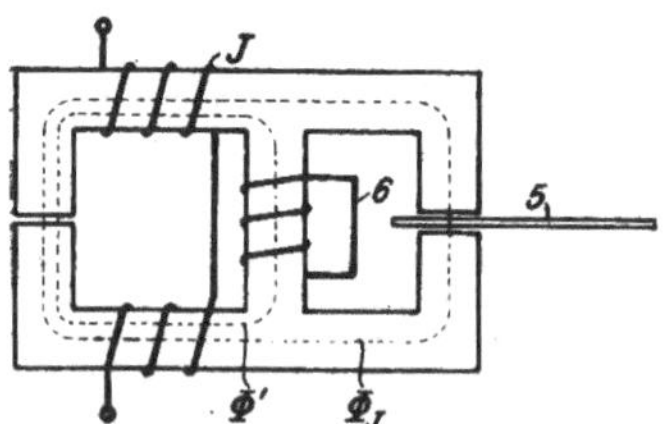

Fig. 35. Stromeisen mit starkbelastetem magnetischen Nebenschluß.

der durch eine Kurzschlußwicklung *6* stärker belastet ist als der Triebfluß durch die Scheibe *5*, so kann man, falls der magnetische Widerstand des unverzweigten Pfades einen gewissen Wert überschreitet, erreichen, daß Φ_J gegen dem Verbrauchsstrom J voreilt[1]. Eilt Φ_J z. B. um 5° vor gegen J, so ist die 90°-Verschiebung erreicht, wenn $\chi = 85°$. Beim Wechselstromzähler der A.E.G. wird die 90°-Verschiebung auf diese Art erzielt. Die Kurzschluß-wicklung *6* besteht aus zwei Ringen, durch deren Verschiebung die genaue Einstellung erfolgt.

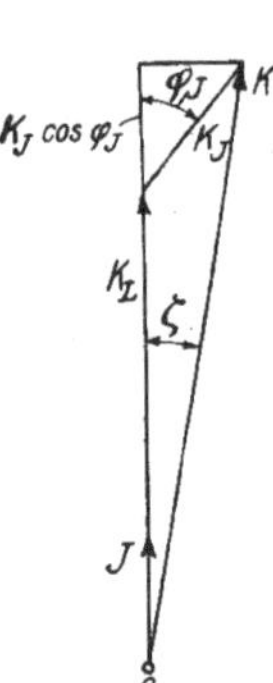

Fig. 36. Lage der Spannungen K_L, K_J und K (s. Fig. 27).

Die Spannung K vor dem Zähler (siehe Fig. 27) ist die geometrische Summe der Lampen-spannung K_L und des Abfalles K_J der Stromspule.

Fig. 36 zeigt die gegenseitige Lage von K_L, K_J und K bei induktionsloser Belastung; K_J ist der Deutlichkeit halber übertrieben groß gewählt. Man sieht, daß auch bei Glühlampen-belastung infolge der Selbstinduktion der Strom-spule der Strom J gegenüber der Spannung K vor dem Zähler eine kleine Nacheilung ζ hat. Da jedoch K_J nur etwa 1% von K_L beträgt, ist ζ vernachlässigbar klein. Es sei bemerkt, daß bei Glühlampenbelastung von K_J nur die Komponente $K_J \cos \varphi_J$ als Spannungsabfall in die Erscheinung tritt; denn man kann in der Gleichung

$$K \cos \zeta = K_L + K_J \cos \varphi_J,$$

---

[1] Wie Schmiedel gezeigt hat.

die sich aus Fig. 36 ergibt, $\cos \zeta = 1$ setzen, und es ist daher der merkbare Spannungsabfall

$$K - K_L = K_J \cos \varphi_J \,.$$

$K_J \cos \varphi_J$ ist, wie man sich leicht überzeugen kann, annähernd gleich dem Ohmschen Abfall $J\, R_J$.

5. Hilfskraft. Auch beim W-Zähler ist eine Hilfskraft zur Verbesserung der Lastkurve erforderlich (siehe VI, 6). Eine solche

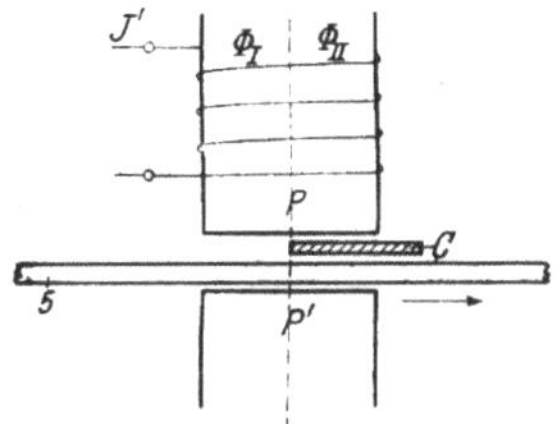

Fig. 37. Erzeugung eines Spannungstriebs mittels einer Kupferplatte C.

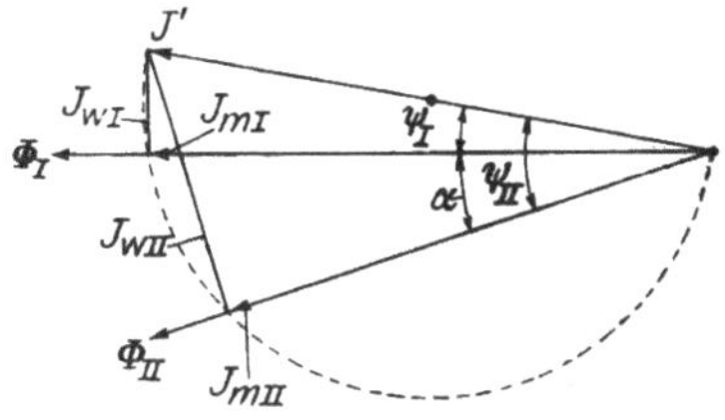

Fig. 38. Diagramm zu Fig. 37.

läßt sich auf drei Arten mittels des Spannungsflusses in sehr bequemer Weise hervorbringen:

a) Wir ordnen nach Fig. 37 zwischen den Polen P und P' des Spannungseisens eine Kupferplatte C an[1]), welche einen Teil der Polfläche — wir wollen annehmen die Hälfte — bedeckt oder legen um einen Teil des Polquerschnittes einen Kupferring herum. Infolge der höheren Belastung bleibt, wie aus der

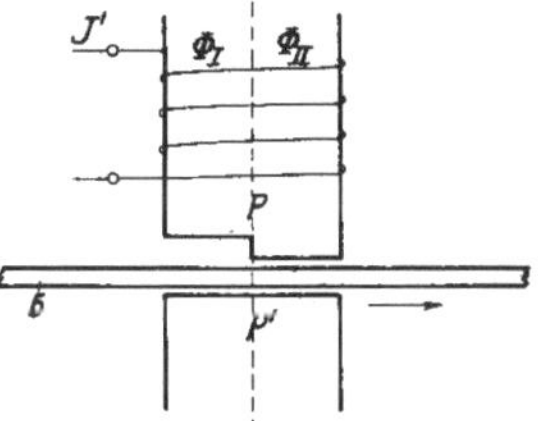

Fig. 39. Erzeugung eines Spannungstriebs mittels abgestuften Pols; der magnetische Widerstand ist auf der rechten Seite kleiner als auf der linken ($\mathfrak{R}_I > \mathfrak{R}_{II}$).

Fig. 38 zu ersehen ist, der Fluß Φ_{II} im abgedeckten Teil gegen den Fluß Φ_I um den Winkel $\alpha = \psi_{II} - \psi_I$ in der Phase zurück. ψ_I und ψ_{II} sind die Winkel zwischen den Flüssen und dem Strom J'. Der magnetische Widerstand $\mathfrak{R}$ ist für die Wege beider Flüsse gleich. Die Scheibe dreht sich nach rechts.

b) Der Luftspalt sei rechts kleiner als links (Fig. 39). Die Belastung beider Felder ist dieselbe, dagegen ist $\mathfrak{R}_I > \mathfrak{R}_{II}$. Da-

---

[1]) 5 bedeutet die Zählerscheibe.

her ist $\operatorname{tg}\psi_I < \operatorname{tg}\psi_{II}$. Φ_{II} eilt Φ_I nach, die Scheibe dreht sich nach rechts.

Zu a) und b) siehe S. 69 (Fußnote 1).

c) Seitlich von dem Spannungseisen ist ein Eisenstift X angeordnet (Fig. 40). Die Scheibe bewegt sich vom Pol nach X zu, denn sie wirkt zufolge der Ströme J_K wie eine stromdurchflossene Spule und X sucht sich in das dichtere Feld hineinzubewegen.

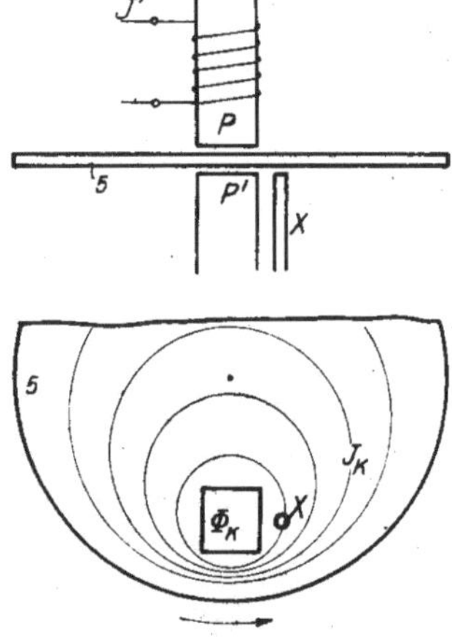

Fig. 40. Erzeugung eines Spannungstriebs mittels des Eisenstiftes X.

Die betrachteten Einrichtungen a), b) und c) müssen natürlich so ausgeführt werden, daß die Hilfskraft regelbar ist.

Bei a) und c) macht man deshalb die Kupferplatte C bzw. den Eisenstift X verstellbar, bei b) kann man den Gegenpol P' als drehbaren, schief abgeschnittenen Zylinder ausbilden. Die Kraft ist in dem keilförmigen Luftraum nach dem engsten Teil desselben hin gerichtet; durch Drehen des Zylinders kann das Drehmoment von einem positiven Maximum über Null zu einem negativen Maximum geändert werden.

Infolge ungenauer Fabrikation besitzen die Spannungseisen meist kleine Unsymmetrien, z. B. nicht parallele Polflächen usw., welche ähnlich wie die obigen Einrichtungen Triebe in der einen oder anderen Richtung hervorrufen, wenn nur das Spannungseisen eingeschaltet ist („Spannungs-Vor- oder Rücktrieb"). Bisweilen sind diese Triebe so stark, daß sie den Zähler in Bewegung setzen („Spannungsleerlauf"). Ähnliche Unsymmetrien kommen auch beim Stromeisen vor, wodurch dann Triebe auftreten, wenn das Stromeisen allein eingeschaltet ist („Strom-Vor- oder Rücktrieb", „Stromleerlauf").

6. Lastkurve.

Beim *W*-Zähler wird die Proportionalität zwischen der Drehzahl n und der zu zählenden Leistung N gestört

a) durch die Reibung;

b) dadurch, daß der Bremsfaktor b (s. S. 80) nicht konstant ist;

c) dadurch, daß der Stromtriebfluß Φ_J nicht proportional J und daß ψ_J nicht genau konstant, also das Drehmoment nicht proportional mit J ist.

Zu den einzelnen Punkten sei folgendes bemerkt:

a) Die Reibung macht sich in derselben Weise bemerkbar, wie wir dies beim G-Zähler kennen lernten, jedoch ist ihr Betrag nur etwa $^1/_3$ so groß, weil die Bürsten fehlen, das System leichter ist und durch das Spannungsfeld stets etwas erschüttert wird. Die durch die Reibung verursachten Fehler können wieder durch die Hilfskraft praktisch ausgeglichen werden.

b) Der Bremsfaktor $b = b_M + b_K + b_J$ ist nicht konstant, da b_J vom Verbrauchsstrom abhängt, und zwar, wie wir gesehen haben, steigt b_J mit Φ_J^2, also praktisch auch mit J^2. Die Stromdämpfung bewirkt ein Abfallen der Lastkurve bei hoher Last.

c) Wenn der Gesamtfluß Φ der Stromspule ausschließlich in Luft verliefe, wären die Magnetisierungsströme und, da dann die Verluste nur aus den Scheibenströmen, die Φ_J proportional sind, bestünden, auch die Wattströme den Flüssen proportional. Die Diagramme des Stromeisens (Fig. 34) wären dann für alle Belastungen J einander geometrisch ähnlich. Es wäre Φ_J proportional J und $\psi_J = \text{const}$, wie wir bei unseren früheren Betrachtungen (S. 77 und 76) angenommen hatten.

Infolge des Eisens, das man in den Stromspulen behufs Erhöhung des Drehmomentes verwendet, besteht zwischen dem Flusse Φ, dem Magnetisierungsstrom J_m und dem Wattstrom J_w, also auch dem Verbrauchsstrom J (s. Fig. 34) keine strenge Proportionalität und es ist ψ nicht genau konstant, sondern ändert sich etwas mit der Belastung J. Meist arbeitet man mit geringer Eisensättigung, also im unteren Teil der Magnetisierungskurve, in der die Permeabilität μ mit Φ steigt, in der also Φ schneller wächst als J_m. Gewöhnlich wächst Φ auch schneller als J_w (s. S. 72).

Das eben für den Gesamtfluß Φ Gesagte gilt auch für den Triebfluß Φ_J, der proportional mit Φ, oft aber noch etwas schneller wächst. (Gesättigter Nebenschluß im Stromfeld.) Es steigt also beim W-Zähler das Drehmoment D in der Regel schneller als der Verbrauchsstrom J.

Wir untersuchen nun an einem Beispiel den Einfluß der eben erwähnten Erscheinungen auf die Lastkurve und zeigen, wie diese verbessert werden kann. Wir nehmen dazu einen Zähler für $K_\mathfrak{N} = 120\ V$, $J_\mathfrak{N} = 10\ A$, $\nu_\mathfrak{N} = 50$. Es sei $K = K_\mathfrak{N} = \text{const}$, $\nu = \nu_\mathfrak{N} = \text{const}$ und zunächst $\cos \varphi = 1$.

Für unseren Zähler sei für $J = 10\ A$ der Bremsfaktor des Stromflusses $b_J = 0{,}0072$[1]), und das hemmende Moment r der Reibung habe die Werte der folgenden Tabelle:

Tabelle.

n	r cmg
60	0,0260
40	0,0215
30	0,0200
20	0,0185
10	0,0175
4	0,01745
2	0,01745

Ferner sei an dem stillstehenden Zähler das Drehmoment D für verschiedene J gemessen und dabei das in den Spalten I, II, III der folgenden Tabelle verzeichnete Resultat erhalten worden; mit abnehmendem J fällt $\dfrac{D}{\eta'}$ infolge der abnehmenden Permeabilität des Stromeisens.

Wenn wir den Wert des Drehmomentes $D = 7{,}32$ bei $\eta' = 1$ als richtig annehmen, so ist der Sollwert des Drehmomentes bei der Belastung $\eta'\ D_\mathfrak{S} = 7{,}32 \cdot \eta'$; sein prozentualer Fehler

$$\varDelta_D = \left(\frac{D}{D_\mathfrak{S}} - 1\right)100 = \left(\frac{D}{7{,}32 \cdot \eta'} - 1\right)100\%$$

ist in Spalte IV eingetragen. Spalte V gibt das hemmende Moment r

---

[1]) b_J kann nach Schmiedel (Elektrotechnik und Maschinenbau 1911, S. 955 und 978), durch Auslaufsversuche ermittelt werden. Man stellt einen solchen an (Bremsmagnet abgenommen), wenn keines der beiden Triebeisen erregt ist und erhält so r in Abhängigkeit von n. Dann wiederholt man den Versuch, wenn das Stromeisen mit einer bestimmten Stromstärke J erregt ist und erhält jetzt $r + b_J\, n$ bei der Stromstärke J und durch Subtraktion b_J in Abhängigkeit von n.

Tabelle.

I	II	III	IV	V	VI	VII	cos $\varphi = 0,5$	
							VIII	IX
$\eta' = \dfrac{J}{J_\mathfrak{N}}$	D	$\dfrac{D}{\eta'}$	$\varDelta_D = \left(\dfrac{D}{7,32\,\eta'} - 1\right)100$	r [1]	$\varDelta_r = -\dfrac{r}{7,32\,\eta'} \cdot 100$	$\varDelta_d = -4,1\,\eta'^2$	r_{60} [2]	$\varDelta_{r\,60} = -\dfrac{r}{3,66\,\eta'} \cdot 100$
	cmg		%	cmg	%	%	cmg	%
1,50	11,05	7,37	$+ 0,68$	0,0260	$- 0,24$	$- 9,24$	0,02	$- 0,37$
1,00	7,32	7,32	0,0	0,0215	$- 0,29$	$- 4,1$	0,0185	$- 0,51$
0,75	5,45	7,27	$- 0,68$	0,0200	$- 0,37$	$- 2,3$	0,0179	$- 0,65$
0,50	3,60	7,20	$- 1,64$	0,0185	$- 0,51$	$- 1,02$	0,0175	$- 0,96$
0,25	1,75	7,02	$- 4,1$	0,0175	$- 1,0$	$- 0,256$	0,0175	$- 1,91$
0,10	0,68	6,81	$- 6,95$	0,01745	$- 2,4$	$- 0,0041$	0,0174	$- 4,75$
0,05	0,335	6,70	$- 8,45$	0,01745	$- 4,8$	0	0,0174	$- 9,5$
0,025	0,175	6,65	$- 9,1$	0,01745	$- 9,6$	0	0,0174	$- 17,0$

der Reibung in cmg, Spalte VI in Prozenten von $D_\mathfrak{S}$, wenn der Zähler bei $\eta' = 1$ die Drehzahl 40 hat.

Letzteres führen wir durch Einstellung des Bremsmagneten herbei, es ist dann der Bremsfaktor b bei $10\,A$:

$$b = C_M\,\varPhi_M^2 + C_K\,\varPhi_K^2 + C_J\,\varPhi_J^2 = \frac{7,32}{40} = 0,183\,.$$

Da bei $J = 10\,A$ wie oben angenommen

$$b_J = C_J\,\varPhi_J^2 = 0,0072$$

ist, muß

$$C_M \cdot \varPhi_M^2 + C_K \cdot \varPhi_K^2 = 0,183 - 0,0072 \approx 0,176$$

sein.

Die Stromdämpfung beträgt bei Nennstrom ($\eta' = 1$)

$$\frac{0,0072}{0,176} \cdot 100 = 4,1\,\%$$

der konstanten Dämpfung; bei der Belastung η', da wir hierbei $\varPhi_J$ proportional J setzen können, $4,1 \cdot \eta'^2\,\%$ (Spalte VII der Tabelle).

---

[1] $n \approx 40 \cdot \eta'$.

[2] $n \approx 20 \cdot \eta'$.

Unser Zähler verhält sich also gegen einen idealen Zähler, dessen Dämpfungsfaktor 0,176, dessen Drehmoment $7,32\,\eta'$ und dessen Reibung und Stromdämpfung Null ist, so, als ob er infolge der veränderlichen Permeabilität und der Reibung ein um $\varDelta_D$ bzw. $\varDelta_r$ Prozent und infolge der Stromdämpfung annähernd[1]) so, als wenn er ein um $\varDelta_d = -4,1\,\eta^2\%$ falsches Drehmoment hätte. Sein Gesamtfehler gegen den idealen Zähler beträgt praktisch

$$\varDelta = \varDelta_D + \varDelta_r + \varDelta_d\,.$$

Der Verlauf der Einzelfehler sowie des Gesamtfehlers $\varDelta$ ist aus Fig. 41 bzw. 42 zu ersehen.

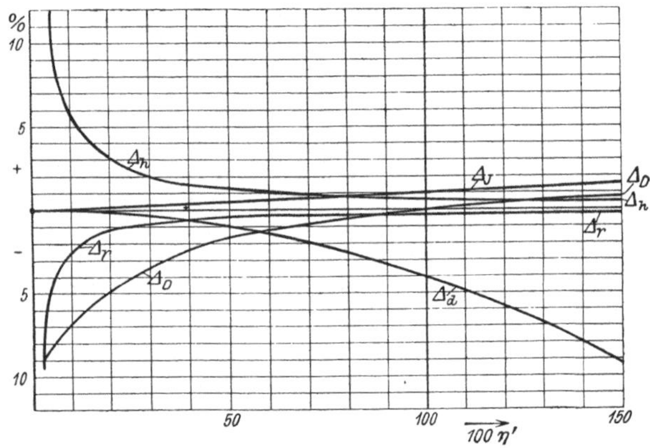

Fig. 41. Prozentualer Einfluß von Permeabilität ($\varDelta_D$), Reibung ($\varDelta_r$), Stromdämpfung ($\varDelta_d$), Hilfskraft ($\varDelta_h$), Stromvortrieb ($\varDelta_J$) auf die Lastkurve.

Um die Minusfehler bei kleiner Belastung zu beseitigen, fügen wir eine Hilfskraft h hinzu. Bei $^1/_{10}$-Last liegt $\varDelta$ in der Figur um fast 5 Einheiten (%) tiefer als bei Nennlast. Wir wollen h so wählen, daß $\varDelta'$ bei $^1/_{10}$-Last um 5,5, also (siehe III, 7) bei Nennlast um 0,55 Einheiten gehoben wird; dann ist der Fehler an beiden Punkten ungefähr der gleiche. Die Hilfskraft muß dazu sein:

$$h = \frac{7,32}{10} \cdot \frac{5,5}{100} = 0,0403\ \text{cmg}.$$

---

[1]) Siehe die Gleichungen am Schlusse dieses Unterabschnittes.

Ihr prozentualer Einfluß

$$\Delta_h = \frac{0,0403}{7,32\,\eta'} \cdot 100$$

sowie

$$\Delta' = \Delta + \Delta_h$$

ist in Fig. 41 bzw. 42 eingezeichnet.

Bei $\eta < 0,1$ nimmt Δ_h, welches behufs Ausgleich bei Zehntellast infolge der zu geringen Permeabilität viel größer gewählt werden mußte, als es die Reibung allein verlangt, sehr hohe

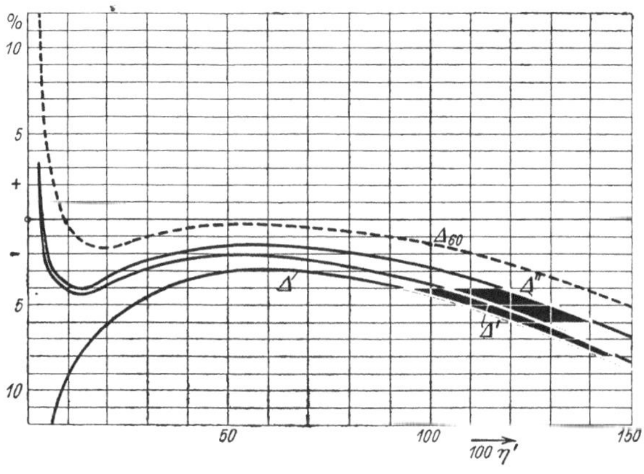

Fig. 42. Lastkurve.

Δ'' mit Hilfskraft und Stromvortrieb ⎫
Δ' „ „ ohne „   ⎬ $\cos\varphi = 1$
Δ ohne „ „ „   ⎭
Δ_{60} mit „ und „ $\cos\varphi = 0,5$

Werte an, während Δ_D nur mehr sehr wenig sinkt. Es steigt daher Δ' bei kleinen Lasten rasch an. Da $h > r$ ist, würde der Zähler leer laufen. Die W-Zähler müssen deshalb gleichfalls eine Hemmfahne erhalten (s. auch S. 22).

Um das von der Stromdämpfung herrührende Abfallen von Δ' bei hohen Belastungen zu verringern, bringen wir einen Stromvortrieb D_J, der Φ_J^2, also η'^2 proportional ist (siehe S. 98), hervor, indem wir z. B. Einrichtungen, wie sie unter VI, 5 für das Spannungseisen beschrieben sind, am Stromeisen anordnen.

Wir wollen Δ' bei Nennstrom um eine Einheit (%) heben; dann muß der Stromvortrieb bei Nennstrom 0,0732 cmg hervorbringen [1]). Er beträgt dann bei Zehntellast 0,000732 cmg und hebt also dort, wo $D_{\mathfrak{S}} = 0{,}732$, die Δ_D-Kurve um 0,1 Einheiten (%). Es ist in Fig. 41 der Einfluß des Stromvortriebes $\Delta_J = \eta'$, in Fig. 42 der Fehler mit Stromvortrieb $\Delta'' = \Delta' + \Delta_J$ eingetragen.

Wir bestimmen nun die Lastkurve, wenn unser mit Hilfskraft und Stromvortrieb versehener Zähler in eine Anlage mit $\varphi = 60°$ Verschiebung ($\cos \varphi = 0{,}5$) eingeschaltet ist; wir nehmen dabei an, daß Φ_J und Φ_K bei $\cos \varphi = 1$ genau um $90°$ gegeneinander verschoben sind; es ist dann das Drehmoment bei jedem η' die Hälfte desjenigen bei $\cos \varphi = 1$.

Es ist

$$D_{\mathfrak{S},60} = 0{,}5 \cdot 7{.}32\,\eta' = 3{,}66\,\eta'$$

und daher

$$\Delta_{J,60} = 2\,\eta',$$
$$\Delta_{h,60} = 2\,\Delta_h.$$

$\Delta_{r,60}$ ist aus Spalte IX der Tabelle S. 91 zu entnehmen.

Δ_D ist dasselbe wie bei $\cos \varphi = 1$, ebenso Δ_d.

Die Lastkurve Δ_{60} bei $\cos \varphi = 0{,}5$ ist in Fig. 42 eingezeichnet [2]).

Durch folgende Gleichungen gelangt man zu demselben Resultat wie durch vorstehende Überlegungen:

Für unseren Zähler mit der Hilfskraft h und dem Stromvortrieb $c_1 \cdot \eta'^2$ gilt die Gleichung

$$n = \frac{D - r + h + c_1\,\eta'^2}{0{,}176 + 0{,}0072 \cdot \eta'^2}$$

oder

$$n = 5{,}67 \frac{D - r + h + c\eta'^2}{1 + 0{,}041 \cdot \eta'^2} \approx 5{,}67\,(D - r + h + c\eta'^2)(1 - 0{,}041\,\eta'^2)\ [3]).$$

Wir dürfen auch schreiben:

$$n = 5{,}67\,(D\,(1 - 0{,}041\,\eta'^2) - r + h + c\eta'^2),$$

indem wir das Produkt $(- r + h + c_1\,\eta'^2)\,0{,}041\,\eta'^2$ vernachlässigen;

---

[1]) $D_J = c_1\,\eta'^2 = 0{,}0732\,\eta'^2$.

[2]) Man wird zweckmäßig χ etwas kleiner als $90° + \psi_J$ wählen, dann verschiebt sich Δ_{60} parallel mit sich etwas nach unten und kommt Δ'' näher: Der Zähler hat bei $\cos \varphi = 1$ und $\cos \varphi = 0{,}5$ fast den gleichen Fehler; schließlich kann man natürlich durch Verstellen des Bremsmagneten beide Kurven parallel nach oben verschieben, so daß die Abweichungen gegen den idealen Zähler geringer werden.

[3]) Siehe S. 27 Anm. Formel a.

da $(- r + h + c_1 \eta'^2)$ selbst nur eine Korrektion, ist der Fehler, wenn wir diese um einige Prozent falsch einsetzen, gering.

Für den idealen Zähler ist

$$n_{\mathfrak{S}} = 5,67 \cdot 7,32 \cdot \eta',$$

also die Abweichung unseres Zählers gegen diesen

$$\Delta'' = \left(\frac{n}{n_{\mathfrak{S}}} - 1\right) \cdot 100 = \left(\frac{D}{7,32 \cdot \eta'} (1 - 0,041 \cdot \eta'^2) - \frac{r}{7,32 \cdot \eta'} + \frac{h}{7,32 \cdot \eta'} \right. \\ \left. + \frac{c \cdot \eta'^2}{7,32 \cdot \eta'} - 1\right) 100\,\% \qquad (14)$$

$$\Delta'' = \left(\left(1 + \frac{\Delta_D}{100}\right)(1 - 0,041\,\eta'^2) - \frac{r}{7,32 \cdot \eta'} + \frac{h}{7,32 \cdot \eta'} + \frac{c \cdot \eta'^2}{7,32 \cdot \eta'} - 1\right) 100\,\%$$

$$\Delta'' \approx \Delta_D - 4,1 \cdot \eta'^2 - \frac{100 \cdot r}{7,32 \cdot \eta'} + \frac{100 \cdot h}{7,32 \cdot \eta'} + \frac{100 \cdot c \cdot \eta'}{7,32} \ {}^1) \qquad (15)$$

$$\Delta'' = \Delta_D + \Delta_d + \Delta_r + \Delta_h + \Delta_J \quad \text{wie oben.}$$

Bei $\cos \varphi = 0,5$ ist $n_{\mathfrak{S}}$ und daher der Nenner der vier Brüche in Gl. (14) halb so groß; der erste Bruch, und damit Δ_D und Δ_d, behält seinen Wert, da bei $\cos \varphi = 0,5$ auch D auf die Hälfte sinkt; der zweite Bruch und damit Δr, ist etwas weniger als doppelt so groß, da r wegen der geringeren Drehzahl fällt; der dritte und vierte Bruch, und damit Δ_h und Δ_J, ist doppelt so groß.

7. Falsche Phase des Spannungsflusses. Damit W-Zähler bei jedem Leistungsfaktor $(\cos \varphi)$ der zu messenden Anlage richtig zeigen, ist es nötig, daß Φ_K und Φ_J bei $\varphi = 0$ eine gegenseitige Phasenverschiebung von $90°$ haben. Denn das Drehmoment und die Drehzahl war, wenn K und J konstant, proportinal mit $\sin \sigma$, die zu zählende Leistung mit $\cos \varphi$. Damit beide für beliebige φ in demselben Verhältnis stehen, muß $\sigma = 90 - \varphi$ sein.

Es sollen die Verhältnisse untersucht werden, wenn die Verschiebung χ des Spannungsflusses um den Winkel δ falsch ist. Die Drehzahl des Zählers ist dann

$$n = C_1 K J \sin (90 + \delta - \varphi),$$

deren Sollwert

$$n_{\mathfrak{S}} = C_{\mathfrak{S}} K J \cos \varphi$$

$$\frac{n}{n_{\mathfrak{S}}} = \frac{C_1}{C_{\mathfrak{S}}} \frac{\sin (90 + \delta - \varphi)}{\cos \varphi}$$

$$= \frac{C_1}{C_{\mathfrak{S}}} \frac{\sin (90 - \varphi) \cos \delta + \cos (90 - \varphi) \sin \delta}{\cos \varphi} \qquad (16)$$

$$= \frac{C_1}{C_{\mathfrak{S}}} (\cos \delta + \operatorname{tg} \varphi \sin \delta)$$

${}^1)$ Siehe S. 27 Anm. Formel c, jedoch ε_2 mit Minuszeichen.

Der Fehler ist:

$$\varDelta = \left(\frac{n}{n_{\mathfrak{S}}} - 1\right) 100 = \left(\frac{C_1}{C_{\mathfrak{S}}}\, (\cos\delta + \operatorname{tg}\varphi \sin\delta) - 1\right) 100\,\% \qquad (17)$$

Wird der Zähler durch Verstellen des Bremsmagneten so eingestellt, daß er, trotz der Fehlverschiebung δ, bei $\cos\varphi = 1$ richtig zeigt $\left(\dfrac{n}{n_{\mathfrak{S}}} = 1 \ \text{für} \ \operatorname{tg}\varphi = 0\right)$, so folgt aus (16):

$$\frac{C_1}{C_{\mathfrak{S}}}\, \cos\delta = 1 \,.$$

$$\frac{C_1}{C_{\mathfrak{S}}} = \frac{1}{\cos\delta} \,.$$

Man erhält den Fehler für beliebige φ, indem man diesen Wert für $\dfrac{C_1}{C_{\mathfrak{S}}}$ in (17) einsetzt:

$$\varDelta = 100 \operatorname{tg}\delta \operatorname{tg}\varphi\,\% \approx 0{,}0291\, \delta^{(\prime)} \operatorname{tg}\varphi\,{}^1), \qquad\qquad (18)$$

da δ stets ein kleiner Winkel ist.

Der Fehler ist für positives δ (Feldverschiebung χ zu groß) stets positiv und umgekehrt.

Ein Zähler, dessen Feldverschiebung χ um $5°$ zu klein ist, dessen Bremsmagnet aber so eingestellt wurde, daß er bei $\varphi = 0$ richtig zeigt, hat bei

$\varphi = 0°$	$10°$	$30°$	$60°$
die Fehler $\varDelta = 0$	$-1{,}54$	$-5{,}04$	$-15{,}1\,\%$.

Der Einfluß der Fehlverschiebung ist also bei kleinem φ im Verbrauchsstromkreis gering und wächst sehr rasch mit φ.

${}^1)$ In einem Kreis mit dem Radius Eins entspricht einem Winkel von $\delta^{(\prime)}$ Minuten die Bogenlänge

$$\frac{2\,\pi}{360 \cdot 60}\, \delta^{(\prime)} = 0{,}000291\, \delta^{(\prime)} \,.$$

Da nun die Lote, welche Sinus und Tangens bedeuten, bei sehr kleinen Winkeln praktisch gleich dem Bogen sind, ist

$$\sin\delta \approx \operatorname{tg}\delta \approx 0{,}000291\, \delta^{(\prime)}$$

oder

$$\delta^{(\prime)} \approx 3440 \sin\delta \approx 3440 \operatorname{tg}\delta,$$

wenn $\delta^{(\prime)}$ den Winkel ausgedrückt in Minuten bedeutet.

8. Abnormale Spannung. Wir nehmen zuerst an, daß Φ_K proportional K ist, dann hat — wenn wir zunächst nur hohe Belastung in Betracht ziehen, bei welcher die Änderungen, die die Hilfskraft bei veränderlicher Spannung erfährt, keine Rolle spielen — das Drehmoment bei allen Spannungen den richtigen Wert, nicht aber die Drehzahl, weil der Bremsfaktor des Spannungsflusses $b_K = C_K\,\Phi_K^2$ bei abnormaler Spannung einen anderen Wert hat als bei der Eichspannung. Ist z. B.

$$b_M = C_M\,\Phi_M^2 = 0,2$$

und bei Nennspannung $(K = K_\mathfrak{N})$

$$b_K = C_K\,\Phi_K^2 = 0,01$$

— also 5% von b_M —, so ist, wenn wir die Stromdämpfung gleich Null setzen, der Bremsfaktor bei der Spannung K

$$b = 0,2 + 0,01\left(\frac{K}{K_\mathfrak{N}}\right)^2.$$

Die Dämpfung ist also bei einer um 10% zu hohen Spannung um

$$\left(\frac{0,2 + 0,01\cdot(1,1)^2}{0,2 + 0,01} - 1\right)100 \approx 1\%$$

zu groß, die Angaben des Zählers sind bei $K = 1,1\,K_\mathfrak{N}$ um 1% zu klein; die Eichgesetze mancher Länder verlangen, daß ein bei normaler Spannung richtig zeigender Zähler bei 10% Spannungsänderung höchstens 1% falsch zeigen darf. Um die Spannungsabhängigkeit klein zu halten, wählt man die Dämpfung durch den Stahlmagneten groß gegen diejenige des Spannungsfeldes.

Es gibt aber noch folgendes Mittel, welches Blathy vorschlug: Man dimensioniert den magnetischen Nebenschluß (Brücke 18 Fig. 32) so, daß er bei Nennspannung stark gesättigt ist. Erhöht man jetzt die Betriebsspannung K im Verhältnis γ, so erhöht sich der Gesamtfluß $(\Phi' + \Phi_K)$ in demselben Verhältnis, dagegen ändert sich die Verteilung: der durch die Brücke gehende Streufluß steigt weniger, der Triebfluß, also auch das Drehmoment, steigt mehr als im Verhältnis γ. Bei höherer Spannung ist also das Drehmoment verhältnismäßig zu groß; die Dämpfung ist, wie wir oben sahen, auch zu groß. Man kann die Verhältnisse so wählen, daß sich beide Einflüsse aufheben, die Drehzahl steigt dann im Verhältnis γ: der Zähler zeigt auch bei höherer Spannung richtig.

Wir betrachten nun die Änderungen, die die Hilfskraft mit Veränderung der Spannung erfährt.

Bei den Einrichtungen a) und b) (VI, 5) steigt Φ_I und Φ_{II} annähernd proportional mit K, α und ν bleiben ungeändert, also steigt die Hilfskraft ($\sim \Phi_I \Phi_{II} \nu \cdot \sin \alpha$) proportional mit K^2.

Es haben daher Induktionszähler, die bei zu hoher Spannung und bei Nennlast zu wenig zeigen — ähnlich wie die *G*-Zähler gewöhnlich bei geringer Belastung, wo die Hilfskraft eine Rolle spielt —, einen Plusfehler.

Bei allen Betrachtungen in diesem Unterabschnitt haben wir angenommen, daß χ ungeändert bleibt; trifft dieses nicht zu, so treten noch weitere Fehler, besonders bei induktiver Belastung, auf.

9. Abnormale Frequenz. Aus Gleichung (7) S. 77 folgt, daß das Drehmoment, also in erster Annäherung auch die Drehzahl dem Produkte $\Phi_K \Phi_J \nu \sin \sigma$ proportional ist. Wir halten in einer Anlage die Spannung K, den Strom J und den Leitungsfaktor $\cos \varphi$ konstant. Es bleibt dabei Φ_J praktisch konstant. Φ_K geht, da die Spannungswicklung im wesentlichen als eine Spule mit hoher Selbstinduktion und kleinem Ohmschen Abfall anzusehen ist, etwa im Verhältnis $\dfrac{1}{\nu}$ zurück (siehe S. 60). $\Phi_K \nu$ bleibt annähernd konstant. σ steigt mit steigendem ν, da die Verschiebung des Spannungs-

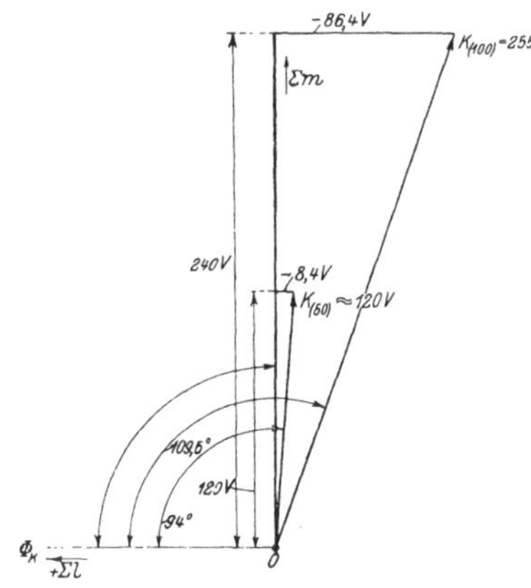

Fig. 43. K und χ bei $\nu = 50$ und $\nu = 100$ ($\Phi_K = \text{const}$).

stromes J' — und damit die von Φ_K — gegen die Spannung K steigt. Nach dieser Betrachtung, die jedoch nicht alle Einflüsse berücksichtigt, müßten, wenn man die Änderungen von σ vernachlässigt, was bei induktionsloser Belastung zulässig ist, die Angaben der *W*-Zähler unabhängig von der Frequenz sein; die tatsächlichen Verhältnisse liegen verwickelter und sollen im folgenden untersucht werden.

Der Zähler von Abschnitt VI, 3, bei dem die Verschiebung $\chi = 94°$ durch den Sekundärstrom J_2' erzielt wurde, sei bei $\nu = 50$ und $120\,V$ genau geeicht; wir betreiben ihn jetzt mit $120\,V$ bei $\nu = 100$.

Wir bestimmen zuerst Φ_K und χ bei $K = 120\ V$ und $\nu = 100$.
Wenn wir das ausgezogene Diagramm Fig. 33 (90°-Verschiebung
durch Sekundärstrom erzielt) für $\Phi_K = 7000$ und $\nu = 100$
zeichnen würden, wobei J_w'[1]) und J_2' sowie die Streureaktanz der
Spannungsspule doppelt so groß sind und Φ_K und J_m' ungeändert
bleiben, würden wir

$$K = 255\ V \quad \text{und} \quad \chi = 109°50'$$

erhalten[2]), Fig. 43.

----

[1]) In Wirklichkeit wächst J_w' etwas langsamer (siehe S. 72); falls
jedoch der Effektverlust durch Hysteresis klein ist gegen den durch
Sekundärströme (J_2', J_K und Wirbelströme im Spannungseisen) verursachten,
wird der durch unsere Annahme J_w' proportional ν im Endresultate auftretende Fehler klein sein.

[2]) Man kann auf folgende Weise K und χ für beliebige ν bei $\Phi_K = 7000$
$=$ const berechnen:

Die Komponenten von K sind nach Fig. 33 und 43:
in horizontaler Richtung:

$$l_1 = J_m' \cdot R' = 0{,}0353 \cdot 500 = 17{,}65\ V,$$

$$l_2 = -(J_w' + J_2')\, X' = -(0{,}008 + 0{,}01275)\,\frac{\nu}{50} \cdot 1256\,\frac{\nu}{50} = -0{,}0104\,\nu^2,$$

$$l_1 + l_2 = 17{,}65 - 0{,}0104\,\nu^2 = \Sigma l,$$

in vertikaler Richtung:

$$m_1 = 4{,}44 \cdot \Phi_K\, \nu\, s \cdot 10^{-8} = 4{,}44 \cdot 7000 \cdot 50 \cdot 4200 \cdot 10^{-8}\,\frac{\nu}{50} = 1{,}305\,\nu,$$

$$m_2 = (J_w' + J_2') \cdot R' = (0{,}008 + 0{,}01275)\,\frac{\nu}{50} \cdot 500 = 0{,}207\,\nu,$$

$$m_3 = J_m'\, X = 0{,}0353 \cdot 1256\,\frac{\nu}{50} = 0{,}887 \cdot \nu,$$

$$m_1 + m_2 + m_3 = 2{,}4\,\nu = \Sigma m$$

und $\quad K = \sqrt{(\Sigma l)^2 + (\Sigma m)^2},$

$$\operatorname{tg} \chi = \frac{\Sigma m}{\Sigma l} \quad \text{oder} \quad \operatorname{tg}(\chi - 90°) = -\frac{\Sigma l}{\Sigma m}$$

Es ist für $\qquad\qquad \nu = 50$

$$\Sigma l = -8{,}4\ V$$

$$\Sigma m \approx 120\ V$$

für $\nu = 100$

$$\Sigma l = -86{,}4\ V$$

$$\Sigma m = 240\ V.$$

Σm wächst proportional ν, wenn auch Σl proportional ν wäre, hätte K und
χ auch für $\nu = 100$ den richtigen Wert; Σl ist jedoch für $\nu = 100$ mehr
als zehnmal so groß als für $\nu = 50$, deshalb ist K_{100} und χ_{100} zu groß,
wodurch Δ_1 und der größte Teil von Δ_3 verursacht wird.

7*

Wir wollen annehmen, daß sich alle Größen des Spannungsdiagramms proportional K ändern, dann ergibt sich Φ_K bei $\nu = 100$ und $K = 120$ zu

$$\Phi_{K(100)} = 7000 \cdot \frac{120}{255} = 3295 = 0{,}471 \cdot \Phi_{K(50)}.$$

Wir ermitteln nun die von den verschiedenen Einflüssen verursachten Fehler.

1. Der Spannungsfluß ist bei $\nu = 100$ verhältnismäßig zu klein. Sollwert $0{,}5 \cdot \Phi_{K(50)}$ in Wirklichkeit $0{,}471 \cdot \Phi_{K(50)}$. Der Zähler zeigt infolgedessen im Verhältnis

$$\gamma_1 = \frac{0{,}471}{0{,}5} = 0{,}942$$

zu wenig,

$$\Delta_1 = -\,5{,}8\,\%.$$

2. Bei Frequenz 100 ist $\operatorname{tg}\psi_J$ und — annähernd ψ_J selbst — zweimal so groß als bei Frequenz 50 ($\psi_{J(50)} = 4°$ siehe S. 83):

$$\psi_{J(100)} = 4° \cdot 2 = 8°.$$

J_m und daher Φ_J ist im Verhältnis

$$\gamma_2 = \frac{\cos 8°}{\cos 4°} = \frac{0{,}990}{0{,}998} = 0{,}993$$

zu klein,

$$\Delta_2 = -\,0{,}7\,\%.$$

3. Die Verschiebung χ ist zu groß, $109° 50'$ statt $94°$, andererseits ist auch ψ_J zu groß ($8°$ statt $4°$), infolgedessen zeigt der Zähler im Verhältnis

$$\gamma_3 = \frac{\sin (109° 50' - \varphi - 8°)}{\sin (94° - \varphi - 4°)}$$

falsch; für

$$\varphi = \ \ 0° \quad \cos\varphi = 1 \quad \text{ist } \gamma_3 = 0{,}98 \quad \Delta_3 = -\ \ 2\,\%$$
$$\varphi = 60° \quad \cos\varphi = 0{,}5 \quad \gamma_3' = 1{,}33 \quad \Delta_3' = +\,33\,\%.$$

4. Endlich ist bei Frequenz 100 Φ_K und damit die Dämpfung durch das Spannungsfeld geringer als bei Frequenz 50. Beträgt sie im letzteren Falle $5\,\%$ der Dämpfung durch den Stahlmagneten, so zeigt — da wir für die Berechnung dieser Korrektion Φ_K um-

gekehrt proportional ν setzen dürfen — der Zähler im Verhältnis

$$\gamma_4 = \frac{1}{1 + 0{,}05 \left(\dfrac{50}{100}\right)^2} : \frac{1}{1 + 0{,}05} = 1{,}037$$

zu viel:

$$\Delta_4 = +\,3{,}7\%\,.$$

(Man erkennt, daß, so weit wir auch ν steigern mögen, Δ_4 höchstens $+\,5\%$ betragen kann, dagegen erreicht Δ_4 bei fallendem ν sehr große negative Werte, z. B.:

$$\Delta_4 = -20\% \text{ für } \nu = 20\,.)$$

Der Gesamtfehler

$$\Delta \approx \Delta_1 + \Delta_2 + \Delta_3 + \Delta_4\,{}^1)$$

beträgt

$$-\ 4{,}8\% \quad \text{bei} \quad \cos\varphi = 1$$
$$+\,30{,}2\% \quad \text{bei} \quad \cos\varphi = 0{,}5\,.$$

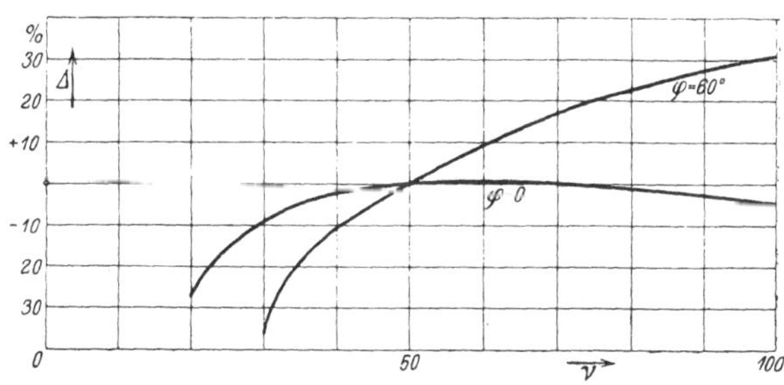

Fig. 44. Frequenzkurven.

Auf dieselbe Weise sind die Fehler auch für andere Frequenzen berechnet und in Fig. 44 eingetragen (Frequenzkurven).

Bei geringer Belastung treten außer den obenerwähnten noch Änderungen dadurch auf, daß die Hilfskraft nicht konstant ist. Wir betrachten eine Einrichtung nach a) siehe VI, 5.

Bei dieser Einrichtung sinkt die Hilfskraft mit steigender Frequenz, denn das Drehmoment ist proportional $\Phi_I\,\Phi_{II}\,\nu\,\sin\alpha$, wo α die Verschiebung zwischen Φ_I und Φ_{II} ist. Da Φ_I und Φ_{II}

---

^{1}) Strenggenommen ist $\Delta = (\gamma_1\,\gamma_2\,\gamma_3\,\gamma_4 - 1)\cdot 100\,.$

proportional Φ_K sind, so ist das Drehmoment auch proportional $\Phi_K^2 \, \nu \sin \alpha$.

Wenn wir bei konstanter Klemmenspannung von $\nu = 50$ auf $\nu = 100$ gehen, so sinkt Φ_K etwa auf die Hälfte, also Φ_K^2 auf ein Viertel; ν steigt auf das Doppelte. Danach müßte die Hilfskraft bei unveränderlichem α auf die Hälfte fallen; in Wirklichkeit steigt aber $\sin \alpha$ ziemlich bedeutend, z. B. um 50%, so daß die Hilfskraft in diesem Fall nur etwa im Verhältnis $0,5 \cdot 1,5 = 0,75$, also nur um 25% fällt. Bei einer Einrichtung nach c) (Eisenstift) ist die Hilfskraft von der Frequenz praktisch unabhängig.

Es mag bemerkt werden, daß *W*-Zähler, welche geringe Frequenzabhängigkeit besitzen, mit sinusförmigem Strom geeicht, bei Wechselstrom von verzerrter Wellenform nur geringe Fehler zeigen werden, weil solcher stets in eine Anzahl Sinuswellen verschiedener Frequenz zerlegt werden kann.

10. Temperatur. Ändert sich die Temperatur, so ändert sich die Leitfähigkeit der Scheibe, und zwar sinkt dieselbe um etwa 0,4% für 1° C Temperaturerhöhung; das Drehmoment sowie die bremsenden Momente ändern sich in demselben Verhältnis wie die Leitfähigkeit, die Drehzahl bliebe also unverändert, wenn die Flüsse und ihre gegenseitigen Verschiebungen unverändert blieben (siehe VI, 2 letzter Absatz).

In Wirklichkeit fällt mit wachsender Temperatur der Fluß Φ_M des Bremsmagneten (siehe S. 25), so daß der Zähler bei höherer Temperatur Plusfehler zeigt.

Außerdem ist bei höherer Temperatur Φ_K und Φ_J etwas zu groß, χ und ψ_J etwas zu klein. Dieses kommt daher, daß R', J_w' und J_2' sich mit der Temperatur ändern[1]). Doch sind diese Änderungen in der Regel vernachlässigbar.

---

[1]) Denn: Da die Leitfähigkeit der Scheibe mit steigender Temperatur sinkt, wird ψ_J kleiner, $\cos \psi_J$ und somit $J_m = J \cos \psi_J$ und Φ_J größer (bei gleichem J). Daß χ bei höherer Temperatur zu klein und Φ_K (bei gleichem K) zu groß ist, folgt aus den Formeln der Fußnote 2, S. 99:

Wir halten Φ_K konstant und steigern die Temperatur; es steigt dann R' und es fällt J_w' und J_2', weil die Widerstände ihrer Bahnen steigen. Σm bleibt ungeändert und Σl wird seinem absoluten Betrag nach kleiner: K und χ fallen.

Erhöht man K wieder auf den alten Wert, so wird Φ_K größer als vorher.

11. Zähler für verschiedene Nennlasten. Ein und dasselbe Modell kann durch entsprechende Bewicklung der Strom- und Spannungsspulen sowie durch Einsetzen entsprechender Zählwerke für verschiedene Nennströme und Nennspannungen eingerichtet werden. Wir wählen die Wicklungen wieder so, daß die verschiedenen Zähler bei Nennlast dasselbe Drehmoment haben.

A) Spannungsspulen. Wir denken uns durch eine unendlich dünne Isolationsschicht den Draht der Spannungsspule seiner ganzen Länge nach in zwei gleiche Hälften gespalten; diese sind jetzt parallel geschaltet, und es herrscht an ihren Enden, falls wir den Zähler mit Sekundärspule aus Abschnitt VI, 3 betrachten[1]), 120 V, und es fließt in jeder Hälfte $\dfrac{0,0413}{2} = 0,0206$ Amp. Wir schalten nun beide Hälften in Reihe und legen die Spannung 240 V an. Dadurch ändert sich offenbar an der Wirkung der Spule nichts, nach wie vor ist jede Hälfte von 0,0206 Amp. durchflossen, und nach wie vor herrscht 120 V an den Enden jeder Hälfte: die Flüsse, der Strom in der Sekundärwicklung, die Wirbelströme im Eisen und in der Scheibe, die gegenseitige Lage aller Vektoren, der Effektverlust im Spannungskreis bleiben dieselben. Die Verhältnisse haben sich nur nach außen geändert insofern, als der Spannungskreis jetzt 240 V und 0,0206 Amp. aufnimmt. R' und X' sind dabei aufs Vierfache gestiegen. Für die umgeschaltete Spannungsspule gilt dasselbe Diagramm (Fig. 33), wenn man der Längeneinheit bei den Strömen in der Spannungsspule den halben, bei den Spannungen den doppelten Wert beimißt. Die umgeschaltete Spule stellt die Bewicklung unseres Zählers für 240 V dar.

Allgemein ist die Windungszahl s' proportional und der Drahtquerschnitt q' umgekehrt proportional der Spannung $K_\mathfrak{N}$ zu wählen. Es hat dann $J's'$, N', Φ_K, D, χ, φ' für alle Nennspannungen denselben Wert, und es ist J' proportional $\dfrac{1}{K_\mathfrak{N}}$.

Legen wir die in Reihe geschalteten Hälften ($s' = 8400$) an 120 V an — statt an 240 V —, so geht gemäß S. 84 Φ_K und J' auf die Hälfte, der Effektverbrauch N im Spannungskreis auf ein Viertel zurück; wir können folgende Tabelle anschreiben:

---

[1]) $s' = 4200$; $q' = 0,018$; $K = 120\,V$; $J' = 0,0413\,A$; $N' = 2,18\,W$.

K Volt	s'	q' mm²	Φ_K	J' Ampere	N' Watt
120	4200	0,018	7000	0,0413	2,18
240	8400	0,009	7000	0,0206	2,18
120	8400	0,009	3500	0,0103	0,55

Wir hätten also bei dem 120 *V*-Zähler die Hälfte des Flusses und des Drehmomentes erhalten, wenn wir ihn mit 8400 Windungen — statt mit 4200 — versehen hätten; er hätte dann allerdings auch nur ein Viertel des Stromes und des Effektes aufgenommen.

In der Praxis läßt sich eine Bewicklung, bei der q' umgekehrt proportional $K_\mathfrak{N}$ abgestuft wird, nur annähernd durchführen, weil man sonst zu viele verschiedene Drahtstärken benötigen würde. Immerhin kann man die Wicklungen bei den *W*-Zählern der Praxis, im Gegensatz zu den *G*-Zählern, so einrichten, daß der Effektverlust im Spannungskreis bei allen Spannungen nahezu derselbe bleibt.

In der Regel werden *W*-Zähler nur bis zu etwa 500 *V* bewickelt, weil man darüber hinaus zu hohe Spannungen an der Spule und zu dünne Drähte erhalten würde. Bei höheren Spannungen schließt man den Spannungskreis der Zähler unter Zwischenschaltung eines Spannungswandlers an.

B) Stromspulen. Durch dieselbe Betrachtung finden wir: Man hat den Drahtquerschnitt q proportional, die Windungszahl s_J umgekehrt proportional dem Nennstrom $J_\mathfrak{N}$ zu wählen. Es hat dann Js_J, Φ_J, D, ψ_J, N_J für alle Nennstromstärken denselben Wert, der Spannungsabfall K_J — ebenso JR_J und E (Fig. 34) — ist proportional $\dfrac{1}{J_\mathfrak{N}}$, R_J proportional $\dfrac{1}{J_\mathfrak{N}^2}$. Es gilt dasselbe Diagramm für alle Nennströme, wenn man bei doppeltem Nennstrom der Längeneinheit bei den Strömen den doppelten, bei den Spannungen den halben Wert beimißt.

Der Zähler in Abschnitt VI, 4 arbeitet mit $30 \cdot 5 = 150\,AW$ und würde, wenn man ihn für $J_\mathfrak{N} = 150\,A$ bewickeln würde, eine Windung erhalten. Bei noch größeren Stromstärken würde die *AW*-Zahl zu hoch, und es müßten Maßnahmen ergriffen werden, damit Φ_J, also D und die Stromdämpfung nicht zu groß würde. Auch sind Wicklungen für sehr hohe Stromstärken auf dem Stromeisen der *W*-Zähler praktisch schwer herstellbar. Sie werden daher in der Regel nur bis zur Nennstromstärke von 150 bis 200 A bewickelt; für höhere Stromstärken schließt man die Stromspule über einen Stromwandler an.

C) **Zifferblatt und Zählwerksübersetzung.** Hierzu sei auf Abschnitt III, 13C verwiesen; wenn man die dort angegebene Triebtabelle (S. 33) verwendet, benutzt man die für Induktionszähler vorgesehene Spalte I; die Zähler haben dann geringe Drehzahl, können also stark abgedämpft werden (Abschnitt VI, 2 und 6).

12. Eichung. Der unter VI, 3 betrachtete Zähler, bei dem die 90°-Verschiebung durch Sekundärstrom (J_2') herbeigeführt wird, sei für 120 V, 10 A und 50 Perioden, und wir wollen annehmen, daß er nach Tabelle S. 33 mit der Übersetzung 12 : 100, dem Zifferblatt 0000,0 und der Aufschrift 1875 Ankerumdrehungen pro kWh versehen sei ($a_\mathfrak{S} = 1875 : 3600 = 0{,}521$). Wir wollen diesen Zähler eichen.

Derselbe wird nach Fig. 45 angeschlossen. Die Feldmagnete der beiden Generatoren G_V und G_A gleicher Polzahl, von denen G_A für den Strom J der zu eichenden Zähler aber nur für geringe Spannung (5 ÷ 15 V), G_V für deren Spannung K aber nur für geringe Stromstärke gebaut ist, sitzen auf derselben Achse; der Stator von G_A ist verdrehbar. Je nach der Einstellung desselben

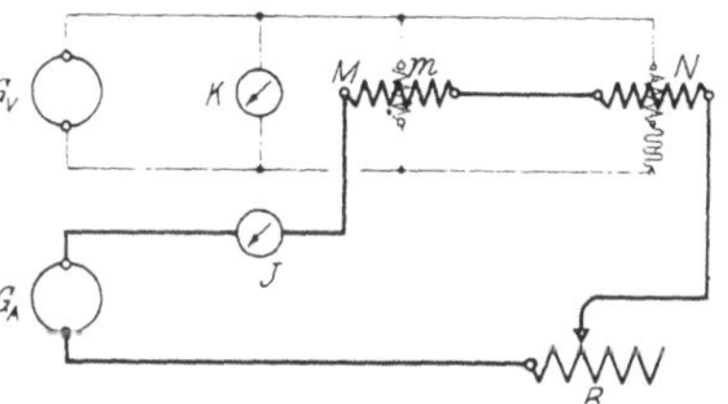

Fig. 45. Eichschaltung eines W-Zählers.

kann man der EMK von G_A gegen die EMK von G_V eine beliebige Phasenverschiebung geben.

$K = 120\ V$ und $\nu = 50$ wird während der ganzen Eichung konstant gehalten. Wir unterbrechen den Strom J und beseitigen etwaigen Spannungsleerlauf durch die Hilfskraft. Dann stellen wir mittels des Reglers R_A den Strom $J \approx 10\ A$ ein und verdrehen den Stator, bis das Wattmeter N keinen Ausschlag mehr gibt ($N = 0$), dann ist J gegen K um 90° verschoben. Um die 90°-Verschiebung der Flüsse im Zähler herbeizuführen, verändern wir den Widerstand R (Fig. 32), über den die Sekundärspule 19 geschlossen ist, so lange, bis der Zähler dabei stillsteht. Bei Zählern, bei denen die 90°-Verschiebung durch die zusätzliche Streuspannung erzielt wird, findet die Einstellung auf folgende Weise statt: die Streuspannung wird so gewählt, daß die Verschiebung etwas mehr als $90° + \psi_J$ beträgt, und sie wird dann durch einen regelbaren Vorschaltwiderstand (Erhöhung des Ohmschen Abfalls $J_0' R'$) auf den richtigen Wert zurückgeführt. Letzteres kann auch geschehen an einem regelbaren Widerstand, der eine um das Stromeisen gelegte sekundäre Spule schließt — Erhöhung von ψ_J.

Jetzt verdrehen wir den Stator, bis das Wattmeter seinen maximalen Ausschlag hat; dann ist der Strom J mit der Spannung K in Phase (induktionslose Belastung $\cos \varphi = 1$). Das Wattmeter möge dabei die Leistung $N = 1{,}18$ kW anzeigen. Wir verstellen den Bremsmagnet, bis der Zähler 40 Umdrehungen in

$$t = \frac{40}{1{,}18 \cdot 0{,}521} = 65{,}2 \, s$$

macht (siehe III, 14b).

Wir stellen nun $J \approx 1\,A$ her und verdrehen den Stator, bis das Wattmeter seinen maximalen Ausschlag hat. Es möge dabei $0{,}12$ kW anzeigen; dann stellen wir die Hilfskraft so ein, daß der Zähler vier Umdrehungen in

$$t = \frac{4}{0{,}12 \cdot 0{,}521} = 64{,}1 \, s$$

macht.

Schließlich stellen wir eine induktionslose Belastung von etwa $0{,}3\%$ her und biegen die Hemmfahne so, daß der Zähler dabei eben anläuft. Auch bei erhöhter Spannung wird kein Leerlauf eintreten, denn die Hemmfahne wird bei Wechselstromzählern im Streufeld des Spannungseisens angeordnet, und die Kraft, mit der sie festgehalten wird, steigt ebenso wie der Spannungsvortrieb, etwa mit dem Quadrat der Spannung (siehe S. 98)

Wir kontrollieren nun den Zähler bei induktiver Last und stellen zu dem Zweck wieder $J \approx 10\,A$ ein, drehen den Stator des Generators G_A bis das Wattmeter den maximalen Ausschlag hat; es möge dabei $1{,}2$ kW zeigen. Dann drehen wir den Stator bis das Wattmeter $0{,}3 \cdot 1{,}2 = 0{,}36$ kW zeigt, dann ist $\cos \varphi = 0{,}3$ und der Zähler muß 12 Umdrehungen in

$$t = \frac{12}{0{,}36 \cdot 0{,}521} = 64{,}1 \, s$$

machen.

Braucht er längere Zeit dazu, so müssen wir die Phasenverschiebung χ eine Kleinigkeit erhöhen, indem wir den Widerstand R etwas verringern. Die Kontrolle bei $\cos\varphi = 0{,}3$ ist nötig, weil das Stillstehen des Zählers bei $\varphi = 90°$ nur eine rohe Einstellung der 90°-Verschiebung gestattet, und zwar — abgesehen davon, daß die Reibung die Methode unempfindlich macht — aus folgendem Grunde: Bei $\varphi = 90°$ dürfen Strom- und Spannungsfeld z us a m m e n kein Drehmoment ausüben; bei stillstehendem Zähler ist also die 90°-Verschiebung nur dann erreicht, wenn Strom- und Spannungstrieb Null sind, was in der Regel nicht zutrifft[1]).

Da die Angaben vieler Induktionszähler bei induktiver und kapazitiver Belastung etwas verschieden sind, pflegt man die Eichungen bei induktiver Belastung, da nur diese in der Praxis vorkommt, vorzunehmen.

Man kann bei der Einrichtung nach Fig. 45 durch folgende Überlegung bestimmen, nach welcher Richtung man den Stator verstellen muß, um i n d u k t i v e Belastung zu bekommen:

Ein Zähler, bei dem die Verschiebung χ zu klein ist, bei dem also $\chi - \psi_J < 90°$ ist, hat bei $\varphi = 90°$, wenn J gegen K z u r ü c k b l e i b t (induktive Last), die umgekehrte Drehrichtung wie bei $\varphi = 0$. Denn gibt man induktive Last, so wandert J (Fig. 46) aus der Lage 1 ($\varphi = 0$) gegen Lage 2. Bei

$$\varphi = \chi - \psi_J < 90°$$

fällt Φ_J mit Φ_K zusammen; der Zähler steht still, und bei

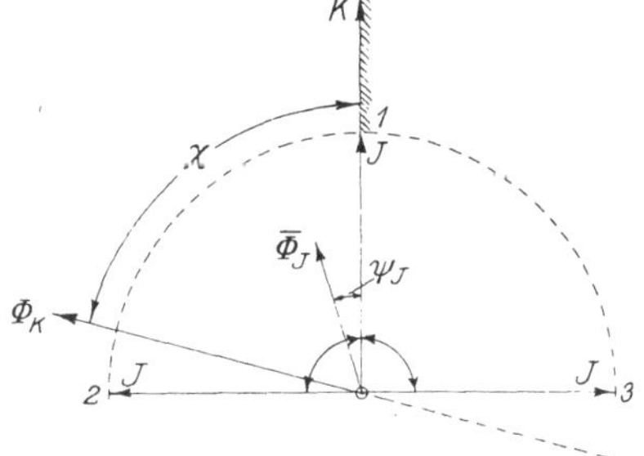

Fig. 46. $\chi - \psi_J < 90°$ und $\varphi = 90°$; der Zähler läuft bei nacheilendem Strom (Lage 2) rückwärts, bei voreilendem Strom (Lage 3) vorwärts.

$\varphi = 90$ (Lage 2) läuft er rückwärts. Ist dagegen die Belastung kapazitiv (J in Lage 3), so hat sich Φ_J noch nicht über die Richtung von Φ_K hinwegbewegt, die Drehrichtung ist dieselbe wie bei $\varphi = 0$.

---

[1]) Oft haben die Zähler (siehe S. 88) Stromleerlauf; dann ist die 90°-Verschiebung nicht erreicht, wenn der Zähler stillsteht, sondern wenn er die dem Stromleerlauf entsprechende Drehzahl hat.

Wir geben in unserer Eichschaltung (Fig. 45) J und K etwa den Nennwert und drehen den Stator, bis das Wattmeter den maximalen Ausschlag hat. Bei dem Zähler öffnen wir die Sekundärspule *19*, so daß sicher χ zu klein ist, und schließen den Zähler so an, daß er vorwärts läuft. Jetzt drehen wir den Stator, bis das Wattmeter keinen Ausschlag mehr gibt. Wenn dann der Zähler rückwärts läuft, entspricht diese Drehung einer induktiven Belastung.

In Deutschland beträgt die amtliche Beglaubigungsfehlergrenze[1]) zwischen Zehntel- und Nennlast ($\eta = 0,1 \div 1$, $\eta = $ verhältnismäßige Wattbelastung) für Wechselstromzähler:

$$3 + \frac{0,3}{\eta} + 2\,\mathrm{tg}\,\varphi\,\%$$

Bei induktionsloser Last sind also dieselben Fehler wie bei Gleichstromzähler, bei induktiver Last größere Fehler zulässig. Ein Wechselstromzähler sei z. B. mit der Hälfte des Nennstromes belastet, und die Verschiebung zwischen Verbrauchsstrom und Klemmenspannung sei 60°; er kann nicht amtlich beglaubigt werden, wenn sein Fehler dabei größer ist als

$$3 + \frac{0,3}{0,25} + 2\,\mathrm{tg}\,60° = 7,66\,\%$$

$$(\eta = 0,5 \cdot \cos 60 = 0,25).$$

13. Scheibenströme. Wir wollen uns nun mit den Scheibenströmen J_K und J_J, deren annähernden Verlauf wir bereits in Fig. 29 u. 30 eingezeichnet hatten, eingehender beschäftigen und beschränken uns dabei auf kreisförmige Pole, da diese allein einer einfachen Rechnung zugänglich sind.

Wir betrachten zuerst eine unbegrenzte leitende Platte F (Fig. 47) von der Leitfähigkeit $\varkappa$ und Dicke ϑ, durch diese tritt zwischen den Polen P, P' mit dem Mittelpunkt 0 und dem Radius r_0 ein kreisförmig begrenztes, homogenes Wechselfeld von der Dichte $\mathfrak{B}$ (Scheitelwert) hindurch und induziert darin Ströme. Die Bahnen dieser Ströme sind konzentrische Kreise um 0. Durch die Wände der Kreisringe (Hohlzylinder) mit dem Mittelpunkt 0 — z. B. des in Fig. 47 schraffierten — tritt keine

---

[1]) Siehe Uppenborn, Deutscher Kalender für Elektrotechniker 1916, S. 582 § 14 und S. 579, II.

Strömung hindurch. Diese Kreisringe sind „Stromröhren". Man
kann daher die unendliche Platte nach diesen Kreisen in ein-
zelne Ringe zerschneiden, ohne daß die Strömung sich ändert.

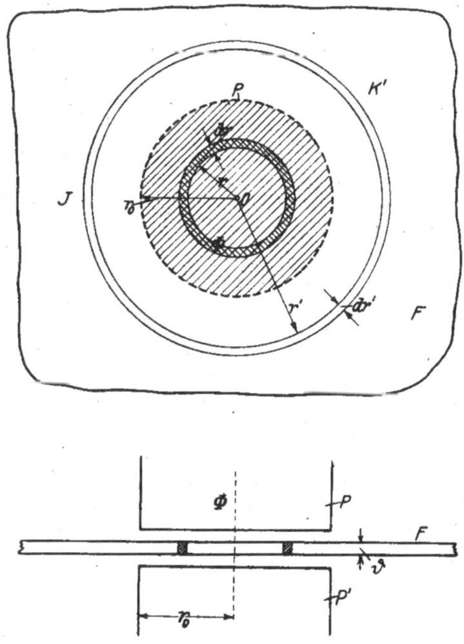

Fig. 47. Ein Wechselfluß Φ erzeugt in einer unendlichen
Platte kreisförmige Ströme J.

Eine unter dem Pol liegende Kreisbahn mit dem Radius r
wird von dem Fluß $\Phi = \mathfrak{B}\pi r^2$ durchsetzt, und es wird darin
die EMK

$$E = 4{,}44\,\mathfrak{B}\pi r^2 v \cdot 10^{-8}\,\text{Volt} \qquad (19)$$

induziert.

Der Widerstand des schmalen Hohlzylinders vom Radius r,
der radialen Tiefe dr und der Höhe ϑ ist

$$R = \frac{2\pi r}{\varkappa\,\vartheta \cdot dr \cdot 10^4}\,\text{Ohm},$$

wobei alle Maße in cm einzusetzen sind.

Der Strom in diesem Hohlzylinder ergibt sich zu

$$dJ = \frac{E}{R} = 4{,}44\,\mathfrak{B}\,\pi\,r^2\,\nu \cdot 10^{-8} \cdot \frac{\varkappa\,\vartheta \cdot dr \cdot 10^4}{2\,\pi\,r} = c_1\,r \cdot dr \;\text{Amp.}$$

wobei

$$c_1 = 2{,}22\,\mathfrak{B}\,\nu\,\varkappa\,\vartheta \cdot 10^{-4}. \tag{20}$$

Der Strom in einem unter dem Pol liegenden Kreisring mit den Radien r_1 und r_2, wo $r_2 > r_1$ ist:

$$J_{1,2} = c_1\int\limits_{r_1}^{r_2} r\,dr = \frac{c_1}{2}\,(r_2^2 - r_1^2) \tag{21}$$

Es sind also alle konzentrischen Kreisringe unter dem Pol, für die die Differenz der Quadrate der Radien die gleiche ist, von gleichem Strom durchflossen.

Alle Kreise außerhalb des Pols, z. B. K', werden von demselben Fluß $\Phi_0 = \mathfrak{B}\pi r_0^2$ durchsetzt. Es wird also in allen solchen dieselbe EMK

$$E' = 4{,}44\,\mathfrak{B}\,\pi\,r_0^2\,\nu\,10^{-8}\;\text{Volt} \tag{22}$$

induziert.

Der Widerstand des schmalen Hohlzylinders vom Radius r', der radialen Tiefe dr und der Höhe ϑ ist

$$R' = \frac{2\,\pi\,r'}{\varkappa\,\vartheta \cdot dr' \cdot 10^4}\;\text{Ohm.}$$

Der Strom ergibt sich zu

$$dJ' = \frac{E'}{R'} = 4{,}44\,\mathfrak{B}\,\pi\,r_0^2\,\nu \cdot 10^{-8} \cdot \frac{\varkappa\,\vartheta \cdot dr' \cdot 10^4}{2\,\pi\,r'} = c_1\,r_0^2\,\frac{dr'}{r'}\;\text{Amp.}$$

und die Stromdichte zu

$$\frac{dJ'}{\vartheta\,dr'} = \frac{E'}{R'\vartheta\,dr'} = 4{,}44\,\mathfrak{B}\,\pi\,r_0^2\,\nu \cdot 10^{-8} \cdot \frac{\varkappa\,\vartheta\,dr' \cdot 10^4}{2\,\pi\,r'\,\vartheta\,dr'} = c_2\,\frac{1}{r'}. \tag{23}$$

Die Stromdichte ist also r' umgekehrt proportional.

Der in einem Kreisring mit den Radien r_1' und r_2' fließende Strom ist

$$J_{1,2}' = c_1\,r_0^2\int\limits_{r_1'}^{r_2'} \frac{dr'}{r'} = c_1\,r_0^2\,\ln\frac{r_2'}{r_1'}\;\text{Amp.} \tag{24}$$

Es sind also außerhalb des Poles alle konzentrischen Kreisringe, für die das Verhältnis der Radien das gleiche ist, von dem gleichen Strom durchflossen. Bei der Berechnung hatten wir stillschweigend angenommen, daß die einzelnen Ströme in der Scheibe sich nicht gegenseitig aus ihren Bahnen herauszudrängen suchen, also unabhängig voneinander verlaufen. Dann dürfen wir auch von den Kreisringen beliebige — z. B. die äußeren — wegnehmen, ohne daß sich an der Strömung in den noch verbleibenden etwas ändert.

Folglich kann man für eine Kreisscheibe, die in der Mitte von einem kreisförmigen Feld durchsetzt wird, die Strömung nach vorstehenden Formeln berechnen.

Im folgenden ist dies für eine Aluminiumscheibe mit der Leitfähigkeit $\varkappa = 34$, von der Dicke $\vartheta = 1{,}2$ mm $= 0{,}12$ cm und einem Radius $r = 60$ mm $= 6$ cm durchgeführt (hierzu Fig. 48b); das Feld hat einen Radius $r_0 = 8{,}5$ mm $= 0{,}85$ cm und sendet den Fluß $\Phi_0 = 3000$ durch die Scheibe, also

$$\mathfrak{B} = \frac{\Phi_0}{\pi\, r_0^2} = \frac{3000}{\pi\,(0{,}85)^2} = 1322\,.$$

Die Frequenz sei $\nu = 50$.

Unter Einsetzung dieser Werte in die Gleichung (20) ergibt sich:

$$c_1 = 2{,}22 \cdot 1322 \cdot 50 \cdot 34 \cdot 0{,}12 \cdot 10^{-4} = 59{,}9 \approx 60\,,$$

woraus für Kreise unter dem Pol nach Gleichung (21)

$$J_{1,2} = 30\,(r_2^2 - r_1^2)\,. \tag{25}$$

Setzt man darin $r_1 = 0$ so ergibt sich für den Radius eines unter dem Pol liegenden Kreises, der die Strömung J einschließt, die Beziehung

$$r = \sqrt{\frac{J}{30}}\,. \tag{26}$$

Für Kreise außerhalb des Pols ergibt sich nach Gl. (22) und (24)

$$E' = 4{,}44 \cdot 3000 \cdot 50 \cdot 10^{-8} = 0{,}00666 \text{ Volt}$$

$$J'_{1,2} = 59{,}9 \cdot (0{,}85)^2 \ln \frac{r_2'}{r_1'} = 43{,}4 \ln \frac{r_2'}{r_1'} = 99{,}7 \lg \frac{r_2'}{r_1'} \approx 100 \lg \frac{r_2'}{r_1'}\,. \tag{27}$$

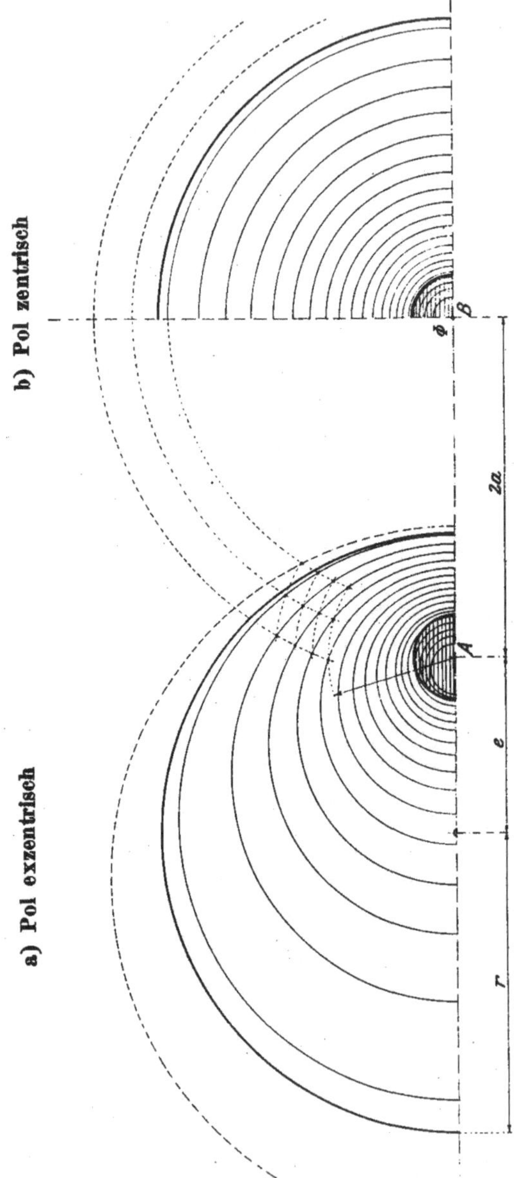

Fig. 48. $^2/_3$ der natürlichen Größe. 5 Amp.-Stromröhren in einer Aluminiumscheibe $2r = 12$ cm
$\vartheta = 0{,}12 \quad \varkappa = 34 \quad \Phi = 3000 \quad r_0 = 0{,}85$ cm $\quad \nu = 50$.

Wir wollen (Fig. 48 b) die Kreise so legen, daß in jedem Ring 5 Amp. fließen; der Radius des ersten (kleinsten) Kreises **unter dem Pol** ergibt sich aus Gleichung (26) zu

$$\sqrt{\frac{5}{30}} = 0{,}408 \text{ cm},$$

des zweiten zu

$$\sqrt{\frac{10}{30}} = 0{,}577 \text{ cm},$$

des dritten zu

$$\sqrt{\frac{15}{30}} = 0{,}707 \text{ cm},$$

des vierten (letzten) zu

$$\sqrt{\frac{20}{30}} = 0{,}816 \text{ cm},$$

da diese Kreise die Strömungen 5, 10, 15 und 20 A einschließen.

Zwischen diesem Kreis und dem mit dem Radius r_0 des Poles fließen noch (Gleichung 25)

$$J = 30\,(0{,}85^2 - 0{,}816^2) = 1{,}68\,A.$$

Wir müssen also den ersten Kreis (r_1') außerhalb des Poles so legen, daß zwischen ihm und dem mit dem Radius $r_0 = 0{,}85$
$5 - 1{,}68 = 3{,}32\,A$ fließen; es ergibt sich r_1' aus der Gleichung

$$3{,}32 = 100 \log \frac{r_1'}{0{,}85}$$

zu 0,917 cm (siehe Gleichung 27). Für die weiteren Kreise ist:

$$5 = 100 \log \frac{r_2'}{r_1'}$$

oder $\qquad \log \dfrac{r_2'}{r_1'} = 0{,}05 \quad$ und $\quad \dfrac{r_2'}{r_1'} = 1{,}122,$

woraus $\qquad r_2' = 1{,}122\,r_1'.$

Der Radius des zweiten Kreises ergibt sich also zu

$$1{,}122 \cdot 0{,}917 = 1{,}03 \text{ cm};$$

jeder nächste Kreis hat einen im Verhältnis 1,122 größeren Radius. Der siebzehnte (letzte) Kreis hat den Radius

$$r_{17}' = (1{,}122)^{16} \cdot 0{,}917 = 5{,}79 \text{ cm};$$

zwischen ihm und dem Scheibenrand fließen noch

$$100 \log \frac{6}{5,79} = 1,54 A.$$

Die von den Kreisen aus der Scheibe herausgeschnittenen Ringe sind Stromröhren, welche die Strömung 5 A führen.

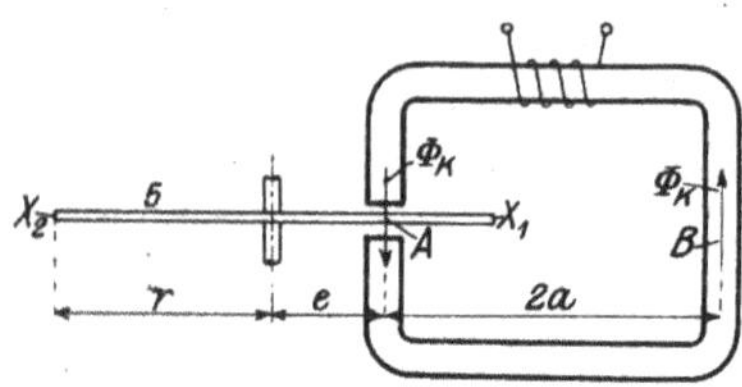

Fig. 49. Scheibe (5) und Spannungseisen eines *W*-Zählers.

Der gesamte unterhalb des Poles fließende Strom ist $30 \cdot 0,85^2 = 21,65\ A$ und der außerhalb des Poles

$$100 \log \frac{6}{0,85} = 84,88\ A.$$

Der Effektverlust in dem unter dem Pol liegenden Teil derScheibe wird näherungsweise berechnet, indem man in jeden Ring den mittleren Kreis einzeichnet, dafür die EMK berechnet, diese mit 5 multipliziert und die Summe bildet (0,072 W); der Effektverlust im außer-

halb des Poles liegenden Teil ist

$$84,88 \cdot 0,00666$$
$$= 0,565\ W,$$

der gesamte Verlust 0,637 W.

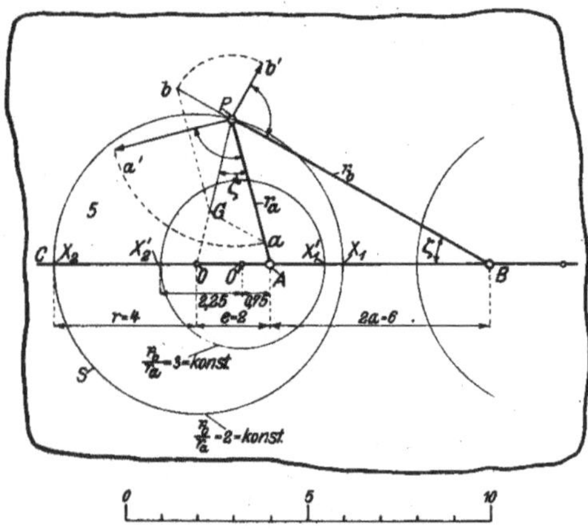

Fig. 50. Scheibe (5) zu einer unendlichen Platte ergänzt; Φ_K tritt bei A und B hindurch.

Wir wollen nun die Scheibenströme ermitteln, die durch den Spannungsfluß Φ_K eines *W*-Zählers, der natürlich nicht durch die Mitte der Scheibe geht, induziert werden (Fig. 49).

Wir wollen dabei das Maß 2a des Spannungseisens so wählen, daß die Bedingung

$$\frac{\overline{X_1\,B}}{\overline{X_1\,A}} = \frac{\overline{X_2\,B}}{\overline{X_2\,A}} \tag{28}$$

erfüllt ist, daß also die Strecke $A\,B$ durch den Rand (X_1 und X_2) der Scheibe *5* harmonisch geteilt wird. Den Wert des Verhält-

nisses bezeichnen wir mit λ. Wir geben nun dem Spannungseisen bei B ebenfalls einen Luftspalt und ergänzen die Scheibe
zu einer unbegrenzten Platte, wobei jedoch der Scheibenrand
mit dieser noch nicht leitend verbunden werden soll. Dabei
wird sich, wenn man Φ_K konstant hält, die Strömung in der
Scheibe nicht ändern, da nach unserer früheren Annahme die
Ströme in der Platte außerhalb der Scheibe nicht auf diejenigen
innerhalb der letzteren einwirken. Jetzt verbinden wir den
Scheibenrand leitend mit der Platte. Auch dann wird sich an
der Strömung in der Scheibe nichts ändern, denn es ist, wie wir
sehen werden, wenn der Abstand $2a$ der Fluß-Hin- und -Rück-
leitung nach der obigen Gleichung gewählt wird, der Scheibenrand eine Stromlinie. Eine Strömung senkrecht zu ihr findet
nicht statt, und es ist daher gleichgültig, ob der Scheibenrand
mit dem übrigen Teil der Platte leitend verbunden ist oder nicht.

Wir wollen uns jetzt überzeugen, daß der Scheibenrand eine
Stromlinie ist. Dazu ist in Fig. 50 die Anordnung von oben
gesehen gezeichnet (O Scheibenmittelpunkt). Die Scheibe ist bereits zur unbegrenzten, fugenlosen Platte ergänzt. Die Maße sind so
gewählt, daß die Gleichung (28), die, wenn man r, e, $2a$ einsetzt

$$\frac{2a - r + e}{r - e} = \frac{2a + r + e}{r + e} = \lambda \tag{29}$$

oder

$$2a = \frac{r^2 - e^2}{e} \tag{30}$$

lautet, bei Fig. 50 erfüllt ist. Es wurde nämlich der Scheibenradius ($r = 4$) und die Lage des Feldes ($e = 2$) als gegeben ange-
sehen und der Abstand der Rückleitung des Feldes nach der
letzten Gleichung zu $2a = 6$ berechnet.

Die vorletzte Gleichung lautet daher

$$\lambda = \frac{6 - 4 + 2}{4 - 2} = \frac{6 + 4 + 2}{4 + 2} = 2,$$

wenn man die Maße von Fig. 50 einsetzt.

Wenn die Entfernungen des Punktes X_1 von B und A in demselben Verhältnis λ stehen wie diejenigen des Punktes X_2 von
B und A, wenn also

$$\frac{\overline{X_1 B}}{\overline{X_1 A}} = \frac{\overline{X_2 B}}{\overline{X_2 A}} = \lambda, \tag{31}$$

so ist nach einem bekannten Satz der Geometrie[1]) auch für jeden
Punkt P des Kreises, der die Strecke $X_1 X_2$ zum Durchmesser

---

[1]) Beweis: Wir zeichnen (Fig. 51) über $A B$ ein $\triangle A P B$, bei dem
$r_b = \lambda\, r_a$ (in Fig. ist $\lambda = 2$), $r_b = 2\, r_a$, und ziehen die Halbierenden
des Innenwinkels γ und des Außenwinkels β; diese schneiden $\overline{C B}$ in X_1
und X_2, der Kreis sei noch nicht gezeichnet. Wenn

$$\overline{D_1 X_1} \parallel \overline{A P}, \quad \overline{D_2 X_2} \parallel \overline{A P}$$

und

$$\overline{E X_1} \parallel \overline{P B},$$

so sind die doppelt angestrichenen Winkel alle gleich $\dfrac{\gamma}{2}$, und es ist

$$\overline{P D_1} = \overline{D_1 X_1}$$

$$\lambda = \frac{r_b}{r_a} = \frac{\overline{D_1 B}}{\overline{D_1 X_1}} = \frac{\overline{D_1 B}}{\overline{P D_1}} = \frac{\overline{X_1 B}}{\overline{X_1 A}},$$

und ebenso ist

$$X_2 D_2 = P D_2$$

$$\lambda = \frac{r_b}{r_a} = \frac{\overline{B D_2}}{\overline{X_2 D_2}} = \frac{\overline{B D_2}}{\overline{P D_2}} = \frac{\overline{X_2 B}}{\overline{X_2 A}}.$$

Es haben also die Schnittpunkte X_1 und X_2 der beiden Halbierenden
mit $C B$, ebenso wie P von B die λ fache Entfernung wie von A; außerdem ist

$$\overline{P X_1} \perp \overline{P X_2}.$$

P liegt auf dem Halbkreis über $X_1 X_2$: der geometrische Ort aller Punkte,
die von B den λ fachen Abstand haben wie von A, ist der Kreis über
$X_1 X_2$ („Kreis des Apollonius"). Oder wenn X_1
und X_2 Gleichung (31)
erfüllen, tut dies auch
jeder Punkt des Kreises
über $X_1 X_2$.

Wir wollen noch zeigen, daß $\varepsilon = \zeta$:

$$\overline{E X_1} \parallel \overline{P B}.$$

Die Dreiecke über $P X_1$
mit der Spitze E und 0
sind beide gleichschenklig, folglich ist $\varepsilon = \zeta$.
Eine Gerade, die am
Punkt P mit r_a den Winkel ζ bildet, geht also
durch den Mittelpunkt 0
des Kreises.

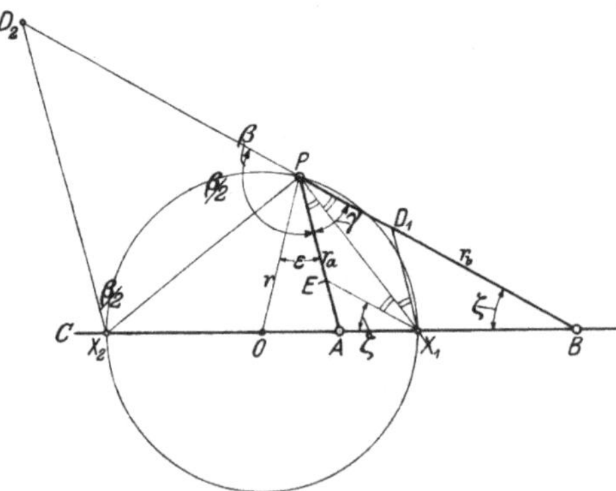

Fig. 51.

Falls $\dfrac{\overline{X_1 B}}{\overline{X_1 A}} = \dfrac{\overline{X_2 B}}{\overline{X_2 A}} = \lambda$, ist $\dfrac{r_b}{r_a} = \lambda$ für jeden Punkt des Kreises
und $\zeta = \varepsilon$.

hat, $\dfrac{r_b}{r_a} = \lambda$. Man kann sich durch Nachmessen überzeugen, daß in Fig. 50 für jeden Punkt des großen Kreises $\dfrac{r_b}{r_a} = 2$ ist.

Wir tragen nun von P aus auf $P\,A$ und auf der Verlängerung von $P\,B$ Strecken $\overline{P\,a}$ bzw. $\overline{P\,b}$ ab, die im Verhältnis

$$\frac{\overline{P\,a}}{\overline{P\,b}} = \frac{1}{r_a} : \frac{1}{r_b} = \frac{r_b}{r_a} = \lambda$$

in Fig. 50 also im Verhältnis 2 stehen, und bilden ihre Resultante $\overline{P\,G}$; es ist dann $\triangle\,a\,P\,G \backsim \triangle\,P\,B\,A$ und daher $\sphericalangle\,a\,P\,G = \zeta$; dann muß aber, wie in der letzten Fußnote gezeigt wurde, die Resultante von $\overline{P\,a}$ und $\overline{P\,b}$ auf den Mittelpunkt O des Kreises gerichtet sein. Dasselbe gilt für jeden Punkt des Kreises.

Tragen wir die Strecken $\overline{P\,a}$ und $\overline{P\,b}$ nicht auf $\overline{P\,A}$ und $\overline{P\,B}$, sondern in Richtungen, welche auf $\overline{P\,A}$ bzw. $\overline{P\,B}$ senkrecht stehen, auf, so bildet nach vorigem ihre Resultante eine Tangente an den Kreis in P.

$P\,a'$ und $P\,b'$ sind nun die Richtungen der Ströme im Punkt P, die von den in A bzw. B befindlichen Flüssen induziert würden, wenn letztere einzeln vorhanden wären; die Längen von $P\,a'$ und $P\,b'$ sind der Dichte dieser Ströme im Punkt P proportional; denn wir haben eingangs gesehen, daß bei einem Fluß in der unbegrenzten Platte die Stromrichtung in jedem Punkt auf der Verbindungslinie desselben mit der Polmitte senkrecht steht und die Stromdichte dem Abstand des Punktes von dem Feld umgekehrt proportional ist. Der resultierende Strom hat also in jedem Punkt des Kreises, der durch den Scheibenrand gebildet wird, die Richtung der Tangente. Der Scheibenrand ist eine Stromlinie, es ist für die Strömung gleichgültig, ob der Scheibenrand mit der äußeren Platte leitend verbunden ist oder nicht. Wir kommen somit zu folgendem Ergebnis:

Wenn wir die Scheibenströme unseres Zählers ermitteln wollen, so denken wir uns seine Scheibe zu einer unbegrenzten Platte ergänzt, und ermitteln die von dem in A und B durch die unbegrenzte Platte durchtretenden Fluß Φ_K in ihr induzierten Ströme; diese sind im Bereich der Scheibe gleich der gesuchten Strömung in der Zählerscheibe.

Wir zeichnen in Fig. 50, in welcher $2\,a = 6$ ist, noch einen zweiten Kreis ein, dessen Mittelpunkt auf der Richtung BC um $e' = 0{,}75$ von A nach links liegt und dessen Radius r' wir aus der Gleichung

$$6 = \frac{r'^{\,2} - (0{,}75)^2}{0{,}75}$$

zu $r' = 2{,}25$ berechnen. r' und e' befriedigen Gleichung (30) und Gleichung (29). Es ist also für alle Punkte des Kreises über X_1' und X_2' ebenfalls das Verhältnis $\dfrac{r_b'}{r_a'} = \lambda'$ konstant; nach Gleichung (29) ist

$$\lambda' = \frac{6 - 2{,}25 + 0{,}75}{2{,}25 - 0{,}75} = 3.$$

Dieser Kreis ist ebenfalls eine Strömungslinie, wie überhaupt alle Kreise, deren Mittelpunkte auf der Geraden CB liegen und

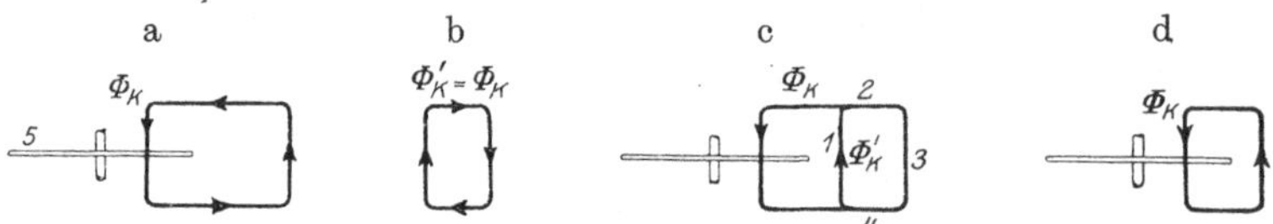

Fig. 52. Die Scheibenströmung ist bei a, c und d dieselbe.

deren Mittelpunktsabstände e und Radien r der Gleichung (30) entsprechen.

Man kann sich nun überzeugen, daß die Scheibenströmung nicht geändert wird, wenn die Rückleitung des Feldes statt in der Entfernung $2\,a$ an irgendeiner anderen Stelle stattfindet.

Wir denken uns dazu außer Φ_K (Fig. 52) noch einen zweiten Fluß $\Phi_K' = \Phi_K$, jedoch umgekehrt gerichtet (Fig. 52 b), und wollen beiden Flüssen einen sehr kleinen Querschnitt geben. Wohin wir Φ_K' auch legen mögen, solange keine seiner Kraftlinien durch die Scheibe tritt, kann man in der Scheibe keine geschlossene Linie ziehen, in welcher durch Φ_K' eine EMK induziert wird; Φ_K' ist für die Strömung vollständig wirkungslos.

Nun legen wir Φ_K' auf Φ_K (Fig. 52 c), dadurch ändert sich nichts an der Scheibenströmung; andererseits fließen bei *2, 3* und *4* in un mittelbarer Nähe voneinander gleiche und entgegengesetzte Flüsse, bei *1* fließt Φ_K' nach oben.

Man kann diese Anordnung offenbar durch die in Fig. 52d gezeichnete ersetzen; die Scheibenströmung wird sich dabei praktisch nicht ändern, sie wird bei Fig. 52a und d dieselbe sein.

Die Scheibenströmung ist also, gleichgültig, wo die Rückleitung des Spannungsfeldes bei dem Zähler wirklich stattfindet, identisch mit der Strömung, die an der Stelle der Scheibe in einer unbegrenzten leitenden Platte induziert wird von Φ_K und einem entgegengesetzt gleichen Fluß, welcher in der Entfernung

$$2\,a = \frac{r^2 - e^2}{e}$$

auf der Richtung $O\,A$ liegt.

Wir wollen nun die Strömung in der oben betrachteten Aluminiumscheibe ($r = 6$ cm, $\vartheta = 0{,}12$ cm, $\varkappa = 34$) bestimmen, wenn die Polmitte um $e = 35$ mm $= 3{,}5$ cm von dem Scheibenmittelpunkt entfernt ist.

Wir nehmen zu dem Zweck die Strömung Fig. 48b und legen darauf eine gleiche Strömung, die um einen Pol, der um

$$2\,a = \frac{r^2 - e^2}{e} = \frac{6^2 - 3{,}5^2}{3{,}5} = 6{,}79 \text{ cm}$$

von ersterem entfernt ist, und in umgekehrter Richtung verläuft.

Die resultierende Strömung finden wir nach Ebert („Kraftlinienfelder" Bd. 1, S. 219) durch Ziehen der Diagonalen. Fig. 48a, in welcher Pol- und Scheibenränder stark gezeichnet sind, zeigt die resultierende Strömung. Ihre Ermittlung aus den einzelnen Strömungen ist, um das Bild nicht undeutlich zu machen, nur für einige Punkte durchgeführt. In jedem der exzentrischen Kreisringe fließen wieder $5\,A$. Der Scheibenrand ist ebenfalls eine Strömungslinie, er fällt jedoch mit keinem der die 5-Ampere-Stromröhren begrenzenden Kreise zusammen.

Es sind 17 Stromröhren zu $5\,A$ vorhanden, außerdem fließt zwischen dem Kreis *17* und dem Scheibenrand noch ein Strom, den man nach der Lage des Scheibenrandes zwischen dem letzten Kreis und dem ersten gestrichelten Kreis außerhalb der Scheibe auf $1{,}5\,A$ schätzen kann, so daß der Gesamtstrom in der Zählerscheibe etwa $86{,}5\,A$ beträgt.

Den Effektverbrauch in der Scheibe kann man wie folgt annähernd ermitteln: Außerhalb des Poles verlaufen 12 Ringe, also

$5 \times 12 + 1{,}5 = 61{,}5\ A$, die EMK beträgt für alle $0{,}00666\ V$, also der Effekt $0{,}41\ W$. Für die Stromröhren, die teils innerhalb, teils außerhalb des Poles, und die, die ganz innerhalb desselben verlaufen, muß man den Fluß, von dem sie durchsetzt werden, nach der Zeichnung ungefähr bestimmen. Daraus berechnet man die EMK und durch Multiplikation mit 5 den Wattverbrauch

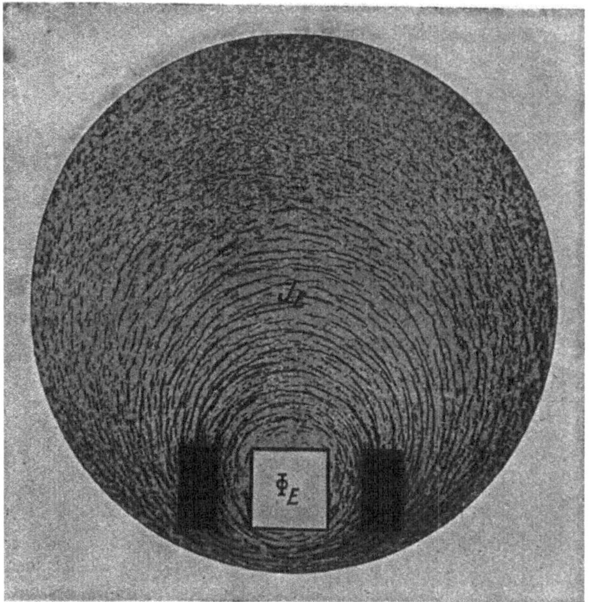

Fig. 53. Der Scheibenströmung J_K[1]) entsprechendes Feilichtbild.

der Röhre. Diese Röhren ergeben zusammen rund $0{,}1\ W$. Der Gesamteffekt beträgt also etwa $0{,}51\ W$.

Sollen die vom Stromfeld Φ_J, welches die Scheibe zweimal durchsetzt (Fig. 30), induzierten Ströme bestimmt werden, so hat man nach dem eben benutzten Verfahren die Strömung für den rechten und für den linken Strompol, welche einander gleich und entgegengesetzt gerichtet sind, einzuzeichnen und ihre Resultante zu bilden.

---

[1]) In der Figur ist der Spannungsfluß und die von ihm induzierte Strömung mit Φ_E bzw. J_E statt mit Φ_K bzw. J_K bezeichnet.

Mit Hilfe von Eisenfeilicht kann man sich ein Bild von dem
Verlaufe der Ströme in der Scheibe machen, denn ein unendlich
langer, stromdurchflossener Draht erzeugt in einer zu ihm senkrechten Ebene bekanntlich Kraftlinien, die konzentrische Kreise
um ihn bilden und deren Dichte dem Abstand von ihm umgekehrt proportional ist. Dieses magnetische Feld befolgt also

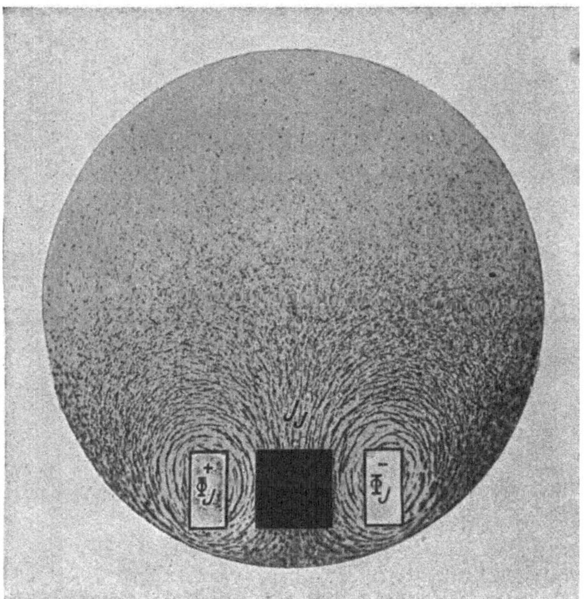

Fig. 54. Der Scheibenströmung J_J entsprechendes Feilichtbild.

dasselbe Gesetz wie die betrachtete Strömung[1]). Wir ersetzen daher
den Wechselfluß durch einen die Scheibe senkrecht durchsetzenden, stromdurchflossenen Leiter, welcher außerhalb der Scheibe
in der Entfernung $2\,a$ zurückgeführt wird. Das Feilichtbild auf
der Scheibe entspricht dem Strömungsbild. Fig. 53 und 54
zeigen solche Feilichtbilder.

Die Fig. 53 und 54 sind einer Arbeit entnommen, die
Chr. Baeumler im Zählerversuchsfeld der SSW ausführte und
in der er die Gesetze der Scheibenströmung ableitete (1910).

---

[1]) Siehe Gleichung (23) auf S. 110.

VII A. Drehstromzähler für Dreileiter-Anlagen.

1. Messung der Drehstromleistung. Die Leitungen 1, 2, 3
(Fig. 55) seien an eine Akkumulatorenbatterie angeschlossen.
Sie mögen die Potentiale (Spannungen gegen Erde) P_1, P_2, P_3
haben. In den drei Stromverbrauchern fließen die Ströme J_a,
J_b, J_c, in den Leitungen J_1, J_2, J_3 (Linienströme). Die Pfeile
bedeuten die positiven Richtungen.

Es sind dann die Spannungen zwischen den Leitungen:

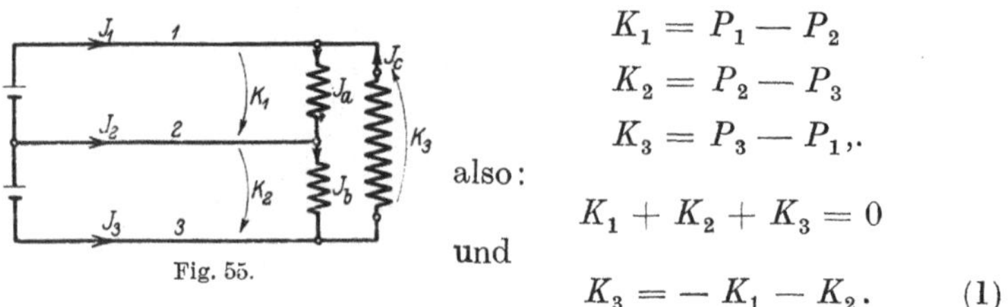

Fig. 55.

$$K_1 = P_1 - P_2$$
$$K_2 = P_2 - P_3$$
$$K_3 = P_3 - P_1,.$$

also:

$$K_1 + K_2 + K_3 = 0$$

und

$$K_3 = - K_1 - K_2. \qquad (1)$$

Ferner ist nach dem ersten Kirchhoffschen Gesetz:

$$\left.\begin{array}{llll} J_1 + J_c = J_a & \text{also} & J_a - J_c = & J_1 \\ J_3 + J_b = J_c & ,, & J_b - J_c = & - J_3 . \end{array}\right\} \qquad (2)$$

Der Effektverbrauch in den Stromverbrauchern ist:

$$N = K_1 J_a + K_2 J_b + K_3 J_c,$$

oder, wenn wir von den Gleichungen (1) und (2) Gebrauch machen:

$$\left.\begin{aligned} N &= K_1 J_a + K_2 J_b + (- K_1 - K_2) J_c \\ &= K_1 (J_a - J_c) + K_2 (J_b - J_c) = K_1 J_1 - K_2 J_3 . \end{aligned}\right\} \qquad (3)$$

Legen wir statt der Akkumulatorenbatterie an die Leitungen
1, 2, 3 die Klemmen einer Drehstrommaschine G (Fig. 56)[1]), so

---

[1]) Die Abfälle in den Wicklungen der Maschine G seien klein; dann
sind die EMKe ihrer drei Wicklungen gleich den Klemmenspannungen.

gilt Gleichung (3) für jeden Zeitmoment t:

$$(N = K_1 J_1 - K_2 J_3)_t\,,$$

wobei also die Buchstaben die Werte der Größen in demselben Zeitmoment t bedeuten.

Setzt man $- K_2 = K_{III}$, so wird

$$(N = K_1 J_1 + K_{III} J_3)_t;$$

der Mittelwert des Effektes ist also:

$$N = M\,(K_1 J_1)_t + M\,(K_{III} J_3)_t$$

oder

$$N = K_1 J_1 \cos K_1 \mid J_1 + K_{III} J_3 \cos K_{III} \mid J_3\,, \qquad (4)$$

wo M den Mittelwert der Produkte während einer Periode bedeutet (siehe auch V, 7).

Diese Gleichung ist damit allerdings nur für Dreieckschaltung der Verbraucher (Fig. 55) abgeleitet. Da jedoch in ihr nur die Ströme in den Zuleitungen und die Spannungen zwischen ihnen vorkommen, ist es offensichtlich, daß die Schaltung der Verbraucher gleichgültig ist, und daß die Gleichung allgemein gilt.

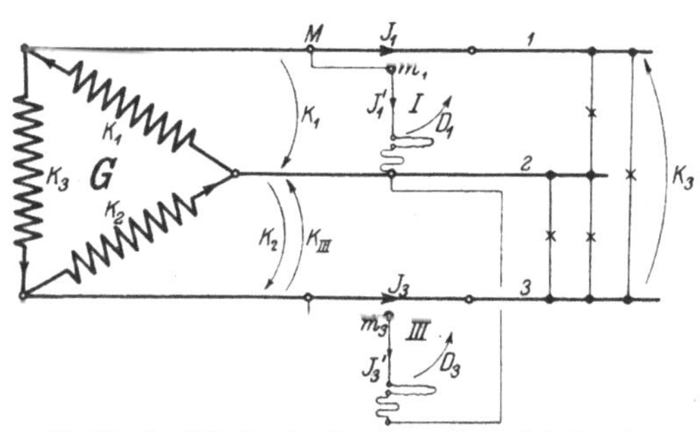

Fig. 56. Zwei-Wattmeter-Schaltung (Aron-Schaltung).

Die mittlere Leistung des Drehstroms wird also durch die zwei Wattmeter I und III (Fig. 56) angezeigt, und zwar können wir, wenn wir gleiche Wattmeter in gleicher Weise einschalten — beides ist in unserer Figur erfüllt —, und wenn deren Ausschläge α_1 und α_3 direkt Watt bedeuten, schreiben:

$$N = \alpha_1 + \alpha_3.$$

Diese „Zwei-Wattmeter-Schaltung" wurde von Aron angegeben.

Wir wollen einige Belastungsfälle betrachten. Es sei $K_1 = K_2 = K_3 = 120\ V$.

α) Von zwei Glühlampengruppen, deren jede $10\ A$ bei $120\ V$ aufnimmt, sei die eine zwischen 1 und 2, die andere zwischen

2 und 3 geschaltet. Die Lage der Vektoren zeigt Fig. 57. K_1, K_2, K_3 sind die drei um 120° gegeneinander verschobenen Spannungen des Drehstromnetzes. J_1' und J_1 sind mit K_1, J_3' und J_3 mit K_{III}, dem umgeklappten K_2, in Phase. Der Linienstrom J_1 und der Strom J_1' in der Spannungsspule des Wattmeters I — ebenso J_3 und J_3' — sind also gleichgerichtet. Beide Wattmeter schlagen in Pfeilrichtung aus; $J_1 = J_3 = 10\,A$,

$$\alpha_1 = \alpha_3 = 120 \cdot 10 \cdot \cos 0° = 1200\,W:$$

$$N = \alpha_1 + \alpha_3 = 2400\,W.$$

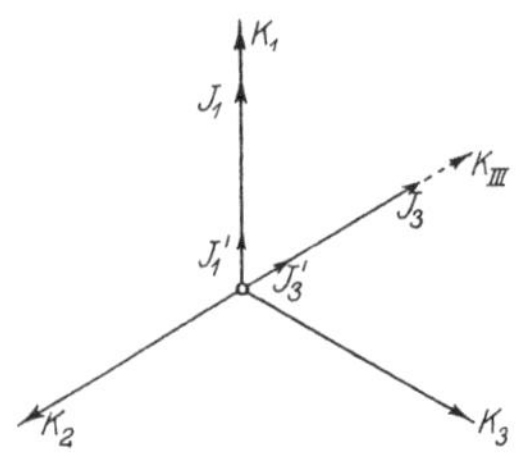

Fig. 57. Diagramm zu Fig. 56, wenn zwei gleiche Glühlampengruppen zwischen 1 und 2 und zwischen 2 und 3 geschaltet sind.

β) Zwischen je zwei Leitungen sei eine Glühlampengruppe geschaltet, die $10\,A$ aufnimmt (gleichseitige Belastung). Es ist $J_a = J_b = J_c = 10\,A$, und diese Ströme sind mit K_1, K_2, K_3 in Phase. J_1 und J_3 wurden in Fig. 58 unter Benutzung der Gleichungen

$$[J_1 = J_a - J_c]$$

$$[J_3 = J_c - J_b]$$

gebildet (s. V, 4 b), J_1 und J_3 sind $\sqrt{3}$ mal [1]) größer als J_a bzw. J_c, und es eilen J_1 und J_3 gegen K_1 bzw. K_3 um 30° nach.

Da die Projektionen von J_1' und J_3' auf J_1 bzw. J_3 auf der positiven Seite von J_1 und J_3 liegen, schlagen beide Wattmeter in Pfeilrichtung aus, jedes zeigt an:

$$120 \cdot 10\,\sqrt{3}\,\cos 30 = 1800\,W.$$

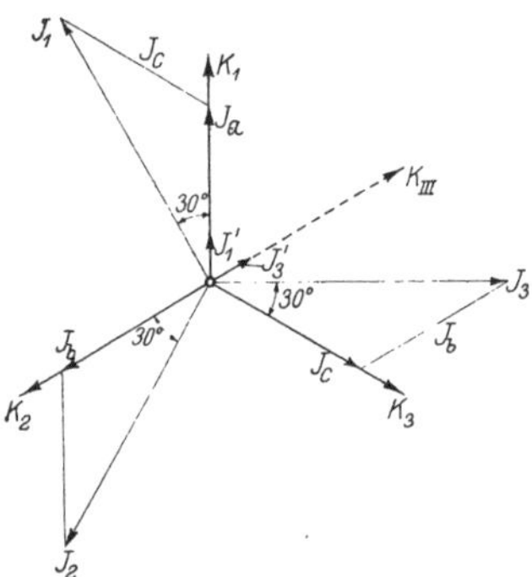

Fig. 58. Diagramm zu Fig. 56, wenn drei gleiche Glühlampengruppen eingeschaltet sind.

Ihre Angaben sind zu addieren:

$$N = \alpha_1 + \alpha_3 = 3600\,W.$$

Dieses stimmt überein mit der tatsächlichen Leistung, welche $3 \times 10 \times 120\,W$ beträgt. Beachtlich ist, daß J_1 gegen J_1' und K_1 nach-, dagegen J_3 gegen J_3' und K_{III} voreilt.

---

[1]) Denn $J_a \cos 30 = \frac{1}{2}J_1$, $J_1 = 2\,J_a \cos 30 = \sqrt{3} \cdot J_a$.

γ) Schaltet man statt der drei Glühlampengruppen drei gleiche Drosselspulen, die 10 A bei $\varphi = 60°$ aufnehmen, so bleibt das Diagramm dasselbe, nur sind J_1, J_2 und J_3 um 60° entgegen dem Uhrzeigersinn zu drehen; es steht J_1 dann auf K_1 senkrecht.

I gibt keinen Ausschlag, III gibt denselben Ausschlag wie im Fall 2, indem J_3 jetzt um 30° gegen J_3' nacheilt.

$$N = \alpha_1 = 1800 \ W.$$

Die Leistung muß natürlich cos 60° = 0,5 mal so groß sein wie im Fall β.

δ) Haben die drei Drosselspulen im Fall γ) größere Verschiebung als 60°, so gibt I einen negativen Ausschlag, denn die Projektion von J_1' auf J_1 fällt auf dessen negative Seite (rückwärtige Verlängerung von J_1). Wir würden z. B. für $\varphi = 80°$ erhalten:

$$\alpha_1 = 120 \cdot 10\sqrt{3} \cos (80 + 30) = - \ \ 710 \ W,$$
$$\alpha_3 = 120 \cdot 10\sqrt{3} \cos (80 - 30) = \ \ \ 1334 \ W,$$
$$N = \alpha_1 + \alpha_3 = -710 + 1334 = \ \ \ 624 \ W.$$

Die Wattmeter zeigen den Verbrauch richtig an, denn in den drei Zweigen wird geleistet:

$$N = 3 \cdot 120 \cdot 10 \cdot \cos 80° = 624 \ W \ ^1).$$

Die **algebraische Summe** der Wattmeterangaben gibt also stets die Drehstromleistung.

2. Induktionszähler. Wir schalten an Stelle der Wattmeter zwei gleiche W-Zähler I und III nach Fig. 56 ein; die algebraische Summe ihrer Angaben gibt den Verbrauch der Drehstromanlage. Bei gleichseitiger Belastung und $\varphi > 60°$ läuft der eine Zähler — und zwar bei Phasenfolge K_1, K_2, K_3 Zähler I — rückwärts, wie man aus den obigen Beispielen γ und δ erkennt. Um die Unbequemlichkeit zu vermeiden, zwei Zähler montieren und ablesen und ihre Angaben addieren oder subtrahieren zu müssen, setzt man die Scheiben

---

1) Wir können auch schreiben $\sqrt{3}$ 120 (10 $\sqrt{3}$) cos 80; 10 $\sqrt{3}$ ist der Strom in der Zuleitung (Linienstrom). Man kommt so zu der bekannten Formel für die Leistung in gleichbelasteten Drehstromanlagen

$$N = \sqrt{3} \ K J \cos \varphi,$$

wo J den Linienstrom, K die Spannung zwischen zwei Zuleitungen, φ die Verschiebung des Stromes in einer der drei Drosselspulen gegen ihre Klemmenspannung bedeutet.

beider Zähler auf eine gemeinsame Achse oder läßt auch die Triebsysteme I und III beider Zähler auf dieselbe Scheibe wirken; so erhält man einen Induktionszähler für Drehstrom. Fig. 59 zeigt einen solchen. Von den vielen Windungen (s') der Spannungsspulen ist der Deutlichkeit halber nur je eine, der Dämpfungsmagnet ist gar nicht gezeichnet.

Wenn bei den Feldern Φ_{KI} und Φ_{KIII} die 90°-Verschiebung erreicht und wenn die Drehzahl dieselbe ist, ob man denselben

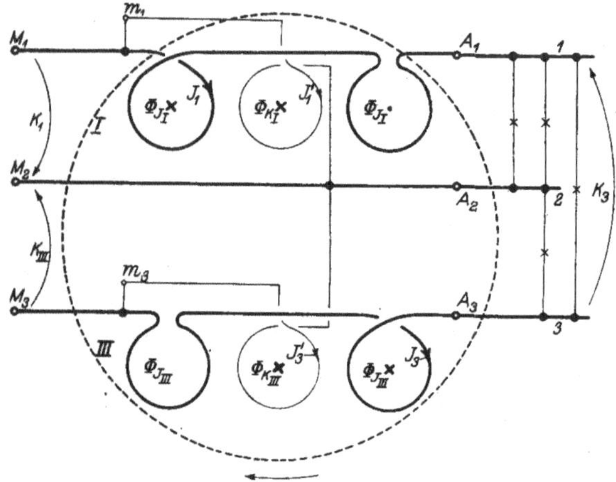

Fig. 59. Induktionszähler für Drehstrom (Aron-Schaltung).

Stromverbraucher zwischen 1 und 2 oder zwischen 2 und 3 schaltet (gleiche Triebkonstante der Systeme I und III)[1]), so ist zufolge Gleichung (4) die Drehzahl des Zählers proportional der Drehstromleistung.

Der Anschluß der Spulen muß natürlich so gewählt sein, daß die Drehrichtung in beiden Fällen dieselbe ist; dies ist in Fig. 59 der Fall, denn man erkennt, daß sich die Scheibe bei Belastungen zwischen 1 und 2 und bei Belastungen zwischen 2 und 3 in Pfeilrichtung dreht, indem man zur Bestimmung der Drehrichtung (siehe S. 75) bei I die linke, bei III die rechte

---

[1]) Bei jedem Drehstromzähler sind deshalb Einrichtungen vorhanden, welche gestatten, die Zugkraft des einen Systems zu verändern (z. B. durch Verstellung des Stromeisens gegen die Scheibe).

Stromspule zu betrachten hat und die Spannungflüsse gegen die Stromflüsse nacheilen.

3. Gegenseitige Störungen der Systeme. Bei Induktionszählern für Drehstrom können dadurch Meßfehler auftreten, daß das Stromfeld jedes Systems nicht nur mit dem eigenen Spannungsfeld, sondern auch mit dem des anderen Systems ein Drehmoment hervorbringt. Diese „gegenseitigen Triebe" machen sich besonders dadurch störend bemerkbar, daß ein Drehstromzähler, der für die Phasenfolge K_1, K_2, K_3 richtig geeicht ist, bei bestimmten Belastungsfällen Fehler aufweist, wenn er mit umgekehrter Phasenfolge eingeschaltet wird („Abhängigkeit von der Phasenfolge", „Drehfeldabhängigkeit").

Die gegenseitigen Triebe entstehen, wenn der Zähler zwei Scheiben auf einer Achse besitzt, dadurch, daß z. B. das Spannungsfeld Φ_{KI} des einen Systems ein Streufeld in die Scheibe des anderen sendet, mit dem dann das Stromfeld Φ_{JIII} zusammenwirkt. Man kann sie klein halten, indem man den Scheiben genügend großen Abstand gibt, die Triebeisen entsprechend ausbildet und diese sowie die gewöhnlich aus Eisen bestehenden, die Triebeisen tragenden Konstruktionsteile entsprechend anordnet.

Bei Zählern mit nur einer Scheibe entstehen außerdem gegenseitige Triebe durch Scheibenströme, indem z. B. (Fig. 60) der von Φ_{KI} induzierte Strom J_{KI} mit Φ_{JIII} und die von Φ_{JIII} induzierten Ströme J_{JIII} mit Φ_{KI} zusammenwirken. Diese Triebe kann man klein halten, indem man den Systemen großen Abstand gibt (großer Scheibendurchmesser) und die Strompole möglichst nahe an ihren Spannungspol heranrückt. Durch letztere Maßnahme erhalten die Kräfte, die ja von dem Strompol des einen nach dem Spannungspol des anderen Systems gerichtet sind, kleine Hebelarme.

Die Meßfehler, die bei den verschiedenen Zählerkonstruktionen der Praxis durch die gegenseitigen Triebe entstehen, hängen natürlich von deren Aufbau ab. Diese Fehler sind wesentlich kleiner, als in dem nachfolgend behandelten Zahlenbeispiel der Deutlichkeit des Diagrammes halber angenommen werden wird, betragen aber in der Regel immerhin einige Prozent.

Wir wollen uns mit der Entstehung dieser gegenseitigen Triebe und mit ihrem Einfluß auf die Messung etwas näher beschäftigen.

Es seien zunächst nur die Stromspulen beider Systeme erregt. Φ_{JIII} erzeugt (Fig. 60) Ströme J_{JIII}, welche durch die Flüsse Φ_{JI} fließen. Da J_1 und J_3 und somit Φ_{JI} und Φ_{JIII} im allgemeinen nicht in Phase sind, tritt hierbei eine Kraft auf. Bei den eingezeichneten Richtungen für J_{JIII} und Φ_{JI} werden die Ströme J_{JIII} vom rechten sowie vom linken Strompol nach außen geschoben. Beide Ströme suchen sich stets in derselben Richtung zu bewegen. Es kommt daher bei der gewählten symmetrischen Anordnung, die wir für unsere ganze Betrachtung voraussetzen wollen, kein Drehmoment zustande [1]), ebensowenig durch die von Φ_{JI} induzierten, unter Φ_{JIII} fließenden Ströme: die Stromfelder üben zusammen kein Drehmoment aus.

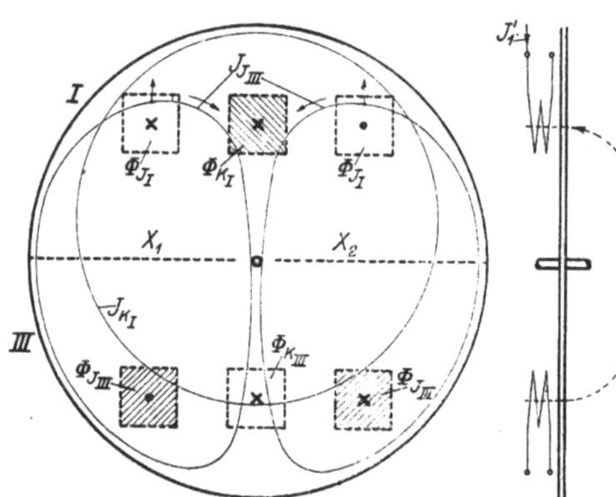

Fig. 60. Gegenseitige Triebe infolge von Scheibenströmen und Streuung.

Dasselbe gilt für die Spannungsfelder: die Ströme J_{KI}, die Φ_{KI} erzeugt, sind Kreise, deren Mittelpunkte auf der Verbindungslinie der Spannungsfelder liegen. Sie geben mit Φ_{KIII} eine Kraft, die durch die Drehachse geht [2]).

Dagegen bringen Φ_{KI} und Φ_{JIII} zusammen ein Drehmoment mittels der in Fig. 60 gezeichneten Ströme hervor.

Wir betrachten nun den Einfluß der gegenseitigen Triebe auf die Messung und machen dabei behufs Vereinfachung für unseren Drehstromzähler die folgenden Voraussetzungen:

1. Die Wattströme seien vernachlässigbar klein gegen die Erregerströme (Flüsse Φ_K und Φ_J nicht belastet); dann sind die Flüsse in Phase mit den Strömen J bzw. J' in den Wicklungen, und bei entsprechender Wahl der Maßstäbe können Flüsse und Ströme in dem Diagramm durch denselben Vektor dargestellt werden. Daraus folgt:

$$n = C_1\,\Phi_J\,\Phi_K \sin\sigma = C_0\,J\,J' \sin J \mid J'.$$

2. Die Systeme I und III (Fig. 59) seien genau gleich gebaut, und wie gezeichnet, symmetrisch zur Scheibe angeordnet; dann sind die Trieb-

---

[1]) Bei den Zählern der Praxis ist oft, obwohl die Systeme symmetrisch sitzen, zufolge unsymmetrischer eiserner Konstruktionsteile keine magnetische Symmetrie vorhanden.

[2]) Liegen die Spannungsfelder nicht symmetrisch, so üben sie zusammen ein Drehmoment aus; die Richtung desselben hängt davon ab, welches der beiden Felder voreilt, sie kehrt sich also um, wenn man zwei Zuleitungen von der Maschine zum Zähler miteinander vertauscht.

konstanten beider Systeme einander gleich, ferner treten also, wie oben gezeigt, gegenseitige Triebe zwischen Stromfeld und Stromfeld — und ebenso zwischen Spannungsfeld und Spannungsfeld — nicht auf.

3. Die Dämpfung durch die Triebeisen sei vernachlässigbar gegen die des Bremsmagneten[1]).

Wir belasten nun unseren Drehstromzähler nur zwischen 1 und 2, schalten die Spannungsspule des Systems III ab und stellen bei Φ_{KI} die 90°-Verschiebung und mittels des Bremsmagneten den Sollwert der Drehzahl her (Einzeleichung von System I); für die Drehzahl, die also ihrem Sollwert gleich ist, können wir schreiben:

$$n_I = C_0\, J_1\, J_1' \sin J_1 | J_1'.$$

Wir stellen ebenso auch bei Φ_{KIII} die 90°-Verschiebung her, dann ist, wenn nur zwischen 2 und 3 belastet und Φ_{KI} abgeschaltet ist:

$$n_{III} = C_0\, J_3\, J_3' \sin J_3 | J_3',$$

denn zufolge von 2. ist die Triebkonstante C_0 in beiden Fällen dieselbe. J_3' hat dieselbe Größe wie J_1', und es sind zufolge von 1 und auch die Ströme J_1' und J_3' um 90° gegen K_1 bzw. K_{III} verschoben (siehe Fig. 61 und 62).

Wir schalten jetzt die Spannungsspulen beider Systeme ein und belasten den Drehstromzähler durch zwei gleiche Glühlampengruppen zwischen 1 und 2 und 2 und 3. Die Vektoren haben dann die im Diagramm Fig. 61 gezeichnete Lage, und für die Drehzahl können wir, da wir die Spannungsdämpfung als vernachlässigbar annehmen, schreiben:

$$n = C_0\, J_1\, J_1' \sin 90 - \gamma\, C_0\, J_1\, J_3' \sin 30°$$
$$+ C_0\, J_3\, J_3' \sin 90 - \gamma\, C_0\, J_3\, J_1' \sin 30°.$$

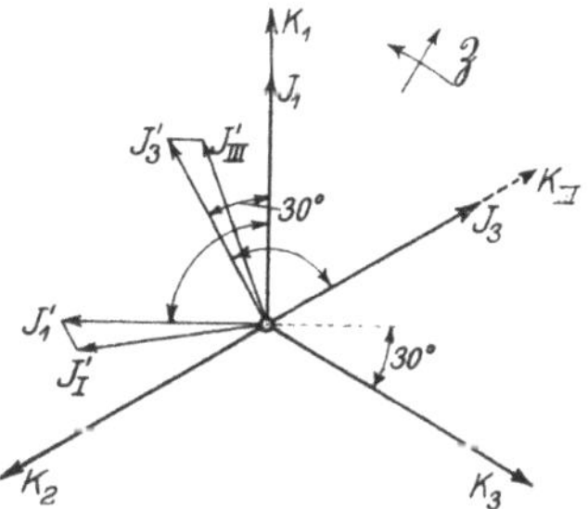

Fig. 61. Diagramm zur Drehfeldabhängigkeit, Phasenfolge K_1, K_2, K_3.

Das erste und dritte Glied rührt her von der Wirkung der Strom- und Spannungsspule desselben Systems (Haupttrieb), das zweite Glied rührt her von der Wirkung der Stromspule von I und der Spannungsspule von III (gegenseitiger Trieb); die Triebkonstante ist bei dem letzteren — da infolge des größeren Abstandes der Pole die Kraft und außerdem der Hebelarm kleiner ist als beim Haupttrieb — nur ein Bruchteil γ von C_0. Die Kraft ist nach unserer Regel von dem linken Strompol von I (Fig. 59) auf den Spannungspol von III hin gerichtet, da J_3' gegen J_1 nacheilt (siehe Fig. 61). Das Drehmoment ist also dem von J_1 und J_1' ausgeübten entgegengesetzt.

Entsprechendes gilt vom vierten Glied. Der Sollwert der Drehzahl ist gleich der Summe des ersten und dritten Gliedes, die Glieder zwei und vier gehen also als Fehler in die Messung ein.

---

[1]) Die Voraussetzungen 1. und 3. sind in der Praxis nicht erfüllbar, doch schränkt 1. das Resultat der Betrachtung überhaupt nicht, und 3. soweit es hier von Interesse ist, nicht ein.

Man kann sich die gegenseitigen Triebe beseitigt und dafür auf den Spannungsspulen eine zusätzliche Wicklung von $\gamma \cdot s'$ Windungen aufgebracht denken, welche bei I von $-J_3'$, bei III von $-J_1'$ durchflossen ist.

Im Diagramm kommen dann die gegenseitigen Triebe so zum Ausdruck, daß J_1 mit J_I', J_3 mit J_{III}' zusammenwirkt, wobei J_I' und J_{III}' durch Ansetzen von $-\gamma J_3'$ und $-\gamma J_1'$ an J_1' bzw. J_3' erhalten werden. J_{III}' hat zu wenig, J_I' zu viel Verschiebung, $J_I' < J_1'$, $J_{III}' < J_3'$. Das Drehmoment (oder die Drehzahl) des mit gegenseitigem Trieb behafteten Zählers bei einem bestimmten Verbrauchsstrom wird dann dargestellt durch die Länge l der von

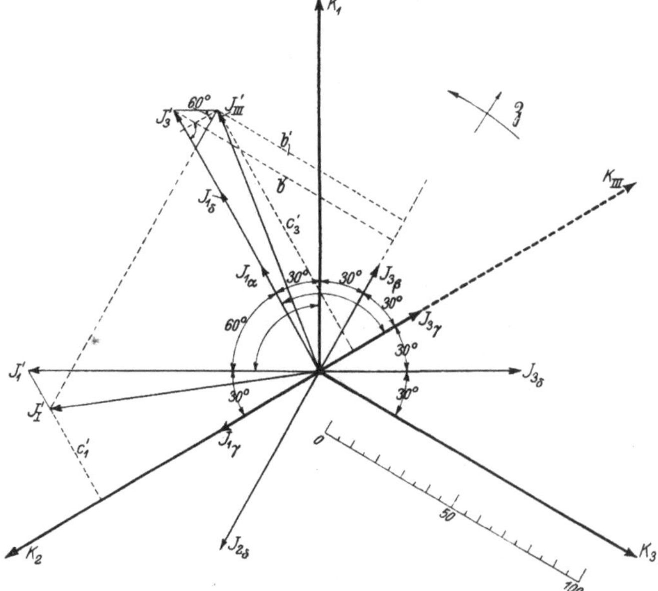

Fig. 62. Diagramm zur Drehfeldabhängigkeit, Phasenfolge K_1, K_2, K_3.

J_I' und J_{III}' auf J_1 bzw. J_3 gefällten Lote, da diese dem Produkte $J_I' \sin J_1 \,|\, J_I'$ bzw. $J_{III}' \sin J_3 \,|\, J_{III}'$ proportional ist; dasjenige des richtig zeigenden Zählers (ohne gegenseitige Triebe) dagegen durch die von J_1' und J_3' gefällten Lote $(l_\odot)$. Der Fehler des Zählers ist also:

$$\varDelta = \left(\frac{l}{l_\odot} - 1\right) 100\,\%.$$

Wir wollen auf diese Weise die Fehler $\varDelta$ unseres Drehstromzählers für einige Belastungsfälle bestimmen; es sei bei ihm $\gamma = 0{,}15$, also das Drehmoment des Stromfeldes mit dem gegenüberliegenden Spannungsfeld 15% desjenigen mit dem zugehörigen Spannungsfeld.

Es haben in Fig. 62, welche dazu benutzt werden soll, J_1' und J_3' die Länge 100, die Strecken $\overline{J_1' J_I'}$ und $\overline{J_3' J_{III}'}$ also die Länge 15 ($= \gamma J'$).

α) Drosselspule mit 30° Verschiebung zwischen 1 und 2, Strom $J_{1\alpha}$ ist parallel mit $\overline{J_1' J_I'}$. Das vom Endpunkt von J_1' auf $J_{1\alpha}$ gefällte Lot hat dieselbe Länge wie das von J_1' gefällte $\varDelta_\alpha = 0$.

β) Drosselspule mit 30° Verschiebung zwischen 2 und 3; Strom $J_{3\beta}$; das Drehmoment (Lot) sollte statt b' die Größe b haben; es ist $b = 100 \sin 60°$ $= 86,6$ Einheiten des beigezeichneten Maßstabes; b' ist um $15 \sin 60°$ zu klein:

$$\varDelta_\beta = \frac{-15 \sin 60°}{100 \sin 60°} \, 100 = -15\%.$$

γ) Drosselspule mit 60° Verschiebung zwischen 3 und 1; Ströme $J_{1\gamma}$, $J_{3\gamma}$; System III soll das Drehmoment $+100$, System I das Drehmoment $-100 \sin 30° = -50$ haben; statt dessen haben sie die Werte $c_3' = 100$ $-15 \cos 60 = 100 - 7,5$ und bzw. $c_1' = -(50-15) = -50 + 15$:

$$\varDelta_\gamma = \frac{-7,5 + 15}{50} \cdot 100 = +15\%.$$

δ) Belastung durch drei gleiche Glühlampengruppen zwischen 1, 2; 2, 3; 3, 1; Ströme $J_{1\delta}$, $J_{3\delta}$.

$$\varDelta_\delta = 0,$$

weil $J_{1\delta}$ zu $\overline{J_1' J_I'}$ und $J_{3\delta}$ zu $\overline{J_3' J_{III}'}$ parallel ist.

Wir lassen nun, ohne irgend etwas zu ändern, den die Anlage speisenden Drehstromgenerator mit umgekehrter Drehrichtung laufen[1]) (Phasenfolge $K_1 K_3 K_2$). Die Lage der Vektoren bei der Belastung α) ist aus Fig. 63 ersichtlich. Jetzt hat J_I' zuwenig und J_{III}' zuviel Verschiebung, und es ergeben sich für die unter α) bis δ) betrachteten Belastungsfälle die Fehler:

$$\varDelta_\alpha = -15,$$
$$\varDelta_\beta = 0,$$
$$\varDelta_\gamma = +15,$$
$$\varDelta_\delta = 0.$$

Der Fehler, den der Zähler zeigt, wenn z. B. eine Drosselspule mit $\varphi = 30°$ zwischen seinen Klemmen A_1 und A_2 (Fig. 59) eingeschaltet wird, ist also je nach der Phasenfolge Null oder -15%; ersterer Wert tritt ein, wenn K_2 gegen K_1 nacheilt („Drehfeldabhängigkeit").

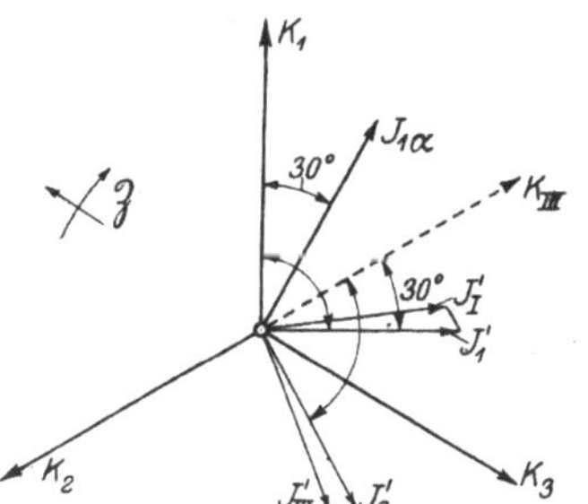

Fig. 63. Diagramm zur Drehfeldabhängigkeit, Phasenfolge K_1, K_3, K_2.

Wenn man Φ_{KI} und Φ_{JIII} erregt, tritt, wie wir sahen, zufolge der Ströme J_{KI} und J_{JIII} Fig. 60 ein Drehmoment auf; ist die Scheibe nach den Linien $X_1 X_2$ radial geschlitzt, so sind diese Ströme abgeschnitten, und es kann in der gezeichneten Scheibenstellung durch sie kein gegenseitiger Trieb entstehen. Ist doch ein Drehmoment vorhanden, so zeigt dies — wir

---

[1]) Statt den Generator umgekehrt laufen zu lassen, kann man auch zwei Zuleitungen zum Zähler miteinander vertauschen.

nehmen an, daß weder Strom- noch Spannungstrieb vorhanden ist —, daß beide Systeme außerdem mittels Streuung zusammenwirken, indem z. B. J_1' an der Stelle des Spannungsfeldes von *III* ein Feld erzeugt, welches mit $\Phi_{J III}$ ein Drehmoment hervorbringt (Fig. 60, rechts). Der durch Streuung hervorgerufene gegenseitige Trieb kann in ganz gleicher Weise im Diagramm berücksichtigt werden.

4. Eichung. Fig. 64 zeigt eine Eichschaltung für Drehstrom, welche der für Wechselstrom (Fig. 45) ähnlich ist; G_V und G_A sind die gekuppelten Generatoren, welche für Nennspannung (geringe Stromstärke) bzw. Nennstrom (geringe Spannung) der zu eichenden Zähler eingerichtet sind. G_V habe die Phasenfolge K_1, K_2, K_3, d. h. K_2 eilt gegen K_1 um 120° nach, wie in Fig. 61 und 62. Der Stator von G_A ist verdrehbar. $C C$

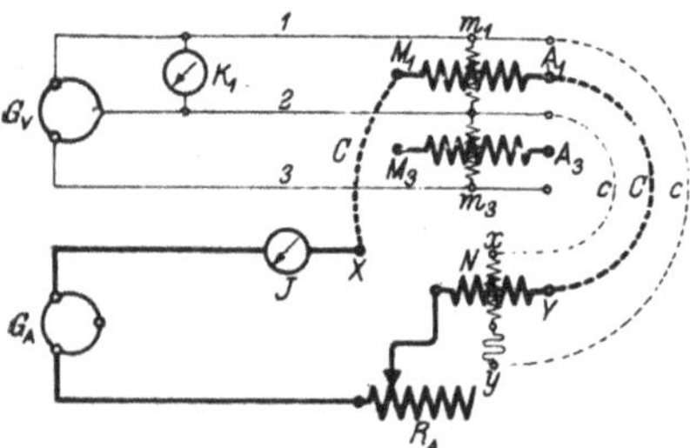
Fig. 64. Eichschaltung für Drehstromzähler.

(Stromkabel) und $c c$ (Spannungskabel) sind biegsame, mit ihrem einen Ende dauernd an $X Y$ bzw. xy angeschlossene Leitungen, mittels welcher die Punkte X, Y, x, y nacheinander mit den Strom- bzw. Spannungsspulen des Zählers verbunden werden können. Die Bezeichnungen der Zählerklemmen sind in Fig. 64 dieselben wie in Fig. 59.

a) Der gezeichneten Verbindung entspricht Belastung zwischen 1 und 2 in Fig. 59, auf das Wattmeter N wirkt J_1 und K_1.

b) Der Verbindung: „Stromkabel an M_3 und A_3, Spannungskabel an 2 und 3" entspricht Belastung zwischen 2 und 3; auf das Wattmeter wirkt K_{III} und J_3.

c) Der Verbindung: „Stromkabel an M_1 und M_3, A_1 und A_3 miteinander verbunden, Spannungskabel an 1 und 3" entspricht Belastung zwischen 1 und 3; auf das Wattmeter wirkt $J_1 = J_3$ und K_3.

Bei der Eichung eines Drehstromzählers kann man (auf S. 129 sind wir so verfahren) jedes System für sich eichen und dabei so vorgehen:

System III.

Verbindung der Klemmen gemäß b); $\Phi_{K I}$ abgeschaltet.

1. Herstellung der 90°-Verschiebung, nachdem etwa vorhandener Spannungsleerlauf beseitigt ist.

2. Ermittlung der Umdrehungen a pro kWs bei etwa Nennstrom und $\cos \varphi = 1$.

3. Herbeiführen desselben a bei Zehntellast und $\cos \varphi = 1$ durch Verändern der Hilfskraft.

4. Kontrolle bei etwa Nennstrom und $\cos \varphi \approx 0,3$.

System I.

Verbindung der Klemmen gemäß a) Φ_{KIII} abgeschaltet.

5. Herstellung der 90°-Verschiebung, nachdem etwaiger Spannungsleerlauf beseitigt ist.

6. Herbeiführen desselben a bei etwa Nennstrom und $\cos \varphi \approx 1$ durch Verstellen des Stromeisens oder durch sonst eine Einrichtung, welche gestattet, die Zugkraft von System I zu verändern.

7. Kontrolle bei etwa Nennstrom und $\cos \varphi = 0,3$.

8. Zuschalten von Φ_{KIII}; Herbeiführen des Wertes $a_\mathfrak{S}$ bei $\varphi = 30°$ (nacheilender Strom) und etwa Nennstrom durch Verstellen des Bremsmagneten. (In der Praxis gibt man gewöhnlich einen kleinen Plusfehler, damit keine zu großen Minusfehler entstehen, wenn zwischen 3 und 1 belastet wird, wobei die Stromspulen beider Systeme erregt sind, die Stromdämpfung also doppelt so groß ist.)

9. Kontrolle bei Zehntellast und $\cos \varphi = 1$; nötigenfalls Verändern der Hilfskraft.

10. Einstellung der Hemmfahne, so daß der Zähler bei $0,5 \div 1\%$ der Nennlast ($\sqrt{3}\, K_\mathfrak{N}\, J_\mathfrak{N}$) anläuft.

Durch 6. werden die Triebkonstanten von I und III auf denselben Wert gebracht; durch 8. wird der Zähler auf $a_\mathfrak{S}$ eingestellt, wenn — wie im praktischen Betrieb — beide Spannungsfelder erregt sind[1]). Eine Änderung des Drehmoments — also eine Störung von System I — findet durch Zuschalten von Φ_{KIII} bei dieser Belastung nicht statt, weil dabei, vorausgesetzt, daß K_2 gegen K_1 um 120° nacheilt, Φ_{JI} und Φ_{KIII} in Phase sind[2]).

Endlich stellt man Schaltung c) her und kontrolliert bei etwa Nennstrom $\cos \varphi \approx 1$ und $\cos \varphi \approx 0,3$.

---

[1]) Wir hatten auf S. 129 unter 3 angenommen, daß die Spannungsdämpfung vernachlässigbar sei gegen die des Stahlmagneten; bei den Zählern der Praxis beträgt sie oft einige Prozent davon und darf dann bei der Eichung nicht vernachlässigt werden.

[2]) Φ_{JI} und Φ_{KIII} haben die Lage $J_{1\alpha}$ bzw. J_3' in Fig. 62, wir haben hier den Belastungsfall α) von S. 131.

Wenn man die Eichung so ausführt, werden die Fehler des Zählers bei den verschiedenen Belastungsfällen der Fig. 62 entsprechen, nur werden sie, da die gegenseitige Beeinflussung der Systeme bei den Zählern der Praxis viel kleiner ist, als dort angenommen, ebenfalls entsprechend kleiner sein.

In der Praxis läßt man gewöhnlich während der ganzen Eichung — außer bei der Beseitigung der Spannungstriebe — beide Spannungsspulen eingeschaltet; es findet also dann die Eichung bei der richtigen Spannungsdämpfung statt. Wenn der Zähler bei der Phasenfolge K_1, K_2, K_3, die bei der Eichung vorhanden war, in die Anlage eingeschaltet wird, zeigt er bei allen Belastungsfällen richtig, falls er genau auf den Sollwert eingestellt wurde.

Findet also, wie oben, die Eichung der beiden Systeme statt, wenn das andere ganz abgeschaltet ist (Einzeleichung), so zeigt der Zähler in der Anlage für jede Phasenfolge bei einigen Belastungsfällen Fehler; findet sie bei der Erregung beider Spannungsspulen statt, so zeigt der Zähler bei derselben Phasenfolge in der Anlage richtig, dagegen bei umgekehrter größere Fehler als bei Einzeleichung.

Man berücksichtigt nun, wenn man unter Erregung beider Spannungsspulen eicht, die Drehfeldabhängigkeit in der Weise, daß man bei den einzelnen Belastungen auf bestimmte Fehler einstellt, die auf Grund der Eigenschaften der betreffenden Zählerkonstruktionen ein für allemal so festgelegt wurden, daß auch bei umgekehrter Phasenfolge keine zu großen Fehler auftreten. Man wird z. B. — immer die Phasenfolge K_1, K_2, K_3 bei G_V in Fig. 64 vorausgesetzt — Φ_{KI} Überverschiebung, Φ_{KIII} Unterverschiebung geben, damit die Fehlverschiebung der Felder bei umgekehrter Phasenfolge nicht zu groß wird (siehe Fig. 61 und 63).

VII B. Drehstromzähler für Vierleiter-Anlagen.

Die drei Wicklungen des Drehstromgenerators G (Fig. 65) sind in Stern geschaltet und es gehen die 3 Außenleiter 1, 2, 3 und der Null-Leiter 0 von ihm aus. Gewöhnlich sind die Lampen zwischen Null- und Außenleiter und die Motoren M zwischen letztere geschaltet[1]). Die Leistung des Generators im Zeitmoment l ist

$$(N = K_a J_1 + K_b J_2 + K_c J_3)_t,$$

und ihr Mittelwert ist gleich der Summe der

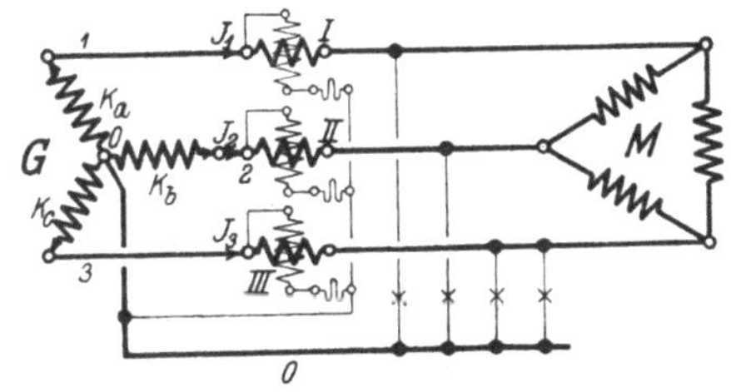

Fig. 65. Leistungsmessung mit drei Wattmetern *I, II, III* in einer Drehstromanlage mit Null-Leiter.

Angaben der drei Wattmeter; jedes mißt die von einer Wicklung des Generators abgegebene Leistung. Induktionszähler für Vierleiter-Drehstromanlagen benötigen danach drei Triebsysteme und zwei, oder, wenn man jedes Triebsystem auf eine Scheibe wirken läßt, sogar drei Scheiben. Man kann aber mit zwei Triebsystemen

---

[1]) Denkt man sich alle Stromverbraucher in Fig. 65 abgeschaltet und nur zwischen 1 und 2 einen induktionslosen Widerstand von 1 Ω eingeschaltet, so fließt in diesem von 1 nach 2 der Strom:

$$J = K_a - K_b,$$

da wir K_a und K_b von 0 nach außen als positiv angenommen haben (Pfeilspitze auf den Wicklungen); den gleichen Wert hat die den Strom von 1 nach 2 treibende Spannung

$$P_1 - P_2 = K_{1,2} = K_a - K_b.$$

Man erhält also $K_{1,2}$ in Diagramm Fig. 67, indem man das umgeklappte K_b an K_a ansetzt: $K_{1,2}$ ist $\sqrt{3}$ mal so groß als K_a und eilt ihm um 30° vor. Man wählt in den Netzen als „Sternspannung" (K_a, K_b, K_c) gewöhnlich 110 V oder 220 V (Lampenspannung) und hat dann 110 $\sqrt{3} = 190$ V bzw. 220 $\sqrt{3} = 380$ V zwischen den Außenleitern (Motorenspannung).

und daher mit einer Scheibe auskommen, wenn man die in der Praxis meist zulässige Annahme macht, daß die drei „Sternspannungen" K_a, K_b, K_c einander gleich und um 120° gegeneinander verschoben sind (Fig. 67). Dann ist ihre Resultante Null, weil K_a, K_b, K_c, wenn man sie aneinander ansetzt, ein geschlossenes (gleichseitiges) Dreieck bilden. Die Summe der drei Spannungen in irgendeinem Moment ist auch Null, denn sie wird dargestellt

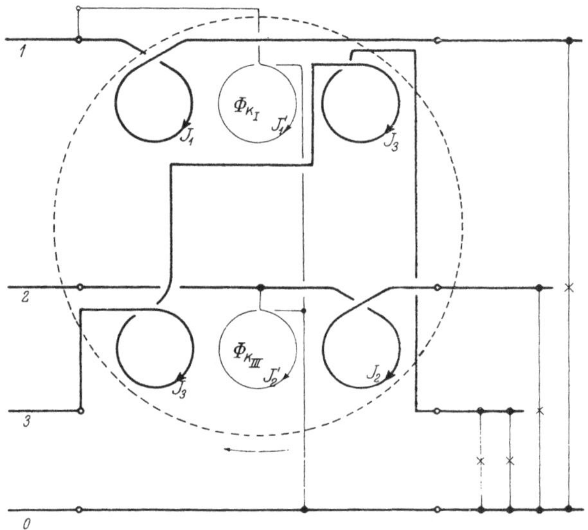

Fig. 66. Drehstromzähler mit zwei Triebsystemen für eine
Drehstromanlage mit Null-Leiter.

durch die Projektion dieser Resultante auf die Zeitachse. Wir können schreiben:

$$(K_a + K_b + K_c = 0)_t$$

oder

$$(K_c = - K_a - K_b)_t \, .$$

Wenn wir dies in die Gleichung

$$(N = J_1 K_a + J_2 K_b + J_3 K_c)_t$$

einsetzen, erhalten wir

$$(N = K_a(J_1 - J_3) + K_b(J_2 - J_3))_t$$

und

$$N = M\,(K_a\,(J_1 - J_3))_t + M(K_b\,(J_2 - J_3))_t \, .$$

Die mittlere Leistung kann deshalb durch einen Induktionszähler nach Fig. 66 gezählt werden[1]).

Φ_{KI} muß gegen K_a, Φ_{KIII} gegen K_b um 90° verschoben sein; mit Φ_{KI} arbeiten die von J_1 und J_3, mit Φ_{KIII} die von J_2 und J_3 durchflossenen Stromspulen zusammen. Der Zähler muß dieselbe Drehzahl haben, wenn dieselbe Belastung nacheinander

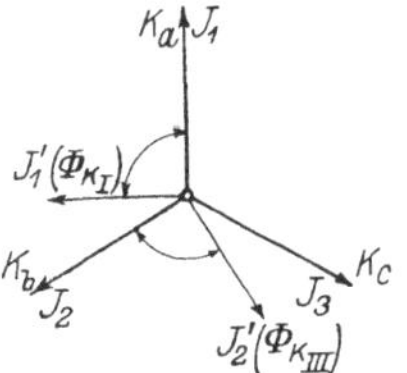

a) zwischen 1 und 0,

b) zwischen 2 und 0,

c) zwischen 3 und 0

geschaltet wird. Um dies bei der Eichung herbeiführen zu können, sind die Stromeisen gegenüber der Scheibe verstellbar angeordnet.

Fig. 67. Diagramm zu Fig. 66, wenn nacheinander dieselbe Glühlampengruppe zwischen 1 und 0; 2 und 0; 3 und 0 geschaltet wird.

Daß die Drehrichtung des Zählers bei den in Fig. 66 gewählten Verbindungen in Pfeilrichtung erfolgt, ersieht man aus dem Diagramm Fig. 67; J_1, J_2, J_3 bedeuten darin die Ströme in den eben erwähnten Fällen a, b, c, wenn die Belastung aus Glühlampen besteht. Es eilt also J_1' gegen J_1, J_2' gegen J_2, J_3 gegen J_1' und gegen J_2' nach; alle Drehmomente haben Pfeilrichtung.

Auch bei diesem Zähler werden, wie bei den unter VII A betrachteten, in der Regel gegenseitige Störungen der Systeme auftreten.

---

[1]) Damit die beiden Stromspulen desselben Systems, deren Ströme im allgemeinen nicht in Phase sind, kein Drehmoment zusammen ausüben, benutzt man, wie in Fig. 27, U-förmige Stromeisen und wickelt die beiden Spulen auf deren Joche auf, oder verteilt jede von diesen auf beide Schenkel. Es tritt dann aus den Polen desselben Stromeisens ein resultierender Fluß auf, der $J_1 - J_3$ bzw. $J_2 - J_3$ proportional ist. Die Pole desselben Stromeisens bringen daher zusammen kein Drehmoment hervor.

VIII. Verhalten der Motorzähler bei Belastungsstößen.

In manchen Betrieben, wo es sich z. B. um die Messung des Verbrauchs von Aufzügen, von Punkt-Schweißapparaten usw. handelt, ist der Verbrauchsstrom J sehr starken, schnell aufeinanderfolgenden Schwankungen unterworfen (Belastungsstöße).

Wir wollen untersuchen, ob die betrachteten Zähler auch in solchen Fällen die verbrauchte Arbeit richtig anzeigen[1]). Zunächst betrachten wir einen G-Zähler; die Reibung sei durch die Hilfsspule ausgeglichen.

Es besteht die Gleichung[2])

$$\omega = \frac{D}{b}\left(1 - e^{-\frac{b}{K}t}\right)$$

worin

$\omega = \dfrac{2\,\pi\,n}{60}$ Winkelgeschwindigkeit des Ankers zur Zeit t,

$K =$ dessen Trägheitsmoment,

$b =$ Dämpfungskonstante (Dämpfungsmoment bei der Winkelgeschwindigkeit Eins),

$e = 2{,}718\ldots$ Basis der natürlichen Logarithmen;

alle Größen im absoluten Maßsystem gemessen.

Aus der vorstehenden Formel läßt sich ω für jedes t berechnen. Vorausgesetzt ist, daß zur Zeit $t = 0$ der Belastungsstrom J auf den stillstehenden Zähler, dessen Spannungskreis erregt ist, geschaltet wird und daß J und damit D sofort seinen während der Zeit t konstant bleibenden Wert annimmt. Gemäß der Gleichung wächst die Geschwindigkeit ω des Ankers an, und erreicht nach einiger — theoretisch nach unendlich langer —

---

[1]) Orlich und Günther - Schulze, Elektr. u. Maschinenbau 1909, S. 801. — Schmiedel, daselbst 1911, S. 555.

[2]) Ableitung der Gleichungen. Siehe Schluß dieses Abschnittes.

Zeit den konstanten Wert ω_g (gleichförmige Bewegung). Alsdann ist

$$\omega = \omega_g = \frac{D}{b}$$

$$D = \omega_g\, b.$$

Das Drehmoment ist gleich dem Dämpfungsmoment. In den früheren Abschnitten hatten wir immer angenommen, daß die letzte Gleichung erfüllt ist, also vorausgesetzt, daß der Anker bereits die gleichförmige Bewegung angenommen habe (stationärer Zustand). Bei den Zählern hat nämlich $\dfrac{b}{K}$ stets solche Werte, daß ω bereits nach einigen Sekunden dem Wert ω_g praktisch gleich geworden ist; im folgenden Beispiel mit $\dfrac{b}{K} = 1{,}5$ unterscheiden sich beide nach 3 sec nur noch um 1%. Beim Abzählen der Zähler bei den Eichungen ist also stets die Endgeschwindigkeit ω_g vorhanden.

Hätte der Anker das Trägheitsmoment Null, so würde er sofort die Endgeschwindigkeit $\dfrac{D}{b} = \omega_g$ annehmen, wie auch aus der ersten Gleichung der vorigen Seite hervorgeht.

Nach t_1 Sekunden möge der Anker die Geschwindigkeit ω_1 haben. Wir schalten jetzt den Belastungsstrom J aus. Der Anker läuft mit fortwährend abnehmender Geschwindigkeit noch eine Zeitlang weiter. Es besteht für die Geschwindigkeit ω' beim Auslauf die Gleichung

$$\omega' = \omega_1\, e^{-\frac{b'}{K}\, t'}$$

wo also ω_1 die Geschwindigkeit im Moment des Ausschaltens bedeutet und t' von da ab gerechnet wird; b' ist die Dämpfungskonstante beim Auslauf. Beim G-Zähler ist $b' = b$, beim Induktionszähler ist $b' < b$ (s. unten).

Ein G-Zähler zeige bei konstanter Last genau richtig; sein Drehmoment betrage bei $J = 5\,A$

$$D = 7{,}18\ \mathrm{cmg} = 7{,}18 \cdot 981 = 7050\ \mathrm{cm\text{-}Dyn},$$

und seine Drehzahl im stationären Zustande $n_g = 66{,}1$, also

$$\omega_g = \frac{2\,\pi\,n_g}{60} = \frac{2\,\pi}{60} \cdot 66{,}1 = 6{,}92.$$

Er hat also die Dämpfungskonstante

$$b = \frac{D}{\omega_g} = \frac{7050}{6,92} = 1020.$$

Das Trägheitsmoment des Ankers sei $K = 681$ cm²g , also

$$\frac{b}{K} = \frac{1020}{681} = 1,5.$$

Der Zähler werde eine Sekunde lang mit $J = 5\,A$ belastet. J steigt zur Zeit $t = 0$ momentan auf $5\,A$ an und fällt bei $t = 1$ sec

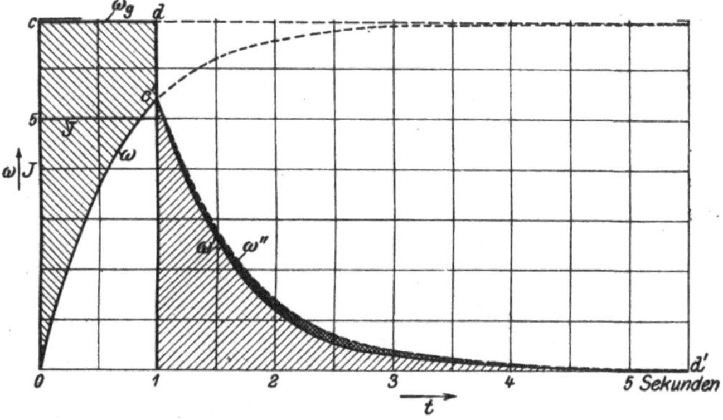

Fig. 68. Anlauf- und Auslaufkurven eines G-Zählers (Winkelgeschwindigkeiten ω und ω') und eines Induktionszählers (ω und ω''). Ein Stromstoß $J = 5\,A$ eine Sekunde lang.

momentan auf Null. ω und ω' für den Anlauf bzw. Auslauf sind nach obigen Gleichungen berechnet und in Fig. 68 dargestellt. Der Anker hat beim Ausschalten die Geschwindigkeit

$$\omega_1 = 5,38 = 0,778\,\omega_g,$$

erreicht also nur 77,8% der einem Strom von 5 A entsprechenden, in der Figur eingezeichneten gleichförmigen Geschwindigkeit ω_g.

Falls der Zähler den Stromstoß richtig anzeigt, muß er sich um den Winkel

$$\alpha = \omega_g\,t = \omega_g \cdot 1$$

drehen. α ist durch das Rechteck $0\,1\,d\,c$, die tatsächliche Drehung durch die von den Kurven ω und ω' und der t-Achse eingeschlossene Fläche dargestellt. Durch Planimetrieren findet man, daß die beiden schraffierten Flächen einander gleich sind. Die Drehung während des Anlaufs ist um den Betrag $o\,c\,d\,c'$ zu klein, aber der fehlende Betrag wird durch die Drehung beim Auslauf $1\,c'\,\omega'\,d'$ genau gedeckt. Der Zähler zeigt den Stromstoß richtig an. Dasselbe folgt aus Gleichung (8) S. 144.

Läßt man zur Zeit $t = 1,5$ sec noch einen zweiten Stromstoß $J = 5\,A$ eine Sekunde lang wirken, so ergeben sich gemäß Gleichung (2) S. 143 die in Fig. 69 dargestellten Verhältnisse. Auch hier läßt sich in der gleichen Weise zeigen, daß die von der Kurve und der t-Achse eingeschlossene Fläche gleich $2\,\omega_g$ ist ($F_1 + F_2 = F_3 + F_4$).

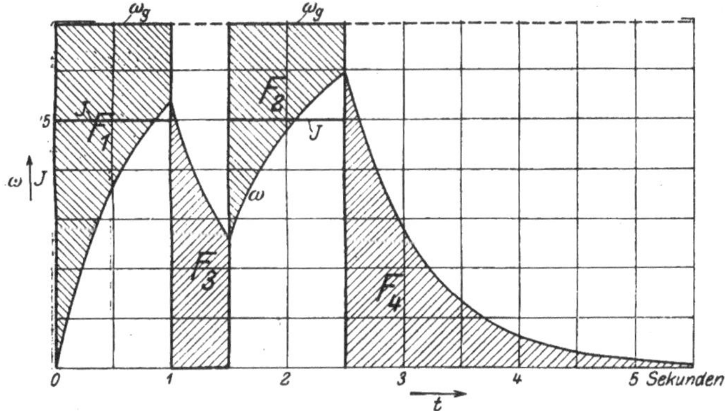

Fig. 69. Kurven eines G-Zählers, wenn zur Zeit $t = 1,5\,s$ ein neuer Stromstoß $J = 5\,A$ von einer Sekunde erfolgt.

Der G-Zähler zeigt richtig. Dies ist, wie sich zeigen läßt, bei einem mit Reibungsausgleich versehenen Zähler auch dann der Fall, wenn J — statt plötzlich auf $5\,A$ zu springen —, sämtliche dazwischen liegende Stromstärken durchlaufend, von Null auf $5\,A$ anwächst. Wir kommen also zu dem Ergebnis: Ein richtig geeichter G-Zähler zeigt auch Belastungsstöße richtig an.

Wir betrachten nun einen Induktionszähler, welcher dieselben Verhältnisse aufweist, also ebenfalls bei konstanter Last genau richtig zeigt, bei $5\,A \cos\varphi = 1$ das Drehmoment 7050 cm-Dyn, die Geschwindigkeit $\omega_g = 6,92$, die Dämpfungskonstante $b = 1020$, das Trägheitsmoment 681 cm²g hat. Auch diesen Zähler schalten wir eine Sekunde mit $5\,A \cos\varphi = 1$ ein. Die Anlaufkurve wird genau dieselbe sein, wie bei unserem G-Zähler; die Auslaufskurve wird aber etwas höher liegen, weil dabei die Dämpfungskonstante (b') infolge des Fehlens der Stromdämpfung kleiner ist ($b' < b$). Die Auslaufskurve ω'' ist unter der Voraussetzung, daß b' um 10% kleiner ist als b in Fig. 68 gestrichelt eingezeichnet. Der Induktionszähler zeigt also bei dem Belastungsstoß um die doppeltschraffierte Fläche zwischen den Kurven ω' und ω'' zu viel. Diese Fläche geteilt durch die von ω und ω' begrenzte $\times 100$ gibt den prozentualen Fehler. Bei den Induktionszählern der Praxis ist das Trägheitsmoment und der Einfluß der Stromdämpfung kleiner, die Dämpfungskonstante größer als oben angenommen. Der Plusfehler ist bei den in der Praxis vorkommenden Fällen vernachlässigbar (siehe Beispiel S. 145).

Ableitung der Gleichungen. Nach einem Grundgesetz der Mechanik ist Kraft = Masse $\times$ Beschleunigung. Bei einer drehenden Bewegung, wie sie unser Zähleranker besitzt, tritt an die Stelle dieser drei Größen das Drehmoment, das Trägheitsmoment, die Winkelbeschleunigung. Man erhält daher, falls die Reibung ausgeglichen, die Gleichung:

$$D - \omega b = K \frac{d\omega}{dt} \tag{1}$$

oder

$$dt = K \frac{d\omega}{D - \omega b}.$$

wo D und ω die Werte zur Zeit t bedeuten. Die Gleichung (1) ergibt sich aus folgender Überlegung: das Drehmoment D des Zählers, vermindert um das hemmende Moment ωb der Bremsung, gibt das für die Beschleunigung zur Verfügung stehende Drehmoment. Wir setzen stets voraus, daß das Drehmoment zur Zeit $t = 0$ plötzlich vom Wert Null auf den Wert D springt, daß D konstant bleibt und dann wieder plötzlich auf Null sinkt. Bei $D = $ const. kann man für $d\omega$ schreiben:

$$d\omega = - \frac{d(D - \omega b)}{b}$$

und es ist

$$dt = - \frac{K}{b} \frac{d(D - \omega b)}{D - \omega b}$$

oder nach Integration

$$t = - \frac{K}{b} \ln(D - \omega b) + c.$$

Soll für $t = 0$ $\omega = \omega_0$ sein, so ist

$$0 = - \frac{K}{b} \ln(D - \omega_0 b) + c.$$

Wenn man c hieraus berechnet und in die Gleichung für t einsetzt, erhält man:

$$t = - \frac{K}{b} \ln \frac{D - \omega\, b}{D - \omega_0\, b}$$

$$- \frac{b}{K}\, t = \ln \frac{D - \omega\, b}{D - \omega_0\, b}$$

$$e^{- \frac{b}{K} t} = \frac{D - \omega\, b}{D - \omega_0\, b}$$

$$e^{- \frac{b}{K} t} (D - \omega_0\, b) - D = - \omega\, b$$

$$\omega = \frac{D}{b} \left(1 - e^{- \frac{b}{K} t} \right) + \omega_0\, e^{- \frac{b}{K} t} \qquad (2)$$

Ist $\omega_0 = 0$, d. h. erfolgt der Stromstoß zur Zeit $t = 0$ auf den stillstehenden Zähler, so ist

$$\omega = \frac{D}{b} \left(1 - e^{- \frac{b}{K} t} \right) \qquad (3)$$

Bei $t = \infty$ sowie bei $K = 0$ ist $\omega = \frac{D}{b} = \omega_g$.

Für den auslaufenden Zähler $(D = 0)$ ist entsprechend Gleichung (1):

$$- \omega'\, b' = K \frac{d\omega'}{dt'}, \qquad (4)$$

woraus

$$- \frac{b'}{K}\, dt = \frac{d\omega'}{\omega'}$$

$$- \frac{b'}{K}\, t' = \ln \omega' + c.$$

Ist für $t' = 0$ $\omega = \omega_1$, so muß sein

$$0 = \ln \omega_1 + c,$$

und wenn man daraus c berechnet und oben einsetzt

$$- \frac{b'}{K}\, t' = \ln \frac{\omega'}{\omega_1},$$

woraus

$$\omega' = \omega_1\, e^{- \frac{b'}{K} t'}. \qquad (5)$$

Theoretisch kommt der Zähler also erst nach unendlich langer Zeit zum Stillstand.

Ein Zähler, der t_1 Sekunden eingeschaltet war, erlangt nach Gleichung (3) die Geschwindigkeit

$$\omega_1 = \frac{D}{b} \left(1 - e^{- \frac{b}{K} t_1} \right).$$

Das Einsetzen dieses Wertes in Gleichung (5) ergibt für seine Geschwindigkeit nach t' Sekunden nach dem Ausschalten den Wert

$$\omega' = \frac{D}{b}\left(1 - e^{-\frac{b}{K}t_1}\right) e^{-\frac{b'}{K}t'} \tag{6}$$

Schaltet man den stillstehenden Zähler zur Zeit $t = 0$ ein und zur Zeit $t = t_1$ aus, so dreht sich der Anker um den Winkel

$$\alpha = \underbrace{\int_0^{t_1} \omega \, dt}_{\text{Anlauf}} + \underbrace{\int_0^{\infty} \omega' \, dt'}_{\text{Auslauf}}.$$

Wenn man ω und ω' aus Gleichung (3) bzw. (6) ersetzt, erhält man:

$$\alpha = \int_0^{t_1} \frac{D}{b}\left(1 - e^{-\frac{b}{K}t}\right) dt + \frac{D}{b}\left(1 - e^{-\frac{b}{K}t_1}\right)\int_0^{\infty} e^{-\frac{b'}{K}t'} \, dt',$$

$$= \frac{D}{b}\int_0^{t_1} dt - \frac{D}{b}\int_0^{t_1} e^{-\frac{b}{K}t} \, dt + \frac{D}{b}\left(1 - e^{-\frac{b}{K}t_1}\right)\int_0^{\infty} e^{-\frac{b'}{K}t'} \, dt', \tag{7}$$

woraus sich, da

$$\int e^{-\frac{b}{K}t} \, dt = -\frac{K}{b} e^{-\frac{b}{K}t} + c,$$

ergibt

$$\alpha = \frac{D}{b}t_1 - \frac{DK}{b}\left(-\frac{e^{-\frac{b}{K}t_1}}{b} + \frac{1}{b}\right) + \frac{DK}{b}\left(-\frac{e^{-\frac{b}{K}t_1}}{b'} + \frac{1}{b'}\right)$$

$$= \frac{D}{b}t_1 + \frac{DK}{b}\left(1 - e^{-\frac{b}{K}t_1}\right)\left(\frac{1}{b'} - \frac{1}{b}\right). \tag{8}$$

Beim G-Zähler ist die Dämpfungskonstante beim Anlauf und beim Auslauf dieselbe ($b' = b$); es ist

$$\alpha = \frac{D}{b}t_1 = \omega_g t_1. \tag{9}$$

Der G-Zähler zeigt also den Belastungsstoß richtig an, denn seine Drehung ist gleich der der Belastung entsprechenden Geschwindigkeit im stationären Zustand multipliziert mit der Belastungszeit.

Bei Induktionszählern ist b' um einige Prozent kleiner als b, weil beim Auslauf die beim Anlauf vorhandene Stromdämpfung wegfällt.

Da $b' < b$, zeigt der Zähler z u v i e l, und zwar um

$$\varDelta = \frac{\alpha - \frac{D}{b}t_1}{\frac{D}{b}t_1} = \frac{K\left(1 - e^{-\frac{b}{K}t_1}\right)\left(\frac{1}{b'} - \frac{1}{b}\right)}{t_1} \cdot 100\% . \tag{10}$$

Beispiel: Wenn ein Drehstromzähler-Anker aus zwei Aluminiumscheiben (spez. Gewicht $s = 2,7$) vom Durchmesser $100\,\text{mm} = 10\,\text{cm}$, Radius $r = 5\,\text{cm}$ und Dicke $\vartheta = 1\,\text{mm} = 0,1$ cm besteht, so ist, wenn wir die Achse, die sehr dünn sei, außer acht lassen, die Masse des Ankers

$$m = \pi\, r^2 \cdot 2\,\vartheta \cdot s = \pi\, 5^2 \cdot 0,2 \cdot 2,7 = 42,4 \text{ g}$$

$$K = \tfrac{1}{2}\, m r^2 = \tfrac{1}{2} \cdot 42,4 \cdot 5^2 = 530 \text{ cm}^2 \text{ g}.$$

(Siehe z. B. Kohlrausch, Praktische Physik. 12. Aufl. S. 114.)

Ist ferner $n_\mathfrak{N} = 40$, $D_\mathfrak{N} = 10$ cmg $= 9810$ cm-Dyn und beträgt die Stromdämpfung bei Nennstrom 4% der Gesamt-Dämpfung bei $5\,A$ — alles Werte, wie sie den praktischen Verhältnissen entsprechen —, so ist

$$\omega_g = \frac{2\,\pi \cdot 40}{60} = 4,19, \quad b = \frac{D}{\omega_g} = \frac{9810}{4,19} = 2340, \quad b' = 0,96\,b = 2247$$

und

$$\varDelta = 530\left(1 - e^{-\frac{2340}{530}}\right)\left(\frac{1}{2247} - \frac{1}{2340}\right)100 = +\,0,94\%,$$

wenn der Stromstoß bei Nennstrom erfolgte und eine Sekunde dauerte $(t_1 = 1)$.

IX. Meßwandler.

1. Zweck der Wandler. Wie unter VI 11 auseinandergesetzt, macht es Schwierigkeiten, Induktionszähler für höhere Stromstärken und Spannungen einzurichten. Wo es sich daher in Wechselstromanlagen um die Registrierung großer Leistungen handelt, muß man Strom- und Spannungswandler (Meßwandler) verwenden, welche die zu messenden Ströme und Spannungen in solche umwandeln, für die sich die Wicklung und die Isolation der Induktionszähler bequem ausführen lassen (z. B. 5 A bzw. 110 V).

Ferner bieten die Meßwandler den Vorteil, daß die Meßapparate durch die zwischen Primär- und Sekundärwicklung der Wandler befindliche Isolation, die in der Fabrik einer sehr scharfen Durchschlagsprobe unterzogen wird, von der Hochspannung getrennt sind. Es ist zulässig und empfehlenswert, je einen Punkt der sekundären Wicklungen der Wandler, seinen Eisenkern und das Zählergehäuse zu erden, es kann dann auch beim Defektwerden der Wandlerisolation an keinem Teil, mit dem man bei der Ablesung der Meßapparate zufällig in Berührung kommt, eine lebensgefährliche Spannung auftreten; auch statische Ladungen sind durch die Erdung unschädlich gemacht.

2. Anforderungen an die Wandler. Andererseits können durch die Meßwandler Fehler in die Messung kommen, wenn die sekundäre Größe nicht genau um 180⁰ gegen die primäre verschoben ist (Fehlwinkel δ, siehe S. 71), und wenn die Übersetzung U nicht den richtigen Wert hat. Wir werden uns damit unter 5c (S. 152) eingehend beschäftigen. Vorläufig sei dazu folgendes bemerkt:

Wird ein Zähler an einen Strom- und Spannungswandler angeschlossen und nach dem die Primärleistung zeigenden Wattmeter eingestellt, mit den Wandlern „zusammengeeicht" und dann mit denselben Wandlern in eine Anlage eingeschaltet, so kommen durch den Spannungswandler keine Fehler in die Messung hinein, denn seine Übersetzung U und sein Fehlwinkel δ sind in die Eichung eingeschlossen und bleiben, da er konstant belastet ist, konstant. Ob die Übersetzung U des Wandlers mit der auf seinem Schild aufgeschriebenen $U_\Re$ übereinstimmt und ob δ groß oder klein, ist dabei vollständig gleichgültig.

Der Stromwandler dagegen wird je nach der Belastung der Anlage von sehr verschiedenen Strömen durchflossen. Dabei ändert sich (siehe S. 71) δ und U, und zwar ist U bei kleinen Stromstärken verhältnismäßig zu groß, der sekundäre Strom also verhältnismäßig zu klein. Man kann diesen Fehler des Wandlers größtenteils durch die Einstellung der Zählerhilfskraft ausgleichen, indem man diese kräftiger wirken läßt als bei Zählern ohne Stromwandler. Dagegen bringt, wenigstens wenn die Anlage induktiv z. B. mit Motoren belastet ist, die Änderung von δ Fehler in die Messung.

Man könnte also, wenn man den Zähler mit Meßwandlern zusammeneichte, mit verhältnismäßig primitiven und billigen Wandlern auskommen, weil die Eigenschaften der Spannungswandler ganz belanglos sind und die schlechten Eigenschaften der Stromwandler teilweise durch die Einstellung des Zählers ausgeglichen werden können. Ferner ist, wenn man zusammeneicht, eine genaue Messung des Übersetzungsverhältnisses nicht nötig. Unbequem ist dagegen für die Fabriken, daß sie die Zähler mit Hochspannung eichen müssen; für die Elektrizitätswerke, daß sie im Bedarfsfall nicht noch weitere Apparate an den Wandler anschließen können. Endlich, daß sie, z. B. im Falle eines Defekts am Zähler, nicht einen beliebigen anderen, auf Lager befindlichen Zähler für gleiche Stromstärke und Spannung mit dem Wandler betreiben können.

Um diese Übelstände zu vermeiden, arbeitet man neuerdings nach folgenden Gesichtspunkten: Man verwendet sehr vollkommene Meßwandler, bei denen der gleichzeitige Anschluß einer Anzahl Zähler oder Instrumente zulässig und bei denen bei allen Belastungen bis zur zulässigen Höchstbelastung die Abweichungen der Übersetzung vom aufgeschriebenen Wert und der Fehlwinkel δ sehr klein sind. Ferner wird bei jedem Wandler, ehe er die Fabrik verläßt, nach Methoden, die wir weiter unten kennen lernen werden, die Übersetzung sehr genau gemessen und auf das Schild aufgeschrieben. Die Zähler werden ohne Meßwandler für sich geeicht. Man kann an solche Meßwandler beliebige Apparate — Zähler und Meßinstrumente — geeigneter Nennspannung und geeigneten Nennstroms anschließen. Solange die Meßwandler dadurch nicht über die zulässige Höchstbelastung belastet sind, ergibt die Angabe der Apparate, multipliziert mit dem aufgeschriebenen Wert $U_\mathfrak{N}$ der Übersetzung, mit großer Genauigkeit die primären Größen. Natürlich ist es unter Zugrundelegung der Nennübersetzungen $U_\mathfrak{N}$ möglich, die Zähler so einzurichten, daß ihre Ablesung direkt die primäre Größe ergibt (siehe S. 152).

3. Schildaufschriften und deren Bedeutung. Die Schilder moderner Meßwandler tragen beispielsweise folgende Aufschriften:

Spannungswandler:	Stromwandler:
Frequenz $40 \div 60$	Frequenz $40 \div 60$
Höchstbelastung 30 VA	Höchstbelastung 15 VA
Primär 10 000 V	Primär 50 A
Sekundär 100 V	Sekundär 5 A
	Höchstspannung 20 000 V

Zu diesen Aufschriften sei folgendes bemerkt: 10 000 V und 100 V heißen primäre bzw. sekundäre ,,Nennspannung''($K_{1\mathfrak{N}}$, $K_{2\mathfrak{N}}$); es sind die an den Klemmen des Wandlers herrschenden Spannungen. Entsprechend heißen bei unserem Stromwandler 50 A und 5 A ,,Nennströme'' ($J_{1\mathfrak{N}}$, $J_{2\mathfrak{N}}$). $\dfrac{10\,000}{100} = 100$ und $\dfrac{50}{5} = 10$ ist der Nennwert der Übersetzung (,,Nennübersetzung'' $U_\mathfrak{N}$). Die angegebenen Höchstbelastungen verstehen sich bei Nennspannung bzw. Nennstrom. Obigem Spannungswandler dürfen also bei 100 V bis zu 30 VA, also Ströme bis 0,3 A entnommen werden. Es muß daher der Widerstand oder Scheinwiderstand (Impedanz) des Stromverbrauchers, den der Spannungswandler speist, mindestens $100 : 0,3 = 333\ \Omega$ betragen. Wenn z. B. der Spannungskreis eines für 100 V bewickelten Zählers 0,02 A aufnimmt, so können die Spannungsspulen von 15 solcher Zähler, die selbstverständlich alle parallel liegen, an den Wandler angeschlossen werden.

Obigem Stromwandler darf bei dem Nennstrom 5 A bis zu 15 VA also eine Klemmenspannung bis zu 3 V entnommen werden. Der Widerstand — oder Scheinwiderstand — des Stromverbrauchers, den der Stromwandler speist, darf also höchstens $15:5^2 = 0{,}6 \, \Omega$ betragen. Wenn der Spannungsabfall an der Stromspule eines 5 A-Zählers 0,5 V beträgt, kann unser Stromwandler die in Reihe geschalteten Stromspulen von 6 solchen Zählern speisen.

Beide Wandler können im Bereich von $40 \div 60$ Perioden pro Sekunde benutzt werden. Die Isolation des Stromwandlers ist für Spannungen bis zu 20 000 V ausreichend.

4. Unterschied zwischen Spannungswandlern und Stromwandlern. In Fig. 70 ist die Schaltung dreier Zähler Z_1, Z_2, Z_3 dargestellt. Z_1 arbeitet ohne Wandler, bei Z_2 wird der Spannungskreis von einem Spannungswandler, bei Z_3 die Stromspule von einem Stromwandler gespeist. Wir wollen uns den grundlegenden Unterschied zwischen Strom- und Spannungswandlern klarmachen:

Der Spannungswandler arbeitet bei konstanter Spannung, weil K_1 der Anlage praktisch konstant ist. Die Streureaktanzen und Widerstände der Wicklungen und daher die Abfälle in diesen sind sehr klein; sie betragen bei allen zulässigen Belastungen höchstens 1% der induzierten EMKe. Infolgedessen sind die Klemmenspannungen K_1 und K_2 stets sehr nahe gleich den EMKen, E_1 bzw. $E_2{}^1$); es ist $\dfrac{K_1}{K_2} \approx \dfrac{E_1}{E_2} = \dfrac{s_1}{s_2}$: Die Übersetzung $U = \dfrac{K_1}{K_2}$ ist praktisch gleich dem Verhältnis der Windungszahlen und verändert sich nur sehr wenig mit der Belastung; K_1 und K_2 sind fast genau um 180^0 verschoben.

Da K_2 praktisch konstant, ist die vom Spannungswandler abgegebene Leistung um so größer, je kleiner der Widerstand ist, auf den er geschlossen ist (Spannungskreis von Z_2 in Fig. 70). Man arbeitet zwecks billiger Herstellung mit ziemlich hohen Eiseninduktionen, z. B. $\mathfrak{B} = 10\,000$, und erhält daher hohe Leerlaufströme J_0, die oft von der Größenordnung des primären Nutzstromes sind, aber, da R_1 und X_1 klein, nur kleine Abfälle und kleine Fehler hervorbringen. Da K_1 und daher auch E_1

---

^{1}) Man ersieht dies aus Fig. 26 S. 68. Wenn die Abfälle sehr klein sind, fällt die Pfeilspitze von K_2 mit der von E_2 und diejenige von K_1 mit dem Endpunkt von $- E_1$ zusammen.

und Φ praktisch konstant sind, gilt dies auch vom Leerlauf
strom J_0.

Der Spannungswandler arbeitet ähnlich wie ein ganz schwach
belasteter Leistungswandler und darf nie über einen zu kleinen
Widerstand, geschweige denn kurzgeschlossen werden.

Ganz anders liegen die Verhältnisse beim Stromwandler. Wenn
in dem Dreieck mit den Seiten J_1, J_2, J_0 (Fig. 26) J_0 verschwindend
klein, ist J_1 um 180^0 gegen J_2 verschoben, und es ist $J_1 \approx J_2$
bei gleicher Windungszahl, oder

$$J_1\, s_1 \approx J_2\, s_2$$

bei den Windungszahlen s_1 und s_2; die primäre Amperewindungszahl
ist nahezu gleich der sekundären, und die Ströme sind nahezu
um 180^0 verschoben. Die primären und sekundären Amperewindungen heben sich fast auf; es bleibt nur eine ganz kleine
Resultante, die den Eisenkern magnetisiert. Diesem Ideal muß
man beim Stromwandler möglichst nahekommen, man muß also
den Leerlaufstrom J_0 sehr klein halten und arbeitet daher mit
Eiseninduktionen von nur einigen hundert Linien und gibt dem
magnetischen Kreis möglichst geringen Widerstand.

Die Ströme stehen dann unabhängig von der Belastung im
umgekehrten Verhältnis der Windungszahlen, die Übersetzung

$$U = \frac{J_1}{J_2} \approx \frac{s_2}{s_1}$$

ist praktisch konstant und es ist $\delta \approx 0$.

Die sekundäre Klemmenspannung des Stromwandlers beträgt
höchstens einige Volt, denn sie ist gleich dem Spannungsabfall
in der Stromspule des zu speisenden Apparates (in Fig. 70 des
Zählers Z_3). Die Klemmenspannung des Stromwandlers ist
ebenso wie seine EMK E_2, sein Fluß Φ und sein Leerlaufstrom J_0
dem Strome J_2 und daher auch dem Verbrauchsstrom J_1 annähernd proportional. Alle diese Größen ändern sich daher mit
der Belastung (J_1) der Anlage innerhalb sehr weiter Grenzen.

Bei derselben Belastung (J_1) bleibt J_2 praktisch dasselbe,
auch wenn man die Stromspule eines zweiten Zählers mit derjenigen von Z_3 in Reihe schalten würde; der Stromwandler
würde dann die doppelte Leistung abgeben, E_2, Φ und J_0 wären
größer.

Ein Stromwandler ist also um so stärker belastet und arbeitet um so ungünstiger, je größer der Widerstand ist, auf den er geschlossen ist; er ist also am wenigsten belastet, wenn er kurzgeschlossen ist, und darf unter keinen Umständen offengelassen werden (siehe Diagramm des Stromwandlers am Schlusse).

Die Abfälle in den Wicklungen sind bei Stromwandlern sehr groß gegen die induzierten EMKe; sie können z. B. die Hälfte oder mehr der letzteren betragen.

5. Zusammenarbeiten von Zählern und Wandlern. a) S c h a l t u n g. In eine Anlage (Fig. 70) mit $K_1 = 550\ V$, die mit einem Strom von $J_1 = 20\ A$ arbeitet, sind drei Zähler Z_1, Z_2, Z_3 eingeschaltet. Z_1 ist für 20 A 550 V, Z_2 für 20 A 110 V, Z_3 für 5 A

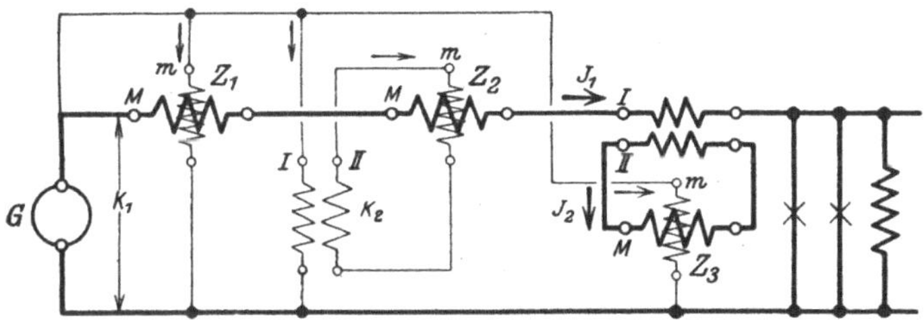

Fig. 70. Zusammenarbeiten von Zählern und Wandlern. Die 3 Zähler Z_1, Z_2 und Z_3 haben dieselbe Drehrichtung, falls sie im gleichen Sinn bewickelt und die Meßwandlerklemmen gemäß Fig. 25 bezeichnet sind.

550 V bewickelt. Z_2 arbeitet mit einem Spannungswandler mit der Nennübersetzung $U_\Re = \dfrac{550}{110}\ V$, Z_3 mit einem Stromwandler mit $U_\Re = \dfrac{20}{5}\ A$ zusammen. Bei allen drei Zählern seien die Spulen in gleichem Sinn gewickelt und in gleicher Weise an die Zählerklemmen M bzw. m angeschlossen. M und m sind wieder (siehe III, 16) so gewählt, daß die Zähler vorwärts laufen, falls M und m mit der von der Maschine kommenden Leitung verbunden werden. Die Klemmen der Wandler seien entsprechend Fig. 25 mit I und II bezeichnet, so daß die von dem gemeinsamen Feld induzierten EMKe gleichzeitig in der primären und sekundären Spule von I bzw. II gegen die unbezeichneten Klemmen gerichtet sind. Dann verlaufen — da K_1 gegen K_2 und ebenso J_1 gegen J_2 um 180⁰ verschoben ist — die Klemmenspannungen

und Ströme primär und sekundär in dem gleichen Moment entsprechend den in Fig. 70 eingezeichneten Pfeilen[1]); die Strom- und Spannungsfelder haben bei allen drei Zählern dieselbe Richtung: Sind die Klemmen der Zähler und Meßwandler wie oben mitgeteilt bezeichnet, so hat man sie nach Fig. 70 zusammenzuschalten, damit sich die Zähler im richtigen Sinne drehen.

b) Eichung. Gewöhnlich werden die Zähler, die mit Wandlern zusammenarbeiten sollen, wie oben erwähnt, ohne Wandler, jedoch unter Berücksichtigung des Nennwertes $U_\mathfrak{N}$ der Übersetzung derselben geeicht.

Da die Leistung unserer Anlage $(550\,V\ 20\,A)$, bei $\cos\varphi = 1\ 11\,\mathrm{kW}$ beträgt, versehen wir alle drei Zähler gemäß Tabelle (S. 33) mit Zifferblatt 00000 der Übersetzung $\gamma = 1:2400$ und der Aufschrift: „240 Umdrehungen pro kWh"; $a_\mathfrak{E} = 240 : 3600 = 0,067$. Den Zähler Z_1 eichen wir in der bekannten Weise, er muß bei

$$11\ \mathrm{kW}\ 60\ \text{Umdrehungen in } \frac{60}{11 \cdot 0,067} = 81,7\ s \text{ machen.}$$

Den Zähler Z_2 eichen wir ohne Wandler wie einen gewöhnlichen Zähler für $110\ V\ 20\ A$, nur stellen wir ihn bei $11\,\dfrac{110}{550} = 2,2\,\mathrm{kW}$[2]) auf $u = 60$ in $t = 81,7\ s$ ein.

Den Zähler Z_3 eichen wir ebenfalls ohne Wandler wie einen Zähler für $550\ V\ 5\ A$, stellen ihn jedoch bei $11\,\dfrac{5}{20} = 2,75\,\mathrm{kW}$ auf $u = 60$ in $t = 81,7\ s$ ein.

c) Meßfehler durch ungenaue Übersetzung und Fehlwinkel. Wenn die Wandler nicht die bei der Eichung vorausgesetzte Übersetzung $U_\mathfrak{N}$ haben, zeigen die Zähler beim Zusammenschalten mit ihnen falsch. Hat z. B. der Spannungswandler von Z_2 die Übersetzung

$$U = \frac{550}{107,8},$$

so herrscht bei $K_1 = 550\ V$ am Zähler nur $107,8\ V$, während $110\,V$ herrschen sollte. Die Übersetzung ist zu groß $(U > U_\mathfrak{N})$,

---

[1]) Die auf den Linien angebrachten Pfeile (Fig. 25) bedeuten die positiven Richtungen, die neben den Linien angebrachten (Fig. 70) die Richtungen im gleichen Zeitmoment t.

[2]) Diese Leistung wirkt bei der Primärleistung 11 kW auf den Zähler, wenn der Spannungswandler $\dfrac{550}{110}\ V$ übersetzt.

die sekundäre Klemmenspannung zu klein. Der „Übersetzungsfehler" Δ_U des Wandlers und der dadurch hervorgerufene Meßfehler ist

$$\Delta_U = \frac{107{,}8 - 110}{110} \cdot 100 = -2{,}0\%\,{}^{1}).$$

Genau so ist es bei Stromwandlern.

Um die durch die Fehlwinkel δ bei Wattmetern und Zählern[2]
verursachten Fehler zu bestimmen, wollen wir annehmen, daß
der Spannungswandler und der Stromwandler in Fig. 70 genau
die Übersetzung Eins ($K_1 = K_2$, $J_1 = J_2$) und die Fehlwinkel δ_K
bzw. δ_J hätten, und ferner, daß an die Stelle der Zähler Z_1, Z_2,
Z_3 drei einander völlig gleiche und genau richtig zeigende dynamometrische Wattmeter W_1, W_2, W_3 gesetzt wären. Das Ergebnis
der folgenden Betrachtung gilt auch ohne weiteres für Induktionszähler, da deren Drehzahl, nachdem ihre Flüsse bei der Eichung
die richtige gegenseitige Lage erhalten haben, den Angaben eines
dynamometrischen Wattmeters stets proportional sind. Wir wollen
die Fehlwinkel (S. 71) positiv nennen, falls die umgeklappte
sekundäre Größe der primären voreilt.

Wenn wir δ_K und δ_J positiv annehmen, so haben die Vektoren
die in Fig. 71 gezeichnete Lage.

Ein Wattmeter zeigt den Wert

$$K\,J \cos K\,|\,J$$

an, wo K die an seinen Spannungsklemmen herrschende Spannung
und J den in seiner Stromspule fließenden Strom bedeutet.

Die Angaben α_1, α_2, α_3 der drei Wattmeter sind deshalb:

$$\alpha_1 = K_1\,J_1 \cos\varphi_1,$$

W_1 zeigt also die zu messende Leistung N an;

---

[1] $\Delta_U = \left(\dfrac{107{,}8}{110} - 1\right) 100$ oder allgemein $\Delta_U = \left(\dfrac{U_\Re}{U} - 1\right) 100$; um den
wirklichen Verbrauch aus den Angaben des Zählers zu finden, hat man diese
mit $\dfrac{110}{107{,}8}$ oder allgemein mit $\dfrac{U}{U_\Re} = C_U'$ („Korrektionsfaktor der Übersetzung")
zu multiplizieren; wie man sieht, ist $\Delta_U = \left(\dfrac{1}{C_U'} - 1\right) 100$: zwischen Δ_U und
C_U' besteht dieselbe Beziehung wie zwischen Δ und C' (s. III, 5, S. 16).

[2] Bei Meßwandlern, die nur Strommesser oder Spannungsmesser
speisen, sind natürlich die Fehlwinkel ohne schädlichen Einfluß.

$$\alpha_2 = K_2\,J_1 \cos K_2\,|\,J_1 = K_1 J_1 \cos(\varphi_1 + \delta_K) = N \cdot \frac{\cos(\varphi_1 + \delta_K)}{\cos\varphi_1}.$$

$$\alpha_3 = K_1\,J_2 \cos K_1\,|\,J_2 = K_1 J_1 \cos(\varphi_1 - \delta_J) = N \cdot \frac{\cos(\varphi_1 - \delta_J)^{\,1)}}{\cos\varphi_1};$$

da $K_1 = K_2$ und $J_1 = J_2$ sein soll, und da $K_1 J_1 = \dfrac{N}{\cos\varphi_1}$.

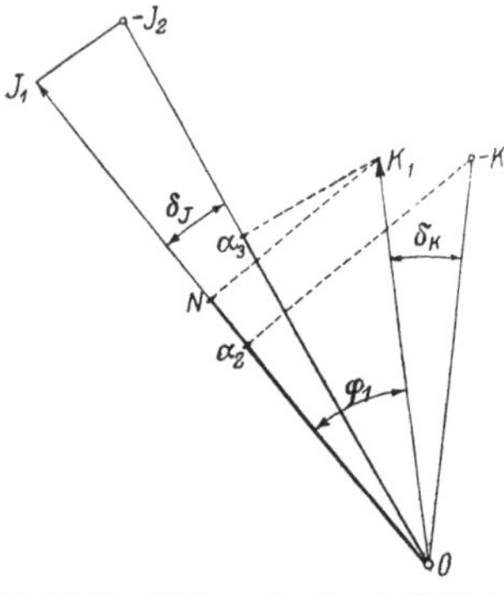

Fig. 71. **Ermittelung der durch Fehlwinkel von Wandlern entstehenden Fehler.**

Der Spannungswandler verursacht den prozentualen Fehler

$$\Delta_{\delta K} = \left(\frac{\cos(\varphi_1 + \delta_K)}{\cos\varphi_1} - 1\right)100\%$$

$$= (\cos\delta_K - \sin\delta_K \operatorname{tg}\varphi_1 - 1)\,100\%,$$

hierfür kann man, da δ_K sehr klein, also

$$\cos\delta_K \approx 1$$

und

$$\sin\delta_K \approx 0{,}000291\,\delta_K^{(\prime)\,2}),$$

schreiben:

$$\Delta_{\delta K} = -\,0{,}0291\,\delta_K^{(\prime)}\operatorname{tg}\varphi_1\%$$

$\delta^{(\prime)}$ ist einschließlich seines Vorzeichens einzusetzen. Positives δ_K bringt also Minusfehler, negatives δ_K Plusfehler.

Ist bei dem Spannungswandler des Zählers Z_2 $\delta_K^{(\prime)} = +20'$, so entsteht dadurch bei $\cos\varphi_1 = 0{,}5$ ($\varphi_1 = \sphericalangle\,K_1\,|\,J_1$ Fig. 70 und 71) der Fehler:

$$\Delta_{\delta K} = -\,0{,}0291 \cdot 20 \cdot 1{,}732 = -\,1{,}0\%^{3}).$$

In derselben Weise ergibt sich aus obiger Gleichung für α_3 der durch den Fehlwinkel δ_J des Stromwandlers verursachte Fehler

$$\Delta_{\delta J} = 0{,}0291\,\delta_J^{(\prime)}\operatorname{tg}\varphi_1\%.$$

Beim Stromwandler bringen also positive Fehlwinkel Plusfehler.

---

¹) $\cos\varphi_1$, $\cos(\varphi_1 + \delta_K)$, $\cos(\varphi_1 - \delta_J)$, also die wirkliche Leistung (N) und die Angaben der Wattmeter W_1 und W_2 werden durch die Strecken $\overline{O\,N}$ bezw. $\overline{O\,\alpha_2}$ und $\overline{O\,\alpha_3}$, die die Lote auf J_1 und J_2 abschneiden, dargestellt (Fig. 71).

²) Siehe S. 96.

³) Ein Induktionszähler, dessen Spannungsfeld die richtige Verschiebung χ hat, verhält sich, wenn man ihn mit diesem Spannungswandler betreibt, so, als wenn sein χ um 20′ zu klein wäre; die Näherungsformel für $\Delta_{\delta K}$ ist mit Gleichung (18) S. 96 für W-Zähler mit falscher Feldlage identisch.

Bei Belastungen mit Induktionszählern sind δ_K und δ_J gewöhnlich beide positiv (siehe weiter unten). In diesem Falle heben sich die durch die Fehlwinkel verursachten Fehler des Zählers zum Teil auf, denn es ist:

$$\Delta_\delta = 0{,}0291\,(\delta_J^{(\prime)} - \delta_K^{(\prime)})\,\mathrm{tg}\,\varphi_1\,\%.$$

Der Gesamtfehler wird erhalten, indem man die durch die Fehlwinkel und die durch die Übersetzung verursachten Fehler einschließlich ihres Vorzeichens addiert

$$\Delta = \Delta_\delta + \Delta_U\,{}^1).$$

Beispiel: Ein Zähler, der an einen Strom- und an einen Spannungswandler mit den Aufschriften

$$\frac{100}{5}\,A \quad \text{bzw.} \quad \frac{2000}{100}\,V$$

angeschlossen ist, sei unter Zugrundelegung dieser Nennübersetzungen für sich geeicht; betragen nun die wirklichen Übersetzungen:

$$\frac{100}{5{,}1}\,A \quad (\text{also } \Delta_U = +2{,}0\%)$$

$$\frac{2000}{97}\,V \quad (\text{also } \Delta_U = -3{,}0\%)$$

$^1)$ Ein Wattmeter, dessen Skala unter Annahme der Übersetzung $U_\mathfrak{N}$ hergestellt wurde, zeigt, wenn es mit einem Spannungswandler mit der wirklichen Übersetzung $U = \dfrac{K_1}{K_2}$ und dem Fehlwinkel δ_K zusammenarbeitet,

$$U_\mathfrak{N}\,K_2\,J_1 \cos K_2|J_1 = U_\mathfrak{N}\,K_2\,J_1 \cos(\varphi_1 + \delta_K)$$

Watt an; die wirkliche Leistung ist

$$K_1\,J_1 \cos\varphi_1 = U \cdot K_2 \cdot J_1 \cos\varphi_1,$$

und der Gesamtfehler ist

$$\Delta = \left(\frac{U_\mathfrak{N}\cos(\varphi_1 + \delta_K)}{U\cos\varphi_1} - 1\right)100\%$$

$$= \left(\frac{U_\mathfrak{N}}{U}\cos\delta_K - 1\right)100 - \frac{U_\mathfrak{N}}{U}\sin\delta_K\,\mathrm{tg}\,\varphi_1\,100\%;$$

da δ_K sehr klein und $\dfrac{U_\mathfrak{N}}{U} \approx 1$, kann im ersten Glied der letzten Gleichung $\cos\delta$ und im zweiten Glied $\dfrac{U_\mathfrak{N}}{U} = 1$ gesetzt werden und die beiden Glieder werden dann gleich den früher für Δ_U und Δ_{δ_K} erhaltenen Ausdrücken:

$$\Delta = \Delta_U + \Delta_{\delta_K}.$$

Man darf also die Fehler addieren.

und der Fehlwinkel

$$\delta_J = + 30' \qquad \delta_K = + 60',$$

so ist der Meßfehler, falls der Leistungsfaktor der Anlage $\cos\varphi_1 = 0{,}5$:

$$\varDelta = + 2{,}0 - 3{,}0 + 0{,}0291 \, (30' - 60') \, \mathrm{tg}\, 60° = - 2{,}5\%.$$

Wir wollen nun sowohl für den Spannungswandler wie für den Stromwandler ein Diagramm entwickeln.[1]) Dasselbe gestattet, die Abweichungen der Übersetzung von dem Verhä'tnis der Windungszahlen sowie den Fehlwinkel für jede Belastung abzu-lesen. Das Diagramm kann für jeden vorliegenden Wandler, nachdem einige Größen desselben experimentell oder rechnerisch an Hand des Entwurfs bestimmt sind, aufgezeichnet werden.

6. Diagramm des Spannungswandlers. Für die Aufstellung des Diagramms (Fig. 72) gehen wir aus vom gestrichelten Diag amm Fig. 26 S. 68. Es sei $s_1 = s_2$, die Frequenz sei 50. Der Wandler sei für eine sekundäre Klemmenspannung $K_2 = 1000\ V$[2]) und eine maximale sekundäre Last $(N_2) = 30\ VA$, also einen maximalen Sekundärstrom $J_2 = 0{,}03\ A$ gebaut. Es sei an demselben fol-gendes gemessen worden:

Widerstände der Wicklungen: $R_1 = 130\ \varOmega \qquad R_2 = 100\ \varOmega$
also

$$R_a = R_1 + R_2 = 230\ \varOmega$$

Primärer Leerlaufstrom bei $E_2 = K_{2,0} = 1000\ V$, $J_0 = 0{,}0312\ A$. $K_{2,0}$ ist dabei ebenso wie bei der folgenden Messung mit einem Spannungsmesser zu messen, der keinen Stromverbrauch hat, z. B. Elektrometer.

Effektverbrauch im Eisen[3]) $N_0 = 11{,}2\ W$ bei $K_{2,0} = 1000\ V$.

---

[1]) Siehe auch Möllinger und Gewecke ETZ 1911 S. 922 und 1912 S. 270.

[2]) Wir machen die Annahmen $s_1 = s_2$ und $K_2 = 1000\ V$, die natür-lich den praktischen Verhältnissen nicht entsprechen, weil sie die Be-trachtung vereinfachen; später werden wir den Wandler so abändern, daß er $\dfrac{2000}{100}\ V$ übersetzt und zeigen, daß das Diagramm für jede Über-setzung gilt.

[3]) Man hat also $J_0^2 R_1$ von dem gemessenen Leerlaufeffekt abzu-ziehen.

Daraus ergibt sich

$$J_w = \frac{11,2}{1000} = 0,0112 \; A$$

$$J_m = \sqrt{J_0^2 - J_w^2} = 0,0291 \; A$$

$$\operatorname{tg} \psi = \frac{J_w}{J_m} = \frac{0,0112}{0,0291} = 0,385$$

$$\psi = 21^0.$$

Um X_1 und X_2 zu bestimmen, schalten wir die beiden Wicklungen (gleiche Windungszahl!) so in Reihe, daß sie den Eisenkern in entgegengesetztem Sinn zu magnetisieren suchen — es ist also in Fig. 25 der Belastungswiderstand RL zu entfernen, I mit II zu verbinden, und die unbezeichneten Enden sind an die Maschine zu legen —, und beschicken sie mit einem Strom von $J = 0,03 \; A$ bei der Frequenz 50. Dieser Strom entspricht bei $K_2 = 1000 \; V$ der von uns angenommenen maximalen sekundären Last $(N_2) = 30 \, VA$. Es werde dabei mit einem Spannungsmesser, der keinen Strom verbraucht, an beiden Wicklungen zusammen, die Spannung $K = 8,0 \; V$, an der primären Wicklung allein die Spannung $K' = 4,3 \; V$ gemessen. Der gemeinsame Fluß Φ ist bei dieser Schaltung Null, es treten nur die Streuflüsse Φ' und Φ'' auf. Die von ihnen induzierten Spannungen setzen sich mit den Ohmschen Abfällen zu K bzw. K' zusammen. Es ist, da die Streuspannungen auf den Ohmschen senkrecht stehen:

$$K^2 = J^2 (R_1 + R_2)^2 + J^2 (X_1 + X_2)^2$$

und

$$K'^2 = J^2 \cdot R_1^2 + J^2 \cdot X_1^2,$$

woraus sich durch Einsetzen von R_1, R_2, K und K' die Streureaktanzen $X_1 = 60 \; \Omega$ $X_2 = 73 \; \Omega$

$$X_a = X_1 + X_2 = 133 \; \Omega$$

bei der Frequenz 50 ergeben[1]). Die Gesamtreaktanz X_a kann man auch durch einen „Kurzschlußversuch" bestimmen. Gemäß Fig. 26 ist

$$K_1^2 = J_2^2 (R_1 + R_2)^2 + J_2^2 (X_1 + X_2)^2$$

---

[1]) Diese Methode zur Bestimmung der Einzelstreuungen ist von Rogowski angegeben worden.

für $K_2 = 0$, da dann Φ und daher J_0 praktisch Null sind. Der Sekundärstrom ist gleich dem Primärstrom; wenn wir daher unseren Wandler sekundär kurzschließen, 0,03 A durch die primäre Wicklung senden und dabei an ihren Klemmen K_{1K} Volt messen, so können wir $X_1 + X_2$ aus folgender Gleichung berechnen:

$$\frac{K_{1K}}{(0{,}03)^2} = (230)^2 + (X_1 + X_2)^2$$

Die Einzelwerte X_1, X_2 erhält man beim Kurzschlußversuch nicht.

Wir betrachten zunächst den Winkel γ zwischen K_2 und E_2; falls $J_2 = 0$, ist $\gamma = 0$; falls $J_2 = 0{,}03\,A$ und $\varphi_2 = 0$, ist, da $J_2 R_2$ in die Richtung von K_2 fällt, nach Fig. 26

$$\text{tg}\,\gamma = \frac{J_2 X_2}{K_2 + J_2 R_2} = \frac{0{,}03 \cdot 73}{1000 + 0{,}03 \cdot 100} = 0{,}00218$$

$$\gamma^{(\prime)} = 3440 \cdot 0{,}00218 = 7{,}5 \text{ Minuten}[1]).$$

Dieses ist, wenn wir wieder kapazitive Last, die praktisch nicht vorkommt, ausschließen, der größte Wert, den γ bei $J_2 = 0{,}03\,A$ annehmen kann.

Wir wollen das Verhalten des Wandlers für eine Belastung von höchstens 30 VA mit einer Verschiebung von höchstens 60° untersuchen und nur nacheilenden Strom (induktive Belastung) berücksichtigen.

Wir zeichnen nun das Diagramm Fig. 72 dieses Wandlers für

$$K_2 = 1000\,V = \text{konst.} \quad (N_2) = 30\,VA$$

$$J_2 = 0{,}03\,A \qquad \text{und} \qquad \varphi_2 = 0,$$

wobei wir stets den in der Figur rechts gezeichneten Maßstab ($\varDelta K$) verwenden. $K_2 = 1000\,V$ wird nach unten abgetragen. Da die Strecke

$$K_2 = O\,O_2$$

länger würde als das Papier, ist sie abgebrochen gezeichnet. J_m hätten wir senkrecht zu E_2 anzutragen, da jedoch $\gamma = \sphericalangle E_2 | K_2$, wie wir eben gesehen haben, höchstens 7,5′ beträgt, dürfen wir

---

[1]) Siehe S. 96.

J_m senkrecht zu K_2 antragen. Um den Winkel $\psi = 21°$ voreilend, liegt J_0.

Mit J_0 in Phase liegt $J_0 R_1$. Senkrecht dazu steht $J_0 X_1$.

$J_2 R_a$ ist, da $\varphi_2 = O$, parallel zu K_2, $J_2 X_a$ senkrecht dazu aufgetragen (ausgezogenes Dreieck). Diese Größen haben die Werte:

$$J_0 R_1 = 0{,}0312 \cdot 130 = 4{,}05\ V$$

$$J_0 X_1 = 0{,}0312 \cdot\ 60 = 1{,}87\ V$$

$$J_2 R_a = 0{,}0300 \cdot 230 = 6{,}9\ V$$

$$J_2 X_a = 0{,}0300 \cdot 133 = 4{,}0\ V$$

O_1 ist, wie wir aus Diagramm Fig. 26 sehen, der Endpunkt von K_1, welches von O_2 nach O_1 läuft. Winkel $O O_2 O_1 = \delta$ ist der Fehlwinkel. Wie man sieht, ist zufolge der Abfälle in den Wicklungen $K_1 > K_2$. Da δ sehr klein, kann man K_1 und K_2 als parallel ansehen, und es ist K_1 um $\varDelta K = 10{,}1\ V$ oder um $\dfrac{10{,}1}{1000} \cdot 100 = 1{,}01 = y$ Prozent größer als K_2;

$$K_1 = 1{,}0101\ K_2$$
$$= \left(1 + \frac{y}{100}\right) K_2.$$

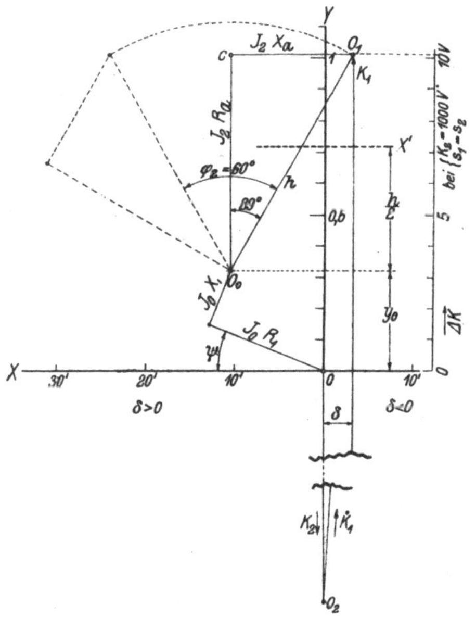

Fig. 72. Diagramm des Spannungswandlers. Die Teilung der Y-Achse gibt an, um wieviel Prozent $K_1 : K_2$ größer ist als $s_1 : s_2$; diejenige der X-Achse gibt den Fehlwinkel δ.

y ist dabei die Ordinate von O_1, abgelesen an der Teilung[1]) der Y-Achse. Es ist also:

$$U = \frac{K_1}{K_2} = 1 + \frac{y}{100},$$

Bei $(N_2) = 30\ VA$, $K_2 = 1000\ V$ und veränderlichem φ_2 bewegt

---

[1]) Diese ist so gewählt, daß dem Teilstrich 10 des Maßstabes für $\varDelta K$ der Teilstrich 1 gegenübersteht.

sich der Endpunkt von K_1 auf dem gezeichneten Kreisbogen. Die Lage des Dreiecks bei $\varphi_2 = 60°$ ist gestrichelt eingezeichnet. Ist die sekundäre Last kleiner als 30 VA, so sind die Seiten des Dreiecks proportional zu verkleinern. Ist der Wandler sekundär offen, so wird die Seite des Dreiecks gleich Null, der Endpunkt von K_1 fällt nach O_0. Die primäre Klemmenspannung ist dabei um $y_0 = 0{,}32\%$ größer als die sekundäre ($U_{\min} = 1{,}0032$). Dieses ist, da wir kapazitive Last ausschließen, der kleinste Wert von K_1 und U.

Das größte K_1 und U, nämlich

$$K_{1\max} = K_2\left(1 + \frac{y_0 + h}{100}\right) = K_2\left(1 + \frac{0{,}32 + 0{,}8}{100}\right) = 1{,}0112\,K_2$$

und

$$U_{\max} = 1{,}0112$$

tritt auf, wenn man Dreieck $O_0 O_4 c$ so weit nach links verdreht, daß seine Hypotenuse h parallel zur Y-Achse liegt. Dies ist hier der Fall, wenn der an den Wandler angeschlossene Stromverbraucher eine Verschiebung von $\varphi_2 = 29°$ hat.

Die mittlere Übersetzung

$$U_m = \frac{1{,}0112 + 1{,}0032}{2} = 1{,}0072$$

ist also um $y = y_0 + \dfrac{h}{2} = 0{,}72\%$ größer, als dem Verhältnis der Windungszahlen entspricht:

$$U_m = \frac{s_1}{s_2} \cdot 1{,}0072.$$

Wollten wir unserem Wandler die mittlere Übersetzung Eins geben, so müßte s_1 um $0{,}72\%$ kleiner sein als s_2.

Die Größe $y - 0{,}72 = y'$ — wo also y' von der um 0,72 höher liegenden Achse X' gerechnet wird und positiv oder negativ ist, je nachdem O_1 oberhalb oder unterhalb X' liegt — gibt an, um wieviel Prozent, die Größe $1 + \dfrac{y'}{100}$ in welchem Verhältnis die Übersetzung oder K_1 größer ist, als der mittlere Wert. Falls wir die mittlere Übersetzung als deren Nennwert ansehen ($U_\Re = U_m$) ist $1 + \dfrac{y'}{100}$ die Größe, die wir früher den Korrektionsfaktor C_U'

der Übersetzung[1]) und $-y'$ diejenige, die wir früher den Übersetzungsfehler $\varDelta_U$ nannten. Das Minuszeichen kommt daher, daß bei zu großem U oder K_1 (also $y' > O$) die sekundäre Klemmenspannung K_2 zu klein ist, der Wandler also zu wenig zeigt ($\varDelta_U < O$).

Ist z. B. an unseren Wandler sekundär ein Elektrometer angeschlossen ($N_2 = O$) so ist im Diagramm $y' = 0{,}32 - 0{,}72 = -0{,}4$; die sekundäre Klemmenspannung ist um $0{,}4\%$ zu groß: $\varDelta_U = +0{,}4$.

$$C'_U = 1 - \frac{0{,}4}{100} = 0{,}996.$$

Ist dagegen ein induktionsloser Widerstand angeschlossen, der 30 W aufnimmt, so ist

$$y' = +1{,}01 - 0{,}72 = +0{,}29 \qquad \varDelta_U = -0{,}29\% \qquad C'_U = 1{,}0029.$$

Wir beschäftigen uns jetzt mit der Ermittelung des Fehlwinkels δ. Die Abszisse x des Punktes O_1 gibt ein Maß für δ, denn es ist:

$$\operatorname{tg}\delta = \frac{x}{1000 + \varDelta K},$$

und da $\varDelta K$ klein ist gegen 1000, kann man schreiben:

$$\operatorname{tg}\delta = \frac{x}{1000}$$

also

$$\delta^{(\prime)} = \frac{x}{1000} \cdot 3440 \text{ Minuten}^2),$$

wobei x in Einheiten des $\varDelta K$-Maßstabes auszudrücken ist.

entspricht
$$x = 10$$
$$\delta^{(\prime)} = 34{,}4'.$$

---

[1]) Gemäß Anmerkung 1 S. 153 ist $C'_U = \dfrac{U}{U_\mathfrak{R}}$ also, falls $U_\mathfrak{R} = U_m$:

$$C'_U = \frac{1 + \dfrac{y}{100}}{1 + 0{,}0072} \approx 1 + \frac{y - 0{,}72}{100} = 1 + \frac{y'}{100} \quad \text{da } y' = y - 0{,}72;$$

ferner

$$\varDelta_U = \left(\frac{U_\mathfrak{R}}{U} - 1\right)$$

also

$$\varDelta_U = \left(\frac{1 + 0{,}0072}{1 + \dfrac{y}{100}} - 1\right) 100 \approx \left(1 + 0{,}0072 - \frac{y}{100} - 1\right) 100 = -y'.$$

Benutzt wurde dabei Formel b) der Anmerkung S. 27.

²) Siehe Anmerkung S. 96.

So ist die Teilung auf der X-Achse ermittelt, δ ist gemäß unserer Festsetzung auf S. 153 als positiv bezeichnet, wenn K_1 links von der Y-Achse liegt, d. h. wenn das umgeklappte K_2 gegen K_1 voreilt. Für $(N_2) = 30\ VA$, $\varphi_2 = 0$ liest man ab $\delta^{()} = -3,1'$

Bei $(N_2) = 30\ VA$ und $\varphi_2 = 60°$ tritt — da wir größere φ_2 nicht in Betracht ziehen — der größte Fehlwinkel $\delta^{()} = +24,3'$ auf.

Wir geben jetzt unserem Spannungswandler eine andere Übersetzung, und zwar in der Weise, daß wir die sekundäre Wicklung in 10 gleichwertige Abteilungen zerlegen; sie sind von 0,03 A durchflossen und haben an ihren Enden je 100 V. Diese 10 Abteilungen waren bisher in Reihe geschaltet; wir schalten sie jetzt parallel, erhalten an der neuen sekundären Wicklung die Klemmenspannung 100 V und nehmen den Strom $10 \cdot 0,03 = 0,3\ A$ heraus; ferner denken wir uns den Draht der Primärwicklung durch eine einen Durchmesser bildende, unendlich dünne Isolationsschicht seiner ganzen Länge nach in zwei Teile gespalten; sie zerfällt dadurch in zwei einander gleichwertige, bisher parallel geschaltete Wicklungen; wir schalten jetzt diese beiden Wicklungen in Reihe.

Nach diesen Umschaltungen ist $s_1 : s_2 = 20$. An der Wirkungsweise des Wandlers ändert sich dadurch, daß wir das vorhandene Kupfer anders unterteilten und schalteten, nichts; jeder Teil der Wicklung ist jetzt von dem gleichen Strom durchflossen, und an seinen Enden herrscht die gleiche Spannung wie früher. Bei demselben (N_2) und φ_2 ist also die prozentuale Änderung und die gegenseitige Lage der Klemmenspannungen (Fehlwinkel δ) in beiden Fällen dieselbe; deshalb gilt auch für den Wandler mit der neuen Bewicklung das Diagramm Fig. 72; er hat jetzt die Übersetzung

$$U = 20\left(1 + \frac{y}{100}\right),$$

wo y aus dem Diagramm zu entnehmen ist und die gezeichneten Dreiecke einer sekundären Belastung von 30 VA, also $J_2 = 0,3\ A$ entsprechen.

Seine mittlere Übersetzung ist:

$$U_m = 20\left(1 + \frac{0,72}{100}\right) = 20 \cdot 1,0072.$$

Überhaupt stellt Fig. 72 das Verhalten unseres Wandlers für

beliebige Windungszahlen s_1 und s_2 dar, vorausgesetzt, daß die Wicklungen den gleichen Raum ausfüllen und dieselbe Kupfermenge enthalten, und daß man den Wandler stets mit demselben Fluß Φ, also denselben Leerlaufs-Ampere-Windungen, arbeiten läßt, d. h. K_2 wie s_2 ändert. Es ist also unter den oben gemachten Voraussetzungen für beliebige Windungszahlen

$$U = \frac{s_1}{s_2}\left(1 + \frac{y}{100}\right),$$

$$U_m = \frac{s_1}{s_2}\left(1 + \frac{0{,}72}{100}\right),$$

und falls man $U_\Re = U_m$ setzt

$$C_U' = 1 + \frac{y'}{100}$$

und

$$\varDelta_U = -y';$$

y und y' ist an der Teilung der Y-Achse, der Fehlwinkel δ an der X-Achse abzulesen.

Fig. 72 gilt für 30 VA; sollen die Größen y, y' und δ für eine andere Belastung ermittelt werden, so sind die Seiten des Dreiecks proportional zu verändern.

Nach dem Diagramm kann man Schaulinien zeichnen, die das Verhalten des Wandlers darstellen[1]).

Die Anforderungen, die die Reichsanstalt an amtlich beglaubigungsfähige Spannungswandler stellt, sind die folgenden:

Die Abweichung der Übersetzung von ihrem Nennwert darf höchstens $\pm$ 0,5% [2]), der Fehlwinkel höchstens $\pm$ 20′ betragen, und zwar für alle Belastungswiderstände, deren Ohmzahl zwischen

∞ und $\dfrac{K_{2\Re}^2}{30}$ und deren Leistungsfaktor zwischen 0,5 und 1 liegt[3]).

Diese Bedingungen müssen auch für Spannungen, die um $\pm$ 20% vom Nennwert abweichen, erfüllt sein.

---

[1]) Ein ähnliches Diagramm kann man auch für Drehstromspannungswandler aufzeichnen (s. Gewecke ETZ. 1915, S. 253).

[2]) Es muß also der Korrektionsfaktor C_U' der Übersetzung (siehe S. 153) zwischen 1,005 und 0,995 liegen.

[3]) Auf den Widerstand $\dfrac{K_{2\Re}^2}{30}$ leistet der Wandler 30 VA bei der Nennspannung $K_{2,\Re}$.

Ein Spannungswandler mit $K_{2\Re} = 110\ V$ muß also die Bedingungen erfüllen bei Belastung mit Widerständen, deren Ohmzahl zwischen ∞ (Leerlauf) und $\dfrac{110^2}{30} = 404\ \Omega$ und deren Leistungsfaktor zwischen 0,5 und 1 liegt.

Fig. 73 veranschaulicht die Eigenschaften eines modernen beglaubigten Spannungswandlers ($NE\,11$ der SSW, Systemzeichen). Wie die Schaulinie für $\varDelta_U$ zeigt, ist die Sekundärspannung K_2 bei Leerlauf um 0,2% größer, bei induktionsloser Belastung mit 30 W um 0,2 % kleiner, als der aufgeschriebenen Übersetzung entspricht; bei induktionsloser Belastung von 15 W ist $U = U_{\Re}$.

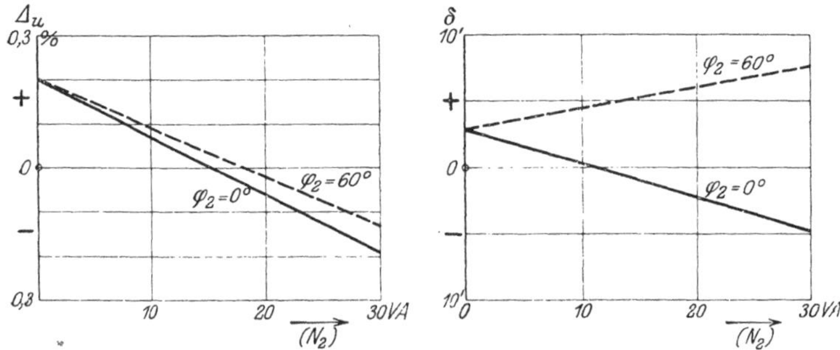

Fig. 73. Eigenschaften des Spannungswandlers $NE\,11$ der SSW (nach Messungen der Reichsanstalt).
$$K_1 = K_{1,\Re}, \qquad \nu = 50.$$

7. Diagramm des Stromwandlers. Es sei ein Stromwandler gegeben, der für den sekundären Nennstrom 5 A gebaut ist, also zur Speisung der Stromspulen von Zählern oder Meßinstrumenten für 5 A dienen soll; er werde mit der Frequenz 50 betrieben. Seine

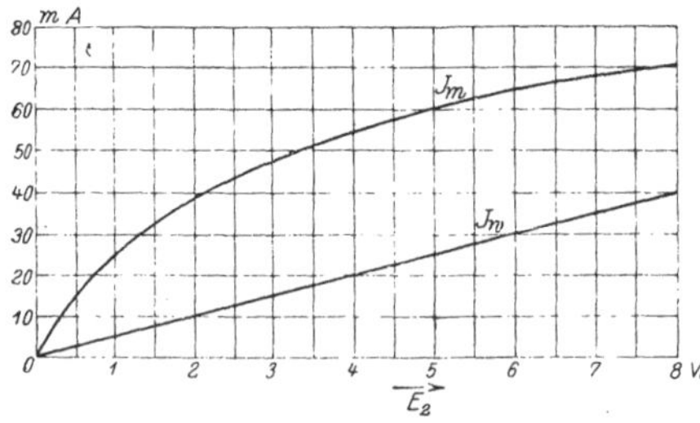

Fig. 74. J_w und J_m bei einem Stromwandler in Abhängigkeit von E_2.

primäre Windungszahl sei gleich der sekundären ($s_1 = s_2$); der Widerstand der sekundären Spule sei zu $R_2 = 0,25\ \Omega$ gemessen; ferner sei (z. B. mittels des Wechselstromkompensators siehe X, 1) J_m und J_w für verschiedene sekundäre EMKe. E_2 gemessen und in Fig. 74 in Abhängigkeit von E_2 dargestellt. Um die sekundäre Streureaktanz X_2, welche für die Aufstellung des Diagramms ebenfalls nötig ist, zu bestimmen, schalten wir, wie beim Spannungswandler, die beiden Wicklungen (gleiche Windungszahl!) so in Reihe, daß sie den Eisenkern im entgegengesetzten Sinne zu magnetisieren suchen, und beschicken sie bei der Frequenz 50 mit einem Strom von 5 A; dabei sei an der sekundären Wicklung mit einem Instrument, welches keinen Strom verbraucht, die Spannung $K_2' = 1{,}955\ V$ gemessen worden. Es ist wieder

$$(J_2\,X_2)^2 + (J_2\,R_2)^2 = K_2'^2,$$

woraus sich für $J_2 = 5\ A$, $K_2' = 1{,}955\ V$ und $R_2 = 0{,}25\ \Omega$ ergibt:

$$X_2 = 0{,}3\ \Omega \ \text{bei}\ \nu = 50\ ^1).$$

Wir stellen zuerst das Diagramm auf für den Fall, daß die Sekundärwicklung des Wandlers über einen induktionslosen Widerstand $R = 0{,}6\ \Omega$ geschlossen ist (Fig. 75 ausgezogene Linien). Wir verändern den Primärstrom so lange, bis $J_2 = 5\ A$ fließt. Es ist dann $K_2 = 3\ V$ und ist mit J_2 in Phase ($\varphi_2 = 0$). Der Wandler gibt an den Belastungsstromkreis 15 W ab. Für den Sekundärkreis gelten die Gleichungen (siehe S. 70):

$$[E_2 + J_2\,X_2 = J_2\,(R_2 + R) = J_2\,R_2 + K_2]$$

oder

$$[E_2 = J_2\,R_2 - J_2\,X_2 + K_2].$$

Wir wählen die Richtung von J_2 senkrecht nach unten; in dieselbe Richtung fällt der Ohmsche Spannungsabfall in der Sekundärspule $J_2 R_2 = 5 \cdot 0{,}25 = 1{,}25\ V$ und da $\varphi_2 = 0$ auch die sekundäre Klemmenspannung $K_2 = 3\ V$; senkrecht darauf steht der sekundäre Streuabfall $J_2 X_2 = 5 \cdot 0{,}3 = 1{,}5\ V$. Wir konstruieren jetzt unter Benutzung des beigezeichneten Voltmaßstabes gemäß der vorstehenden Gleichung die sekundäre EMK und erhalten

---

$^1)$ Die Streureaktanz X_1 und der Widerstand R_1 der Primärwicklung werden für die Aufstellung des Diagramms nicht benötigt, sie sind für die Übersetzung $U = \dfrac{J_1}{J_2}$ und den Fehlwinkel ohne Einfluß; dagegen hängt die an den Klemmen der Primärwicklung des Stromwandlers herrschende Klemmenspannung K_1 von R_1 und X_1 ab; es ist

$$[K_1 = -E_1 - J_1\,X_1 + J_1\,R_1]$$

(siehe S. 69).

dafür $E_2 = 4{,}5\,V$. Dabei wurde $J_2 X_2$ nach links angesetzt, da es in der Gleichung mit dem negativen Vorzeichen vorkommt. Die Resultante $E_{2,0}$ von $J_2 R_2$ und $J_2 X_2$ stellt den gesamten Spannungsabfall in der Sekundärspule bei $5\,A$ dar oder die sekundäre EMK bei Kurzschluß.

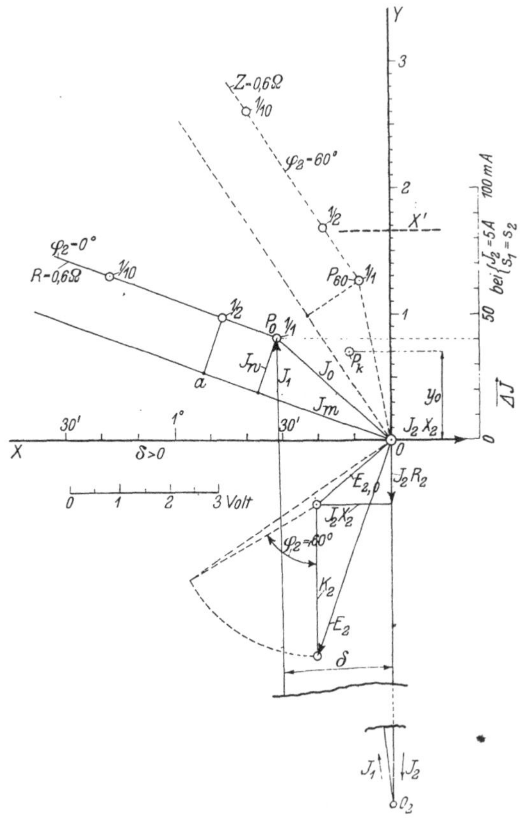

Fig. 75. Diagramm des Stromwandlers. Die Teilung an der Y-Achse gibt an, um wieviel Prozent die Übersetzung größer ist als $s_2 : s_1$; diejenige der X-Achse gibt den Fehlwinkel δ.

Beim Einzeichnen der Ströme in das Diagramm benutzen wir den rechts in Fig. 75 gezeichneten Maßstab $(\varDelta J)$, welcher mit dem Ordinatenmaßstab in Fig. 74 übereinstimmt. Der Strom J_2 ist von O nach O_2 gerichtet und wird, da er $5 \cdot 1000 = 5000\,\text{mA}$ beträgt, durch eine Strecke $(\overline{OO_2})$ dargestellt, die 100 mal so lang ist, wie die Strecke $\overline{0\,50}$ des Maßstabes (ΔJ). Das gemeinsame Feld Φ eilt E_2 um $90°$ vor, mit Φ in Phase ist der Magnetisierungsstrom J_m, darauf senkrecht steht J_w. Für $E_2 = 4,5\ V$ ergibt sich aus Fig. 74:

$$J_m = 57,5\ \text{mA} \qquad J_w = 22,0\ \text{mA}.$$

Aus J_m und J_w erhält man den Leerlaufstrom J_0 mit dem Endpunkt P_0, welcher auch der Endpunkt von J_1 ist; J_1 läuft von O_2 nach P_0. Da δ sehr klein, kann man wieder J_1 und J_2 als parallel ansehen, und es ist J_1 infolge des Leerlaufstromes um

$$\Delta J = 40\ \text{mA oder um } \frac{0,040}{5} \cdot 100 = 0,8\% \text{ größer als } J_2,$$

$$J_1 = 1,008 \cdot J_2.$$

Um also durch die über $R = 0,6\,\Omega$ geschlossene sekundäre Wicklung $5\ A$ zu treiben, muß man in der primären Wicklung gleicher Windungszahl $5 \cdot 1,008\ A$ fließen lassen. Die primäre Amperewindungszahl ist $1 + \dfrac{y}{100}$ mal so groß als die sekundäre. Für einen Stromwandler mit den Windungszahlen s_1 und s_2 kann man schreiben:

$$J_1\,s_1 = J_2\,s_2 \left(1 + \frac{y}{100}\right),$$

$$U = \frac{J_1}{J_2} = \frac{s_2}{s_1} \left(1 + \frac{y}{100}\right).$$

y ist dabei die Ordinate von P_0 (allgemein des **Endpunktes** von J_1), abgelesen an der Teilung der Y-Achse, welche so gewählt ist, daß dem Teilstrich 40 des Maßstabes für ΔJ der Teilstrich 0,8 gegenübersteht.

Die Abszisse x von P_0 (Projektion von J_0 auf die X-Achse) ist wieder ein Maß für den Fehlwinkel δ zwischen J_1 und der negativen Richtung von J_2

$$\operatorname{tg}\delta = \frac{x}{100 \cdot 50 + \Delta J} \approx \frac{x}{5000},$$

$$\delta^{(\prime)} = \frac{x}{5000} \cdot 3440 \text{ Minuten}[1]),$$

wobei x in Einheiten des ΔJ Maßstabes auszudrücken ist; $x = 50$

---

[1]) Siehe Anmerkung S. 96.

entspricht $\delta^{(\prime)} = 34{,}4'$. Daraus ergibt sich der eingezeichnete Maßstab der X-Achse. Der betrachteten Belastung entspricht $\delta = +31{,}6'$. Das umgeklappte J_2 eilt gegen J_1 vor.

Wir schwächen jetzt J_1, bis J_2 auf 2,5 A gesunken ist. Dann behält E_2 seine Lage, seine Größe sinkt, da K_2, $J_2 R_2$ und $J_2 X_2$ auf die Hälfte zurückgehen, auf 2,25 V. Hierfür entnehmen wir aus Fig. 74:

$$J_m = 41 \,\mathrm{mA} \qquad J_w = 11 \,\mathrm{mA}.$$

Wir stellen nun die Stromeinheit durch die doppelte Strecke dar wie bisher. J_2 und J_w, welche beide jetzt halb so groß sind, werden also durch dieselbe Strecke dargestellt wie früher. Der Endpunkt von J_2 fällt wieder nach O_2, J_m erhält die Länge Oa, welche gleich 2×41 nach unserer Skala ΔJ ist. So erhalten wir den Punkt „$^1/_2$" mit

$$y = 0{,}98 \qquad J_1 = 1{,}0098\, J_2 \qquad \delta = +47'.$$

Dadurch, daß wir bei $J_2 = 2{,}5\,A$ die Stromeinheit durch die doppelte Strecke darstellen, wie bei $J = 5\,A$, können wir nämlich für beide Fälle dieselben Teilungen auf der X- und Y-Achse benutzen. Entsprechend stellen wir bei $J_2 = 0{,}5\,A$ die Stromeinheit durch die zehnfache Strecke dar, wie bei 5 A usw., dann gelten die Teilungen für alle Stromstärken. Für $J_2 = 0{,}5\,A$ (Punkt $^1/_{10}$ im Diagramm) finden wir

$$y = 1{,}28 \quad \text{und} \quad \delta = 1° \,18{,}2'.$$

Wie Fig. 74 zeigt, sinkt J_w proportional mit E_2, also mit J_2, J_m dagegen langsamer. J_w wird daher im Diagramm Fig. 75 für alle Ströme J_2 durch dieselbe Strecke dargestellt: die Endpunkte aller J_1 liegen bei demselben R auf einer zu J_m parallelen Geraden; dagegen wird J_m bei kleineren Strömen durch eine größere Strecke dargestellt: y und δ fallen bei kleinerer Strombelastung größer aus.

Wir schließen jetzt den Wandler über $R = 1{,}2\,\Omega$; die vom Wandler abgegebene Leistung ist dann doppelt so groß als bei $R = 0{,}6\,\Omega$, ebenso seine Klemmenspannung; es ist daher E_2 und somit J_w und J_m größer als bei $R = 0{,}6\,\Omega$. Man erhält bei $J_2 = 5\,A$ ($N_2 = 30\,W$, $K_2 = 6\,V$) auf dieselbe Weise wie oben

$$y = 1, \quad \delta = 42'.$$

Es ist $J_1 = 1{,}01\, J_2 = 5{,}05\,A$, während wir bei $R = 0{,}6\,\Omega$,

$J_1 = 1{,}008\, J_2 = 5{,}04\, A$ erhalten hatten. Man erkennt, daß in beiden Fällen die Übersetzung praktisch dieselbe ist, daß also der Wandler praktisch den gleichen Sekundärstrom abgibt, gleichgültig, ob man ihn über $0{,}6\,\Omega$ oder $1{,}2\,\Omega$ schließt.

Bei Kurzschluß $(R = O)$ und $J_2 = 5\, A$ ist

$$E_2 = E_{2,0} = 1{,}955\ V$$

und nach Fig. 74:

$$J_m = 37{,}5\ \mathrm{mA} \quad J_w = 10\ \mathrm{mA}$$

und nach dem eben benutzten Verfahren würde man

$$y_0 = 0{,}7 \quad \delta_0 = +\ 11{,}65'$$

finden (Punkt P_K).

Der Fall $R = 0$ ist natürlich praktisch ohne Bedeutung; der Wandler gibt dabei nach außen keine Leistung ab, J_2 kann nicht gemessen, der Wandler also nicht benutzt und nicht geprüft werden. Man nähert sich diesem Fall, wenn man einen Apparat an die Wandler anschließt, dessen Stromspule einen sehr kleinen Spannungsabfall hat.

Wir schließen jetzt den Wandler durch eine Drosselspule mit dem Ohmschen Widerstand $R = 0{,}3\,\Omega$ und die Reaktanz $X = 0{,}52\,\Omega$ bei $\nu = 50$. Der scheinbare Widerstand (Impedanz) ist dann:

$$Z = \sqrt{R^2 + X^2} = 0{,}6\,\Omega,$$

und bei $5\, A$ ist wieder $K_2 = 3\ V$; jedoch eilt K_2 jetzt um $60°$ gegen J_2 vor $(\varphi_2 = 60°)$, da

$$\mathrm{tg}\,\varphi_2 = \frac{X}{R} = 1{,}732\,.$$

Man findet im Diagramm $E_2 = 4{,}95\ V$ und aus Fig. 74:

$$J_m = 60\ \mathrm{mA} \quad J_w = 25\ \mathrm{mA}.$$

Beim Einzeichnen der Ströme benutzen wir jetzt wieder den rechts gezeichneten Maßstab $(\varDelta J)$. Man gelangt so zu $P_{0,60}$, dem Endpunkt von J_1 bei $J_2 = 5\, A$, $Z = 0{,}6\,\Omega$ und $\varphi_2 = 60°$. Die Größen für $Z = 0{,}6\,\Omega$, $\varphi_2 = 60°$ sind gestrichelt eingezeichnet. y ist größer, δ kleiner als bei $J_2 = 5$ Amp. $R = 0{,}6\,\Omega$ und $\varphi_2 = 0$. Für $J_2 = 2{,}5$ Amp. und $0{,}5$ Amp. erhalten wir die mit $^1/_2$ und $^1/_{10}$ bezeichneten Punkte.

Wir können aus dem Vorstehenden die folgenden Schlüsse ziehen: Die Fehler der Stromwandler werden durch den Leerlaufstrom verursacht. Stromwandler müssen also so konstruiert werden, daß sie möglichst kleine Leerlaufströme haben. Sie arbeiten um so günstiger und ihre Belastung ist um so kleiner, je kleiner die Widerstände sind, durch die sie geschlossen werden. Bei demselben Belastungswiderstande sind y und δ um so größer, je kleiner die Stromstärke ist. Letzteres kommt daher, daß im unteren Teil der Magnetisierungskurve, den man beim Stromwandler benutzen muß, J_m langsamer abnimmt als Φ[1]), also als E_2 und J_2. Induktionslose Last (Hitzdrahtstrommesser) ergibt kleine y und große δ; induktive Last (Stromspulen von Induktionszählern) große y und kleine δ.

Die kleinste Übersetzung $U_{\min} = 1{,}007$ unseres Wandlers tritt bei $J_2 = 5\,A$ und $R = 0$ (Kurzschluß), die größte, $U_{\max} = 1{,}0262$, bei $J_2 = 0{,}5$, $Z = 0{,}6$, $\varphi_2 = 60°$ auf, wenn wir Belastungen mit $R > 0{,}6$, $Z > 0{,}6$ und $\varphi_2 > 60°$ und mit Stromstärken, die kleiner sind als $^1/_{10}$ Nennstrom, außer Betracht lassen. Die mittlere Übersetzung beträgt $\dfrac{1{,}007 + 1{,}0262}{2} = 1{,}0166$ oder allgemein $U_m = \dfrac{s_2}{s_1}\left(1 + \dfrac{1{,}66}{100}\right)$, ist also um $1{,}66\%$ größer, als dem Verhältnis der Windungszahlen $s_2 : s_1$ entspricht.

Um unseren Wandler die mittlere Übersetzung $\dfrac{5}{5}\,A$ zu geben, erhöhen wir gemäß der letzten Gleichung s_1 um $1{,}66\%$. Soll er für die mittlere Übersetzung $\dfrac{10}{5}\,A$ gewickelt werden, so erhält er dieselbe Sekundärwirkung und primär $0{,}5 \cdot 1{,}0166$ mal so viel Windungen wie sekundär.

Der Primärwicklung gibt man zweckmäßig beim $10\,A$-Wandler den doppelten Drahtquerschnitt wie beim $5\,A$-Wandler. Es ist dann der Effektverlust beim $10\,A$-Wandler ebenso groß, die primäre Klemmenspannung halb so groß[2]) wie beim $5\,A$-Wandler.

Es ist wieder, falls wir die mittlere Übersetzung als Nennwert ansehen ($U_{\mathfrak{N}} = U_m$),

$$C'_U = 1 + \frac{y'}{100}$$

---

[1]) Siehe S. 72.

[2]) Man kann sich nämlich zwei gleiche, von $5\,A$ durchflossene Wicklungen vorstellen, die beim $5\,A$-Wandler in Reihe, beim $10\,A$-Wandler parallel geschaltet sind.

der Korrektionsfaktor der Übersetzung, und

$$\Delta_U = - y'$$

der Übersetzungsfehler, wo y' von der um 1,66 höher liegenden Achse X' zu zählen ist (siehe S. 160). Fig. 76 zeigt den aus Fig. 75 entnommenen Verlauf von $\Delta_U = - y'$ und von δ.

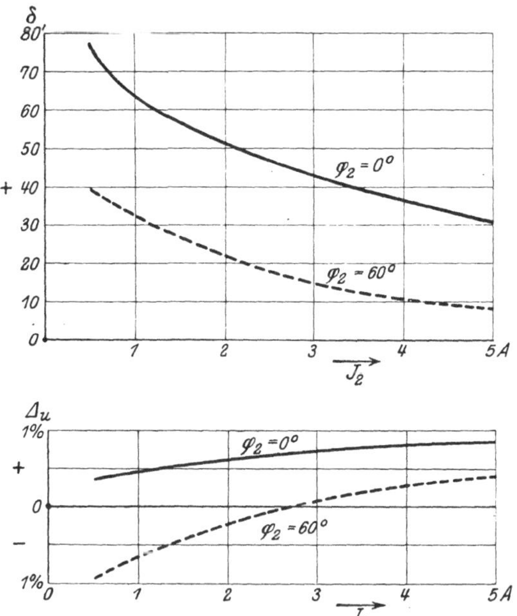

Fig. 76. Eigenschaften eines Stromwandlers, entnommen dem Diagramm Fig. 75. Sekundäre Belastung 0,6 Ω ($\nu = 50$).

Die Anforderungen der Reichsanstalt an einen amtlich beglaubigungsfähigen Stromwandler sind die folgenden:

Die Abweichung der Übersetzung vom Nennwert derselben und die Verschiebung zwischen Primär- und Sekundärstrom darf höchstens betragen: $\pm 0,5\%$ und $\pm 40'$ vom Nennwert des Stromes bis herab zum fünften Teil desselben; $\pm 1\%$[1]) bzw. $\pm 60'$ von $^1/_5$ Nennstrom ab bis $^1/_{10}$ Nennstrom.

Diese Bedingungen müssen erfüllt sein für alle Belastungs-

---

[1]) Es muß also C'_U zwischen 1,005 und 0,995 bzw. zwischen 1,01 und 0,99 liegen.

widerstände aufwärts bis zu $\dfrac{15}{J_{2,\mathfrak{R}}^2}$ Ohm[1]), deren Leistungsfaktor zwischen 0,5 und 1 liegt.

Bei einem Wandler für $\dfrac{5}{5}\,A$ darf also die Abweichung der Übersetzung vom Nennwert und der Fehlwinkel höchstens betragen: $\pm 0{,}5\%$ bzw. $\pm 40'$ von $5\,A$ bis $1\,A$; $\pm 1\%$ bzw. $\pm 60'$ von $1\,A$ abwärts bis $0{,}5\,A$. Diese Bedingungen müssen erfüllt sein bei Belastung mit allen Widerständen bis zu $\dfrac{15}{5^2} = 0{,}6\,\Omega$ herauf, deren Leistungsfaktor zwischen 0,5 und 1 liegt.

Wir betrachten nochmals den Wandler mit $s_1 = s_2$, wenn er sekundär über $R = 0{,}6\,\Omega$ geschlossen ist; seine Primärwicklung sei in einer Hochspannungsanlage mit dem Strom $J_1 = 5{,}04\,A$ eingeschaltet; wie wir oben sahen, ist dann

$$J_2 = \frac{J_1}{1{,}008} = 5\,A.$$

Die Ströme J_0, J_1 und J_2 für diesen Fall sind durch das Dreieck $O\,P_0\,O_2$ (Fig. 75) dargestellt und haben die Größe $0{,}06\,A$, $5{,}04\,A$ und $5\,A$. J_1 und J_2 sind nahezu entgegengesetzt gerichtet und heben sich fast auf, ihre Resultante, die das Feld Φ erzeugt, beträgt nur rund $1{,}2\%$ von J_1.

Wird jetzt der sekundäre Kreis des Wandlers unterbrochen, so bleibt der Primärstrom J_1, der durch die Belastung der Anlage gegeben ist, unverändert, dagegen fällt der entgegenwirkende Sekundärstrom J_2 weg. Der ganze Betriebsstrom wird also jetzt als Leerlaufstrom durch die Primärwicklung getrieben, er ist $5{,}04 : 0{,}06 = 84\,$mal so groß als bei normalem Betrieb; dabei entsteht im Eisenkern eine sehr hohe Magnetisierung. Diese induziert erstens in den Wicklungen hohe Spannungen, die besonders bei Wandlern für kleine Stromstärken, also mit hohen Windungszahlen, gefährlich werden können; zweitens verursacht sie sehr hohe Verluste durch Hysteresis und Wirbelströme und daher sehr starke Erhitzung und führt, wenn dieser Zustand lange andauert, zur Zerstörung des Wandlers. Die hohe Magnetisierung kann bewirken, daß in dem Eisen eine Remanenz auftritt, welche auch dann noch vorhanden ist, wenn der Wandler wieder in normaler Weise arbeitet und eine

---

[1]) Auf diesen Widerstand gibt der Wandler bei Nennstrom $15\,VA$ ab.

Erhöhung des Leerlaufstromes und daher schlechtere Eigenschaften herbeiführt. Der Kern kann durch Entmagnetisieren — indem man z. B. bei offenem Sekundärkreis primär den Nennstrom durchschickt und ihn ganz allmählich auf Null herabreguliert — wieder in seinen früheren magnetischen Zustand versetzt werden. Bei Verwendung von legiertem Blech, die bei Stromwandlern üblich, ist die Remanenz geringer als bei gewöhnlichem Blech.

Es soll aus diesen Gründen der sekundäre Kreis des Stromwandlers im Betrieb niemals offen sein; will man den Zähler abnehmen, so schließe man den Sekundärkreis des Wandlers vorher kurz.

8. Untersuchungen an Meßwandlern. A) Allgemeines. In erster Linie handelt es sich darum, die Übersetzung U oder ihre Abweichung vom Nennwert und den Fehlwinkel δ zu bestimmen.

Die früher zur Bestimmung von U angewandte Methode, die primären und die sekundären Größen mit Spannungsmessern bzw. Strommessern zu messen, gewährleistet keine große Genauigkeit, da bei diesen Meßinstrumenten mit Fehlern von etwa $0,2\%$ gerechnet werden muß. Hat nun gar das Instrument, das die primäre Größe mißt, einen Plusfehler von $0,2\%$, das sekundäre einen gleichen Minusfehler, so wird die Übersetzung um $0,1\%$ falsch gemessen. Diese Methode kommt daher bei der Forderung, daß die Übersetzung auf $0,5\%$ (Anforderungen an beglaubigungsfähige Wandler) genau sein soll, nicht mehr in Betracht.

Es sind jetzt allgemein die in den letzten Jahren ausgebildeten Nullmethoden in Verwendung. Man verändert dabei einen Widerstand und in der Regel noch eine zweite Größe, z. B. eine Kapazität so lange, bis bei einem bestimmten (abzulesenden) Wert dieser Größen das Nullinstrument keinen Ausschlag mehr gibt. Die Übersetzung U, der Übersetzungsfehler Δ_U und der Fehlwinkel δ lassen sich dann aus den abgelesenen Werten in einfacher Weise bestimmen; die Aufschriften an den Widerstandskästen (Präzionswiderstände), Kondensatoren usw. können so gewählt werden, daß man Δ_U und δ direkt ablesen kann.

Als Nullinstrument werden Spiegeldynamometer oder Vibrationsgalvanometer von großer Empfindlichkeit verwendet, so daß man die abzulesenden Größen sehr genau einstellen kann.

Da sich außerdem die Präzisonswiderstände mit einer großen Genauigkeit herstellen lassen, kann man mit diesen Methoden die Übersetzung auf einige Zehntel Promille und den Fehlwinkel auf wenige Minuten genau bestimmen.

Diese Prüfmethoden beruhen auf dem bekannten, für genaue Gleichstrommessungen seit langem benutzten Kompensationsverfahren. Letzteres ist aus Fig. 77 ersichtlich. Die Batterie E_1 mit der Klemmenspannung K_1 ist über einen Widerstand $a\,d$ von der Größe $R_1 + R_2$ geschlossen. Das Element E_2 mit der Klemmenspannung $K_2 < K_1$ kann unter Zwischenschaltung eines empfindlichen Spannungszeigers V (Galvanometers) an einen beliebigen Punkt von $a\,d$ mittels des Kontaktes c angelegt werden. c stehe dem Widerstand $a\,d$ gegenüber, soll ihn aber zunächst noch nicht berühren. Bei der eingezeichneten Polarität ist das Potential von c und ebenso das irgendeines Punktes von $a\,d$ (Fig. 77) niedriger als das von a. Die Spannung eines Punktes von $a\,d$ gegen a ist $J_2\,R_2$, wo R_2 den zwischen diesem Punkt und a liegenden Widerstand bedeutet; die Spannung des Kontaktes c gegen a ist K_2. Wenn wir also einen Punkt auf $a\,d$ so wählen, daß

$$J_2\,R_2 = K_2,$$

so können wir c mit ihm in Berührung bringen, ohne daß in V ein Strom fließt. Es besteht also dann die Beziehung:

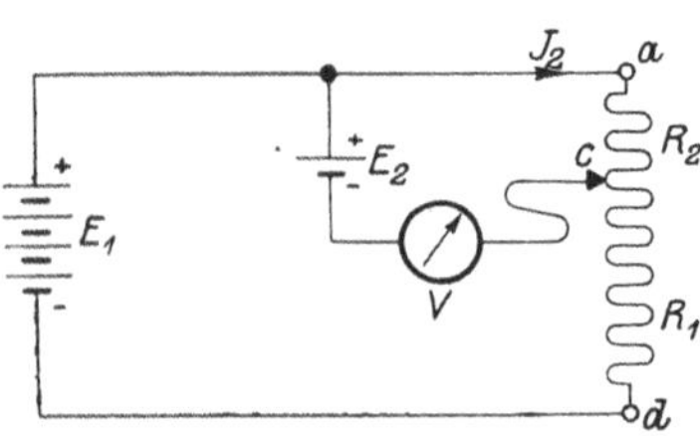

Fig. 77. Kompensationsschaltung für Gleichstrom.

$$\frac{K_1}{R_1 + R_2} \cdot R_2 = K_2,$$

$$\frac{K_1}{K_2} = \frac{R_1 + R_2}{R_2}.$$

Von dieser Beziehung werden wir bei der Prüfung der Spannungswandler Gebrauch machen.

An Stelle des Elementes E_2 mit der Klemmenspannung K_2 kann man einen Widerstand R setzen, durch welchen von einer anderen Stromquelle der Strom J geschickt wird, an welchem also die Klemmenspannung $K_2 = J\,R$ besteht. Es ist dann, wenn das Galvanometer stromlos ist, die Bedingung erfüllt:

$$J\,R = J_2\,R_2 \qquad \text{oder} \qquad J : J_2 = R_2 : R.$$

Von dieser Beziehung werden wir bei der Prüfung der Stromwandler Gebrauch machen.

Wir wollen uns nun die Wirkungsweise einiger solcher Prüfmethoden klar machen.

B) Die Methode von Agnew-Fitsch zur Prüfung von
Spannungswandlern ist durch Fig. 78 veranschaulicht. Die
Pfeile neben K_1 und K_2 bedeuten die Richtungen dieser Größen
im gleichen Zeitmoment. Wie man sieht, ist entsprechend der
Fig. 77 der Wandler so geschaltet, daß seine sekundäre Klemme II
im gleichen Zeitmoment dieselbe Polarität besitzt, wie die mit
ihr verbundene Klemme 1 des Generators.

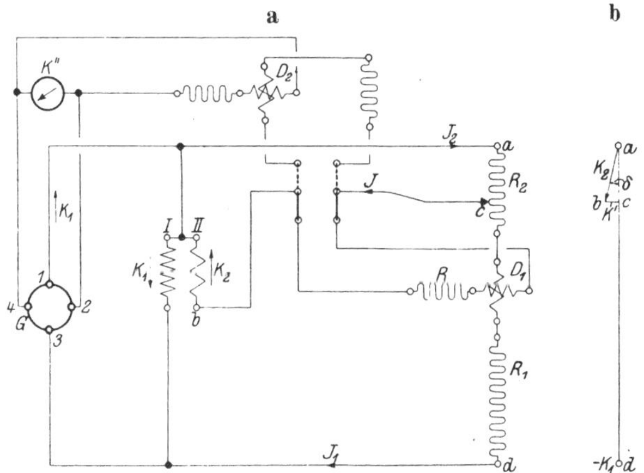

Fig. 78. Prüfung von Spannungswandlern nach Agnew-Fitsch.

Als Nullinstrument wird ein Dynamometer D_1 verwendet,
dessen beweglicher Spule ein hoher, induktionsloser Widerstand R vorgeschaltet ist, so daß der Strom J darin mit
der Spannung K zwischen b und c in Phase und der Ausschlag
α_1 proportional $J_1 K \cos J_1 | K$ ist. Wir wollen annehmen, daß
der Strom in $a\,d$ so groß sei, daß wir den etwa in R fließenden (J)
dagegen vernachlässigen können ($J_1 \approx J_2$). Der Widerstand $a\,d$
sei außerdem induktions- und kapazitätslos, so daß J_1 und J_2
mit K_1 in Phase sind. Die Potentialdifferenz des auf R_2 schlei-
fenden Kontaktes c gegen a ist wieder $J_2 R_2$, diejenige von b
gegen a — der Umschalter sei geöffnet — ist K_2. Die Spannung K
zwischen c und b wird daher im Diagramm Fig. 78b durch die
Verbindungslinie des Endpunktes b von K_2 mit einem Punkt auf
dem umgeklappten K_1 dargestellt. Wir sehen, daß K wegen des

Fehlwinkels δ niemals Null werden kann, sondern nur ein Minimum K' erreicht. In diesem Fall, der in Fig. 78b gezeichnet ist, steht K' senkrecht auf K_1 und J_1, und es kann daher das Dynamometer D_1 keinen Ausschlag geben. Aus dem Diagramm entnehmen wir:

$$K_2 \cos \delta = J_2 R_2 = \frac{K_1}{R_1 + R_2} \cdot R_2 \,,$$

oder, da δ klein:

$$U = \frac{K_1}{K_2} = \frac{R_1 + R_2}{R_2} \,, \tag{1}$$

ferner

$$\sin \delta = \frac{K'}{K_2}, \qquad \delta^{(\prime)} = \frac{K'}{K_2} \cdot 3440' . \tag{2}$$

Wir verschieben also, nachdem wir den Umschalter nach unten geschlossen haben, c so lange, bis D_1 keinen Ausschlag mehr gibt. U ergibt sich dann als das Verhältnis zweier Widerstände zu $\dfrac{R_1 + R_2}{R_2}$. Um δ zu bestimmen, schaltet man durch Umlegen des Umschalters nach oben die bewegliche Spule eines Dynamometers D_2 ein, dessen feste Spule unter Vorschaltung eines großen induktionslosen Widerstandes angeschlossen wird an die Klemmen 2, 4 des Generators G, welche eine gegen K_1 um $90°$ verschobene, also mit K' in Phase befindliche Spannung K'' liefern. Der Ausschlag von D_2 ist:

$$\alpha_2 = C_1 K' K'' ,$$

woraus, wenn α_2 und K'' gemessen und C_1 mit Gleichstrom bestimmt wurde, K' und ferner δ gemäß Gleichung (2) berechnet werden kann, wenn K_2 oder K_1 und U bekannt ist.

D_2 schlägt nach der einen oder anderen Seite aus, je nachdem K_2 oder K_1 voreilt. Man kann sich darüber auf folgende Weise Aufschluß verschaffen:

Man belastet[1] den Wandler möglichst stark induktiv, etwa mit der Anzahl VA, für die er gebaut ist, und beobachtet den

---

[1] In dem Schaltbild Fig. 78a wird der Wandler während der Messung von dem meist sehr schwachen Strom J, der gegen K_2 um nahezu $90°$ verschoben ist, durchflossen. Der Wandler ist also bei der Messung praktisch unbelastet. Es hindert aber nichts, während der Messung an die sekundären Klemmen desselben eine beliebige Belastung anzuschließen.

Ausschlag des Dynamometers D_2. Darauf belastet man etwa mit den gleichen VA, jedoch induktionslos. Erhält man im letzten Fall einen größeren Fehlwinkel und schlägt dabei D_2 nach derselben Seite aus, wie im ersten, so war der Fehlwinkel bei der induktiven Belastung negativ. Diese Überlegung ergibt sich daraus, daß im Diagramm Fig. 72, S. 159 beim Übergang von induktiver zur induktionslosen Last der Endpunkt von K_1 von links nach rechts wandert. In der Regel ist bei stark induktiver Last der Fehlwinkel positiv.

C) Die Anordnung von Robinson zur Prüfung von Spannungswandlern zeigt Fig. 79. Sie gestattet — im Gegensatz zu derjenigen von Fig. 78 — vollständig zu kompensieren, d. h. den Strom im Instrument VG auf Null zu bringen. Es wird daher als Nullinstrument irgendein genügend empfindlicher Spannungszeiger, gewöhnlich ein Vibrationsgalvanometer, benutzt.

Um die gemäß Diagramm Fig. 78 b noch übrigbleibende Spannung K' zu kompensieren, schalten wir eine Spule 1 ein, die von J_1 durchflossen ist und auf eine ihr gegenüberstehende, mit VG in Reihe geschaltete Spule 2 induzierend einwirkt; Spule 2 ist gegen Spule 1 verdrehbar, und ein mit 2 verbundener Zeiger gestattet an einer Skala für jede Stellung der beiden Spulen den Koeffizienten ihrer gegenseitigen Induktion M abzulesen. Einen solchen Apparat nennt man Variator der gegenseitigen Induktion. Die in Spule 2 induzierte EMK. $E' = J_1 \omega M$ kann durch Verdrehen von Spule 2 variiert und für jede Stellung berechnet werden,

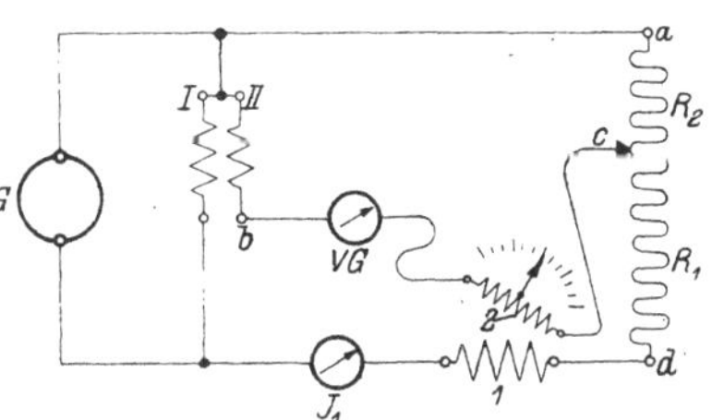

Fig. 79. Prüfung von Spannungswandlern nach Robinson.

wenn man J_1 an dem eingezeichneten Strommesser abliest. Schaltet man Spule 2 so in den Galvanometerkreis ein, daß K' und E' entgegengesetzte Richtung haben, so kann man durch Verschieben des Kontaktes c und durch Verdrehen der Spule 2 erreichen, daß das Galvanometer keinen Ausschlag mehr gibt, also stromlos ist; in R_2 fließt der Strom J_1. Es ist dann:

$$E' = -K', \quad U = \frac{K_1}{K_2} = \frac{R_1 + R_2}{R_2}.$$

Ferner ist gemäß Fig. 78b:

$$\operatorname{tg}\delta = \frac{K'}{a\,c} = \frac{J_1\,\omega\,M}{\cdot\,J_1\,R_2} = \frac{\omega\,M}{R_2}\,,$$

$$\delta^{(')} = \frac{\omega\,M}{R_2}\cdot 3440'.$$

Beispiel: Es soll nach dieser Methode ein Spannungswandler mit der Nennübersetzung $U_\mathfrak{N} = \dfrac{5000}{100}\,V$ geprüft werden, die Frequenz sei $\nu = 50$ (also $\omega = 2\,\pi\,\nu = 314$). Wir wählen $R_1 + R_2 = 50\,000\,\Omega$; bei $M = 0{,}01$ Henry, $R_2 = 1010\,\Omega$ gäbe das Galvanometer keinen Ausschlag; es ist dann

$$\varDelta_U = +1{,}0\%\quad\text{und}\quad \delta^{(')} = \frac{314\cdot 0{,}01}{1010}\cdot 3440 = 10{,}7'.$$

D) Eine Prüfmethode für Stromwandler zeigt Fig. 80. R_1 und R_2 sind induktionslose Normalwiderstände. Der Primärstrom J_1 durchfließt den Widerstand R_1, die feste Spule eines Dynamometers D und einen Strommesser; der Sekundärstrom J_2 durchfließt den Widerstand R_2 und einen Belastungswiderstand R_W; die bewegliche Spule des Dynamometers ist unter Vorschaltung eines induktionslosen Widerstandes an $b\,c$ angeschlossen.

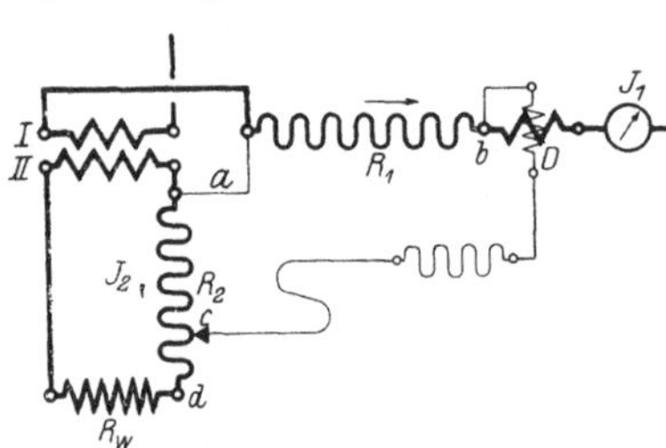
Fig. 80. Prüfung von Stromwandlern.

Wenn J_1 und J_2 in Pfeilrichtung fließen, ist das Potential bei a höher als bei b und bei c und man könnte, wenn J_1 und J_2 genau in Phase wären, eine solche Stellung des Gleitkontaktes c finden, daß zwischen c und b keine Spannung herrscht. R_1 und R_2 müssen so gewählt sein, daß $J_2 R_2$ mindestens gleich $J_1 R_1$ gemacht werden kann,

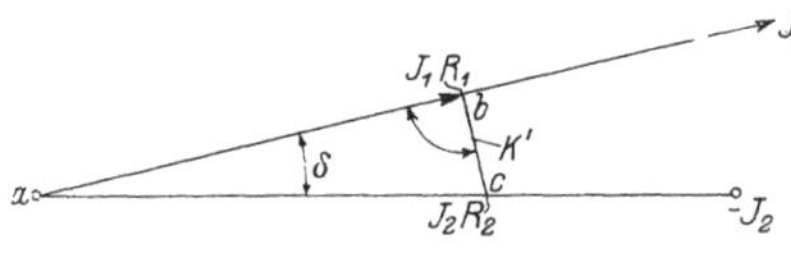
Fig. 81. Diagramm zu Fig. 80.

wenn man c in die äußerste Stellung gegen d bringt. Da J_1 und J_2 um δ verschoben sind, kann, wie Fig. 81 zeigt, die Spannung K zwischen b und c niemals Null werden, sondern ist gegeben durch die Verbindungslinie von b nach einem Punkt auf dem umgeklappten J_2; wir verschieben c so lange, bis das Dynamometer keinen Ausschlag mehr gibt, dann steht K' auf J_1 senkrecht und es ist,

$$J_2 R_2 \cos \delta = J_1 R_1$$

oder

$$\frac{J_1}{J_2} \approx \frac{R_2}{R_1}.$$

Legt man an die Punkte b und c die bewegliche Spule eines zweiten Dynamometers, dessen feste Spule von einem zu J_1 senkrechten Strom J_3 durchflossen wird, so ist dessen Ausschlag $\alpha = C_2 K' J_3$, und man kann, wenn C_2 mit Gleichstrom bestimmt und J_3 gemessen wurde, K' und damit

$$\operatorname{tg} \delta = \frac{K'}{J_1 R_1}, \qquad \delta^{()} = \frac{K'}{J_1 R_1} \cdot 3440'$$

ermitteln, wenn man J_1 durch einen Strommesser gemessen hat.

E) Die Methode der Reichsanstalt zur Prüfung von Stromwandlern (Schering und Alberti, Archiv für Elektrotechnik II, S. 263, 1914) ist in Fig. 82 dargestellt.

R_W ist ein Belastungswiderstand. R_1 und R_2 sind wieder induktionslose Normalwiderstände; von R_1 ist ein Stromkreis dUf abgezweigt, dessen Widerstand R_a, mit Gleichstrom gemessen, genau 200 Ω beträgt und bei allen Messungen ungeändert bleibt. Der Kreis dUf enthält einen induktionslosen Widerstand, von dem ein Teil R' durch den Kontakt c abgegriffen und gegen den sekundären Abfall $J_2 R_2$ geschaltet werden kann; ferner einen Umschalter U, mit dem man entweder auf einen induktionslosen Widerstand von 0,8 Ω oder eine Selbstinduktionsspule L von 0,00925

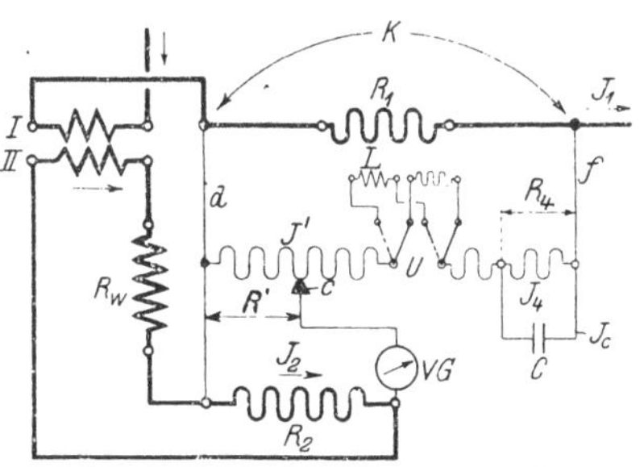

Fig. 82. Methode der Reichsanstalt zur Prüfung von Stromwandlern.

Henry und 0,8 Ω umschalten kann und endlich einen induktionslosen Widerstand $R_4 = 136{,}1\ \Omega$, dem ein von $0 \div 1\ \mu$F regelbarer Kondensator C parallel liegt. Die am Kondensator eingestellte Kapazität in Mikrofarad (C_{μ}) ist an einer Teilung ablesbar.

Als Nullinstrument ist ein Vibrationsgalvanometer VG verwendet. Den Zweigstrom J', der gegen J_1 sehr klein ist, kann man nämlich durch Einschalten der Kapazität C und der Selbstinduktion L vor- bzw. rückverschieben und so mit J_2 in Phase bringen. Hat man durch Verschieben des Kontaktes c (Änderung von R') und Einschalten der geeigneten Werte von L und C erreicht, daß das Galvanometer keinen Ausschlag mehr gibt, so ist J' in Phase mit J_2 und

$$J'\, R' = J_2\, R_2. \tag{3}$$

Die Verschiebung $\varphi' = \measuredangle\, J'\, J_1 = \measuredangle\, J'\, K$ ist also der Fehlwinkel δ. Es ist nun, wie wir unten zeigen werden, bei dem Apparat der Reichsanstalt für $\nu \doteq 50$:

$$\varphi' = 100\, C_{\mu} \text{ Minuten} \tag{4}$$

wenn der Umschalter auf den induktionslosen Widerstand, dagegen:

$$\varphi' = 100\, C_{\mu} - 50 \text{ Minuten} \tag{5}$$

wenn er auf L gestellt ist. Den Ausschlag Null kann man fast stets bei der ersten Stellung des Umschalters herbeiführen, denn dabei eilt J' vor gegen J_1 und kann, da das umgeklappte J_2 fast stets gegen J_1 voreilt ($\delta > 0$ siehe Fig. 75), mit J_2 zur Deckung gebracht werden. Ist ausnahmsweise bei dem zu prüfenden Wandler $\delta < 0$, so kann nur durch Umstellen von U nach L der Ausschlag Null herbeigeführt werden. Tritt dieser z. B. bei

$$C_{\mu} = 0{,}40$$

ein, so ist

$$\delta = 40 - 50 = -10'.$$

Es können also Wandler mit Fehlwinkeln, die zwischen $+100'$ und $-50'$ liegen, gemessen werden.

Um aus Gleichung (3) die Übersetzung zu ermitteln, drücken wir J' durch J_1 aus. Ist R_a der Gesamtwiderstand des von R_1 abgezweigten Stromkreises $d\, U\, f$, so bringt J_1 an den parallel geschalteten Widerständen R_1 und R_a den Spannungsverlust:

$$K = J_1 \cdot \frac{R_1\, R_a}{R_1 + R_a} \tag{6}$$

hervor, und es ist,

$$J' = \frac{K}{R_a} = J_1 \frac{R_1 R_a}{R_1 + R_a} \cdot \frac{1}{R_a} \,^1)$$

und die an R' vorhandene Spannung

$$J' R' = J_1 \frac{R_1 \cdot R_a}{R_1 + R_a} \cdot \frac{R'}{R_a}$$

Wenn das Galvanometer keinen Ausschlag gibt, ist dieser Ausdruck gleich $J_2 R_2$, daraus ergibt sich:

$$U = \frac{J_1}{J_2} = R_2 \frac{R_1 + R_a}{R_1 R_a} \cdot \frac{R_a}{R'} = \frac{R_2}{R_1} \cdot \frac{R_a}{R'} \cdot \left(1 + \frac{R_1}{R_a}\right) \qquad (7)$$

Ist z. B. ein Wandler mit der Nennübersetzung $U_{\mathfrak{N}} = \frac{200}{5} A$ zu prüfen und wählen wir $R_1 = 0{,}01\ \Omega$, so ist bei Nennstrom der primäre Abfall $J_1 R_1\,^2) = 2\ V$. Wir nehmen $R_2 = 0{,}08\ \Omega$, dann ist bei Nennstrom $J_2 R_2 = 0{,}4\ V$. In abgeglichenem Zustand ist nach Gleichung (7):

$$U = \frac{0{,}08}{0{,}01} \cdot \frac{200}{R'} = \frac{1600}{R'},$$

da $\dfrac{R_1}{R_a}$ gegen Eins vernachlässigt werden kann; hätte U genau den Sollwert $\dfrac{200}{5} = 40$, so müßte nach dieser Gleichung die Ab-

---

$^1)$ Diese Gleichung ist für Wechselstrom nicht genau richtig, wenn der Umschalter U auf L gestellt oder zu R_4 eine Kapazität parallel geschaltet ist; der Wechselstromwiderstand ist im ersten Fall größer, im letzten kleiner als der mit Gleichstrom gemessene Wert R_a. Die Fehler sind jedoch bei den von der Reichsanstalt gewählten Verhältnissen vernachlässigbar klein.

$^2)$ Nach Gleichung (6) wäre der Abfall eigentlich:

$$J_1 \cdot \frac{R_1 R_a}{R_1 + R_a} = J_1 R_1 \frac{1}{\dfrac{R_1}{R_a} + 1},$$

Da hier $\dfrac{R_1}{R_a} = \dfrac{0{,}01}{200} = 5 \cdot 10^{-5}$ ist, kann es gegen Eins vernachlässigt werden. Bei Prüfung von Wandlern für kleine Primärströme, z. B. $1\ A$, muß man, um genügenden Spannungsabfall zu bekommen, R_1 größer wählen, und dann ist diese Vernachlässigung nicht mehr zulässig.

gleichung bei $R' = 40\,\Omega$ eintreten. Tritt sie z. B. bei $40,15\,\Omega$ ein, so ist J_2 um

$$\frac{40,15 - 40}{40} \cdot 100 = 0,37$$

zu groß:

$$\Delta_U = +0,37\%.$$

Wenn man den Schleifdraht von der Stelle aus, die $R' = 40\,\Omega$ entspricht, nach links und rechts in Widerstände von $0,04\,\Omega$ teilt, so entspricht jedem solchen Teil ein Übersetzungsfehler von $1^0/_{00}$. Liegt die Einstellung rechts ($R' > 40$), so ist J_2 zu groß ($\Delta_U > 0$, $C'_U < 1$). Man kann also eine Skala an dem Schleifdraht anbringen, an der sich die Übersetzungsfehler direkt ablesen lassen, muß aber dann bei der Prüfung von Wandlern verschiedener Übersetzung R_1 und R_2 stets so wählen, daß beim Nennwert der Übersetzung der primäre Abfall K fünfmal so groß ist als der sekundäre.

Wir wollen nun die Gleichungen (4) und (5), die zur Bestimmung des Fehlwinkels benutzt wurden, mittels des Diagramms Fig. 83 ableiten.

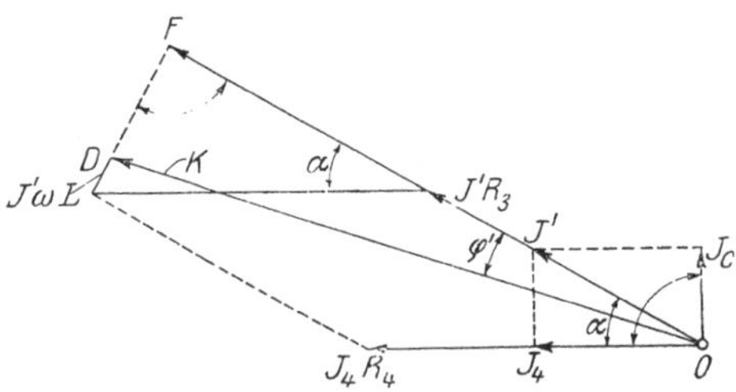

Fig. 83. Diagramm zu Fig. 82.

Der Umschalter sei auf L gestellt, und es sei die Kapazität C Farad an R_4 parallel gelegt.

Beim Aufzeichnen des Diagramms beginnen wir mit J_4, welches wir als gegeben annehmen wollen. Mit J_4 in Phase liegt $J_4 R_4$, um 90° voreilend zeichnen wir

$$J_c = J_4 R_4\, \omega\, C\,^1)$$

und bilden $[J' = J_4 + J_c]$. In dem übrigen Ohmschen Widerstand $R_3 = R_a - R_4 = 200 - 136,1\,\Omega$ des abgezweigten Stromkreises findet der mit J' in Phase befindliche Abfall $J' \cdot R_3$ statt. Senkrecht auf J', und zwar voreilend, ist die Spannung $E_L = J'\,\omega\,L$ aufgetragen, welche der in L induzierten EMK der Selbstinduktion das Gleichgewicht hält. Durch Zusammensetzen von $J' R_3$, $J_4 R_4$ und E_L erhält man die an R_1 herrschende Klemmenspannung K. Aus dem Diagramm folgt:

$$\operatorname{tg} \alpha = \frac{J_c}{J_4} = \frac{J_4 R_4\, \omega\, C}{J_4} = R_4\, \omega\, C,$$

---

^{1}) Siehe V, 6.

also

$$\sin \alpha = R_4 \, \omega \, C \cos \alpha;$$

$$J'^2 = J_4^2 + J_c^2 = J_4^2 \left(1 + \left(\frac{J_c}{J_4}\right)^2\right),$$

also

$$J' = J_4 \sqrt{1 + (R_4 \, \omega \, C)^2},$$

$$\operatorname{tg} \varphi' = \frac{\overline{DF}}{\overline{OF}} = \frac{J_4 \, R_4 \sin \alpha - J' \, \omega \, L}{J' \, R_3 + J_4 \, R_4 \cos \alpha}$$

$$= \frac{J_4 \, R_4^2 \, \omega \, C \cos \alpha - J_4 \sqrt{1 + (R_4 \, \omega \, C)^2} \cdot \omega \cdot L}{J_4 \sqrt{1 + (R_4 \, \omega \, C)^2} \cdot R_3 + J_4 \, R_4 \cos \alpha},$$

und da

$$\cos \alpha = \frac{1}{\sqrt{1 + \operatorname{tg}^2 \alpha}} = \frac{1}{\sqrt{1 + (R_4 \, \omega \, C)^2}},$$

$$\operatorname{tg} \varphi' = \frac{\dfrac{J_4 \, R_4^2 \, \omega \, C}{\sqrt{1 + (R_4 \, \omega \, C)^2}} - J_4 \sqrt{1 + (R_4 \, \omega \, C)^2} \cdot \omega \cdot L}{J_4 \sqrt{1 + (R_4 \, \omega \, C)^2} \cdot R_3 + \dfrac{J_4 \, R_4}{\sqrt{1 + (R_4 \, \omega \, C)^2}}}.$$

C kann höchstens 10^{-6} werden, die Wurzel ist praktisch gleich Eins, und es wird:

$$\varphi' = \left(\frac{R_4^2 \, \omega \, C}{R_3 + R_4} - \frac{\omega \, L}{R_3 + R_4}\right) 3440 \text{ Minuten.} \tag{8}$$

Für den Apparat der Reichsanstalt mit

$$R_4 = 136{,}1 \, \Omega, \quad R_3 + R_4 = 200 \, \Omega, \quad L = 0{,}00925 \text{ Henry}$$

ergibt die Formel (8) für die Frequenz 50

$$\varphi' = 10^8 \, C - 50 = 100 \, C_\mu - 50 \text{ Minuten}^1),$$

wenn der Umschalter auf die Selbstinduktion und

$$\varphi' = 10^8 \, C = 100 \, C_\mu \text{ Minuten,}$$

wenn er auf den Widerstand ($L = 0$) gestellt ist.

F. Prüfung der Klemmenbezeichnung. Um die Meßwandler richtig anschließen zu können (siehe Schaltbild. Fig. 70), müssen die Klemmen bezeichnet sein. Die Bezeichnung wird in der Werkstätte, wo man den Wicklungssinn der Spulen und den Anschluß ihrer Enden verfolgen kann, aufgeschrieben, muß aber im Prüffeld bei jedem Wandler kontrolliert werden. Bei den Nullmethoden prüft man zuerst einen Wandler, von dem man weiß, daß die Bezeichnung I, II (Fig. 25, 70) richtig angebracht ist.

$^1)$ Bei der Frequenz ν ist der Winkel $\dfrac{\nu}{50}$ mal so groß.

Man schließt dann alle zu prüfenden Wandler hinsichtlich ihrer Klemmen I, II an die Meßschaltung in genau derselben Weise an. Ist bei einem die Bezeichnung falsch angebracht, so kann man nicht abgleichen. Stehen Meßschaltungen für Nullmethoden nicht zur Verfügung, so schaltet man die auf richtige Bezeichnung zu prüfenden Spannungs- oder Stromwandler X mit Wandlern N, deren Bezeichnung bestimmt richtig ist, nach Fig. 84 bzw. Fig. 85 zusammen. Wenn die an X angebrachten Bezeichnungen richtig sind, haben (Fig. 84) die Sekundärspannungen, die phasengleich sind,

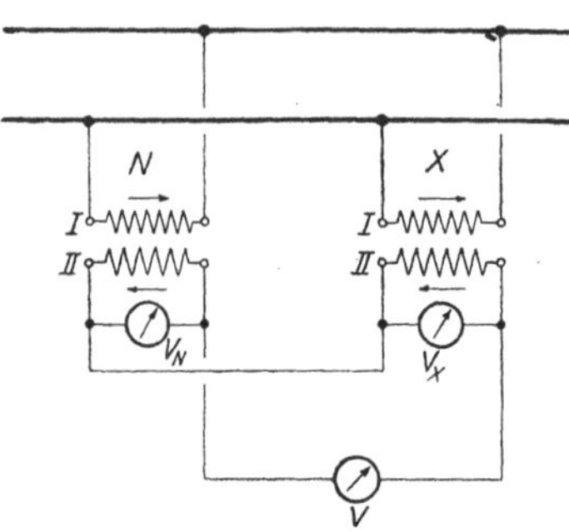

Fig. 84. Prüfung der Klemmenbezeichnung bei Spannungswandlern.

im gleichen Moment die Richtung der beigezeichneten Pfeile, es zeigt also V die Differenz von V_N und V_X.

Entsprechendes gilt für Stromwandler. Wenn X richtig bezeichnet ist, haben (in Fig. 85) die Sekundärströme, die phasengleich sind, im gleichen Moment die Richtung der beigezeichneten Pfeile.

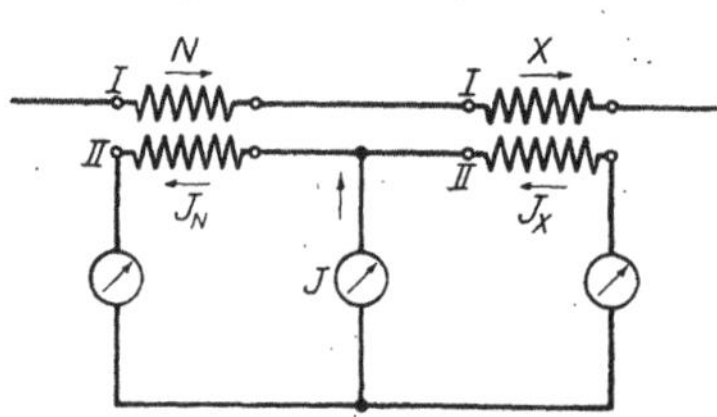

Fig. 85. Prüfung der Klemmenspannung von Stromwandlern.

Es ist

$$J + J_X = J_N$$

oder

$$J = J_N - J_X.$$

Es muß also der mittlere Strommesser die Differenz der beiden äußeren zeigen.

X. Messungen mit dem Wechselstromkompensator an Wandlern und Zählern.

1. J_m **und** J_w **eines Stromwandlers.** Der Wechselstromkompensator gestattet kleine Wechselspannungen ohne Stromverbrauch zu messen. Fig. 86 zeigt die Schaltung desselben, um bei einem Stromwandler J_m und J_w in Abhängigkeit von E_2 zu bestimmen (siehe S. 164). Der Generator G_1 sendet einen Strom J_c durch einen Strommesser und einen induktionslosen Widerstand. Am Anfang desselben ist das Vibrationsgalvanometer VG fest angeschlossen. Ein Schleifkontakt c gestattet, einen beliebigen, ablesbaren Teil R_c des Widerstandes abzugreifen. Ein zweiter Generator G_2 von gleicher Polzahl,

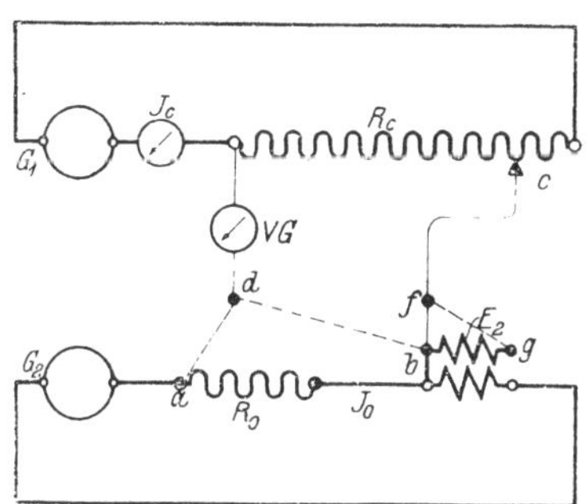

Fig. 86. Kompensationsschaltung für Wechselstrom. (Anwendung zur Bestimmung von J_m und J_w eines Stromwandlers.)

dessen Magnetrad mit demjenigen von G_1 gekuppelt ist und der einen verdrehbaren Stator besitzt, sendet den Strom J_0 durch den induktionslosen Widerstand R_0 und die Primärwicklung des Stromwandlers. Wir verbinden d mit a und f mit b und bringen das Vibrationsgalvanometer durch Verschieben von c und Verdrehen des Stators von G_2 auf Null. Dann ist $J_0 R_0 = J_c R_c$. Da J_c, R_c und R_0 bekannt, können $J_0 R_0$ und J_0 bestimmt werden. Dann verbinden wir d mit b und f mit g und verfahren ebenso. Diese Messung gibt E_2. Endlich legen wir d an a und f an g und bestimmen so die zwischen a und g herrschende Spannung K_{ag}. Aus $J_0 R_0$, E_2 und K_{ag} konstruieren wir ein Dreieck

(Fig. 87). Auf der Linie $J_0 R_0$ tragen wir J_0 auf. Die Projektion auf die Richtung von E_2 und auf eine dazu senkrechte Richtung gibt J_w bzw. J_m.

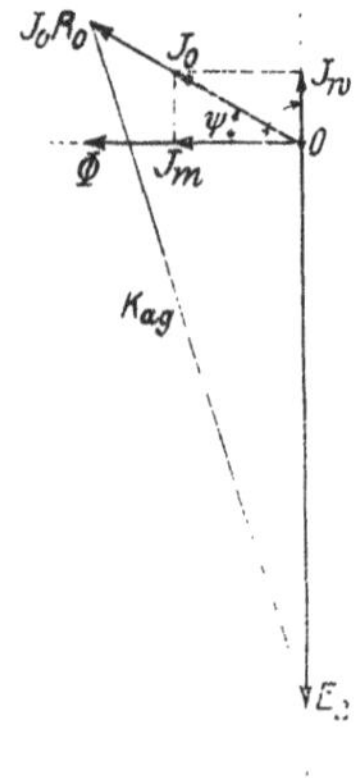

Fig. 87.
Diagramm zu Fig. 86.
Bestimmung von J_m
und J_w.

Man kann aber auch den Phasenverschiebungswinkel zwischen J_0 und E_2 direkt messen, wenn eine Gradteilung vorhanden ist, an der man die Verdrehung des Stators ablesen kann. Die Generatoren seien z. B. vierpolig; dann kommen auf den ganzen Umfang (360°) zwei volle Perioden und wenn man den Stator von G_2 um $\alpha°$ verdreht, ändert sich dabei die Phase von J_0 und E_2 um 2α. Bei der ersten Messung (Verbindungen $a\,d$ und $f\,b$) war J_0, bei der zweiten (Verbindungen $d\,b$ und $f\,g$) war E_2 in Phase mit J_c. Es ist also der Phasenverschiebungswinkel zwischen E_2 und J_0

$$\sphericalangle\, E_2\, J_0 = 2\,(a_1 - a_2).$$

wo a_1 und a_2 die Ablesungen an der Gradteilung bei der ersten und zweiten Messung waren.

2. Φ_J und ψ_J eines W-Zählers. Indem man in Fig. 86 statt der Primärwicklung des Stromwandlers die Stromspule eines W-Zählers, statt der sekundären Wicklung eine Hilfswicklung (EMK. E_2, Windungszahl s_2), welche in unmittelbarer Nähe der Scheibe um den Pol des Stromeisens gelegt ist, einschaltet, kann man E_2, J und $\sphericalangle E_2\, J = \sphericalangle J_J\,J = 90° + \psi_J$ messen (siehe Fig. 28, S. 74).

Man kann dann

$$\Phi_J = \frac{E_2 \cdot 10^8}{4{,}44\,s_2\,\nu}$$

sowie

$$\psi_J = \sphericalangle E_2\, J - 90°$$

in Abhängigkeit vom Verbrauchsstrom J bestimmen, was für die Konstruktion von Lastkurven (siehe VI 6) von Interesse ist.